图书在版编目（CIP）数据

绵阳科技城科教创业园区年鉴.2018 / 绵阳科技城科教创业园区年鉴编纂委员会编. —北京：方志出版社，2019.10

ISBN 978-7-5144-3876-5

Ⅰ. ①绵…　Ⅱ. ①绵…　Ⅲ. ①科教中心-建设-绵阳-2018-年鉴　Ⅳ. ①G322.771.3-54

中国版本图书馆 CIP 数据核字（2019）第 216932 号

绵阳科技城科教创业园区年鉴（2018）

编　　者：绵阳科技城科教创业园区年鉴编纂委员会

责任编辑：罗　滔

出 版 者：方志出版社

地址　北京市朝阳区潘家园东里 9 号（国家方志馆 4 号）

邮编　100021

网址　http://www. fzph.org

发　　行：方志出版社图书经销中心

电话　（010）67110500

经　　销：各地新华书店

印　　刷：成都勤德印务有限公司

开　　本：787×1092　1/16

印　　张：19

字　　数：456 千字

版　　次：2019 年 10 月第 1 版　2019 年 10 月第 1 次印刷

印　　数：001~500 册

ISBN 978-7-5144-3876-5　定价：218.00 元

6 月 8 日，副省长杨洪波（左二）参观科技城创新中心

7 月 12 日，省人大常委会副主任彭渝（左五）调研创新中心

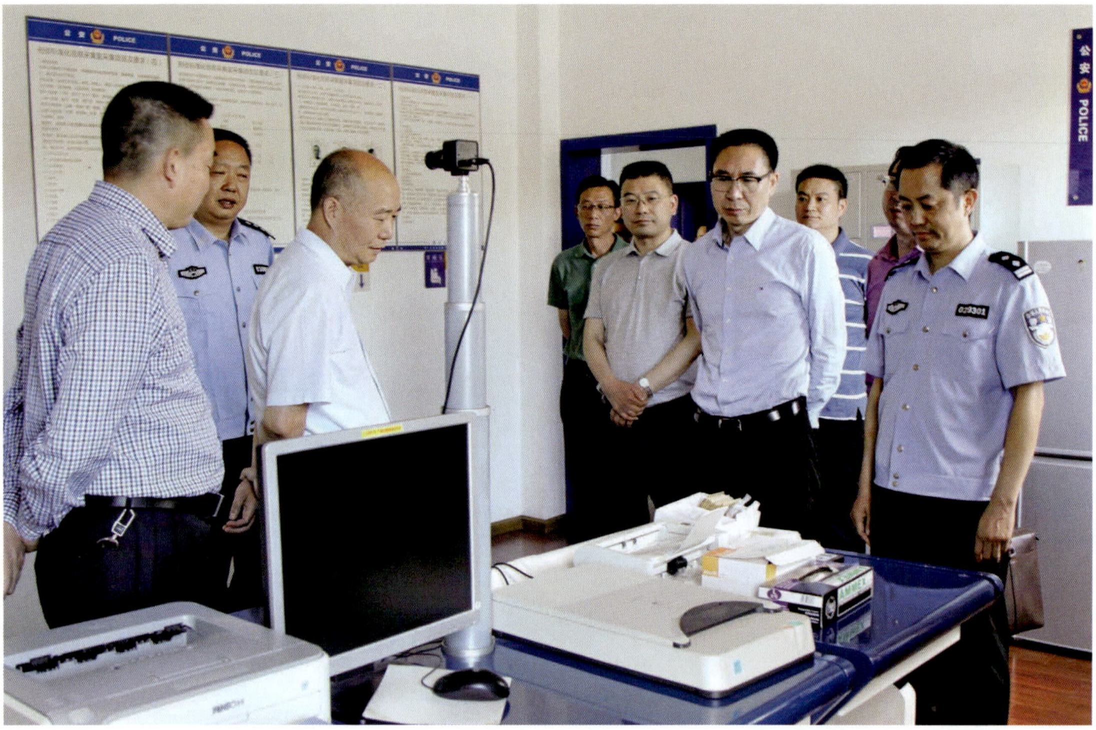

5 月 22 日，市政府副市长王明华（左三）到科创区调研指导城北分局筹建工作

12 月 19 日，党工委书记周钰（左二）率科创区考察团赴江油、高新区、经开区参观考察企业发展经验

6 月 27 日，党工委副书记、管委会主任李哲（右二）到博雅学校调研

12 月 19 日，科创区股级以上干部赴江油市、高新区、经开区考察学习

创新中心鸟瞰

1 | 3
2 | 4

1. 九洲集团
2. 中物院科技孵化基地
3. 科技城国际企业孵化器
4. 科技城工业技术研究院

国家高
科技城国际企业

绵阳科教创业园区企业加速器B区
Mianyang science and education entrepreneurship
Park Enterprise accelerator areaB

1|3
2|4

1. 建设中的高端产业园
2. 科创区企业加速器 B 区
3. 创新中心 1 号楼
4. 创新中心 2 号楼

博雅学校
绵阳市

四川幼儿师范高等专科学校
全党动员，全民参与，打一场扫黑除恶人民战争！
四川幼儿师范高等专科学校警务工作站
ICHUAN PRESCHOOL EDUCATORS COLLEGE POLICE STATION
讲文明、讲秩序、讲卫生，爱绵阳、爱环境、爱整洁
绵阳工业技师学

1 | 2
3 | 4

1. 博雅学校校门
2. 博雅学校校园一角
3. 四川幼儿师范高等专科学校
4. 四川中医药高等专科学校

人工湖鸟瞰

1
2|3|4

1. 宜居科创
2. 辖区道路
3. 商住小区
4. 二环路

典汇国际 你非买不可

1|3 |4
2| 5

1. 绿色生态宜居新区
2. 城市风貌
3. 人工湖畔
4. 人工湖畔
5. 宜居新区

法治科创
做事以法为本
与法同法
社会和谐

中国绵阳科技城创新中心
CHINA MIANYANG SCIENCE
AND TECHNOLOGY INNOVATION CENTER

1|2|3
4|5

1. 关爱
2. 绿道
3. 休闲
4. 快乐
5. 运动

绵阳市科教创业园区控制性详细规划(修编) 用地布局规划图

编辑说明

一、《绵阳科技城科教创业园区年鉴（2018）》（以下简称本年鉴）坚持以马列主义、毛泽东思想、邓小平理论、“三个代表”重要思想、科学发展观、习近平新时代中国特色社会主义思想为指导，坚持辩证唯物主义和历史唯物主义的立场、观点和方法，全面客观记述绵阳科技城科教创业园区（以下简称科创区）党工委、管委会加快建设科创区的新部署、新举措、新成果。全书以科技创新为主题，重点突出融合发展和全面创新改革试验、创新创业，为科创区科学发展、加快发展提供决策依据和经验参考，为广大读者了解和研究科创区提供资料和信息。

二、本年鉴由绵阳科技城科教创业园区党工委、管委会主办，绵阳科技城科教创业园区年鉴编纂委员会编纂，2018 年创刊，每年一卷，在国内公开出版发行。本年鉴为总第 1 卷，记述时限为 2017 年 1 月 1 日至 12 月 31 日。本年鉴虽为首卷，但为确保记述的完整性，部分资料作适当上溯下延。

三、本年鉴采用分类编辑法，由类目、分目、条目三级组成。设特载、新闻聚焦、大事记、综述、全面创新改革试验、科学技术和知识产权、创新创业、产业发展、教育产业、招商引资与商贸、党务·政务·人民团体、财政税收、区属国有资产公司、文化·卫生、生态环境保护·城市建设管理、综合监管、社会民生、街道与社区、附录共 19 个类目。

四、本年鉴条目标题统一用黑体字加【】表示，正文为五号宋体。全书有中英文目录、索引，具有比较完善的检索系统。在排版上，双页书眉为书名，单页书眉为类目标题。部分简略语随条目注释，部分条目附有资料背景链接。

五、本年鉴所载信息（数据）由科创区党工委、管委会下属部门、区属企事业单位、区属机构、区内科研院所、高校等单位提供，经编辑部整理编辑、编委会审查、出版社审核而成，具有权威性与资料性。

六、本年鉴收录的科创区党工委、管委会领导名单，区属部门、区属企事业单位和驻区机构负责人名单均以2017年12月31日在职为准，书中计量单位和数字、标点符号等使用均以国家有关规定为准。

绵阳科技城科教创业园区年鉴编纂委员会

顾　　问：周　钰
主　　任：李　哲
常务副主任：雍　波
副 主 任：徐　虎　王昌举　杨启卫　邓　勇　李　炜　任涌波
　　　　　张建平
委　　员：赵　东　杨仁平　李明峰　薛海云　曾乔兮　王润强
　　　　　朱宇雄　李晓斌　陈　刚　高　健　陈劲松　杨静霞
　　　　　杨　波　严　猛　周　全　郑小燕　王剑秋　刘张兵
　　　　　赖　辉　陈　俊　李代信　龙京晶　吴　雪　熊　军
　　　　　贾伦华
主　　编：李　哲
常务副主编：张建平
副 主 编：赵　东
特邀编审：张永兴

绵阳科技城科教创业园区年鉴编辑部

主　　任：张建平　赵　东
副 主 任：范　帆
编　　辑：王　锐　史　迁　陈　明　邱明霞　李　安　李　茜　何　菲
　　　　　蒋琳琳　王　波　韦　博
特邀摄影：绵阳市女摄影家协会

编辑部地址：八角北路东段科创区管委会
电话：0816-6336487　　　电子邮箱：582596724@qq.com

撰稿人员名单

(按姓氏笔画排序)

王　波	王　锐	王洪敏	左仁杰	史　迁	冯　筠	冯　霞	吕恒峰
刘大军	刘莲芝	刘海军	孙　静	严　俊	杜　娟	李　丹	李　安
李　茜	李　翔	李　霞	杨　恒	杨　程	杨松瀚	肖劲夫	邱明霞
何　怡	何　菲	何　藻	何思蓓	余芬兰	邹　强	张　宇	张　辉
陈芮溪	陈豫菲	青志新	范　帆	范　琦	赵玉涛	郝　明	胡　洋
胡显林	姚　辉	袁　潇	郭　昕	唐小波	黄　尧	蒋　莉	蒋　婷
韩丽娟	覃　莉	蒲键钟	廖洪波	谭　秀	魏　沉		

目 录
CONTENTS

特 载

新闻聚焦

大事记

综　述

全面创新改革实验

科学技术和知识产权

创新创业

产业发展

教育产业

招商引资与商贸

党务·政务·人民团体

财政税收

文化·卫生

生态环境保护·城市建设管理

综合监管

社会民生

街道和社区

附　录

目 录
CONTENTS

Special Features

News Focus

Memorabilia

General Description

Comprehensive Innovation and Reform Experiment

Science and Technology and Intellectual Property Rights

Innovation and Entrepreneurship

Industrial Development

Education Industry

Investment Promotion and Trade

Party Affairs, Government Affairs and people's Organizations

Fiscal Revenue

District-level State-owned Assets Corporation

Culture and Health

Administration of Ecological Environmental Protection and Urban Construction

Integrated Regulation

Social Well-being

Streets and Communities

Appendix

在2018年度全区经济工作会上的讲话

区党工委书记 周钰

(2018年2月2日)

2017年，在全区上下的共同努力下，园区经济工作取得了显著的成绩。一是经济总量增速达11%，位居全市第一位；二是园区企业数到12月末已突破4000家，位居全市第6位；三是财税收入突破11个亿，一般公共预算收入达6亿元，位居全市第六位。这些成绩与在座各位企业家以及机关和街道社区全体干部职工的努力是分不开的。

一、深刻认识抓经济工作的重要性

马克思主义政治经济学指出，经济基础决定上层建筑，经济工作也是一切工作的基石。近期，中央、省委、市委经济工作会，都对2018年的经济工作作了重要的安排部署，尤其是市委经济工作会，明确提出了建设西部经济强市这一重大战略决策。那么我们科创区该如何在建设西部经济强市的征程中贡献自己的智慧和力量？该如何在建设西部经济强市的过程中，统一思想，努力奋斗？这是在座每位企业家、每位机关和街道社区干部都需要思考的问题。

刚才李哲主任提出的奋斗的目标，虽然显得任务比较重，目标比较高，但是我们确实需要自加压力，否则将失去重大的机遇。科创区建区已有十余年，我们的经济总量虽然有67亿元，但是我们的工业发展比较薄弱，尤其是规模以上工业仅有15家。我们必须要具有危机意识，必须克服存在着的小富即安思想。如果我们继续保持这种思想，如果我们未来的发展速度慢了，跟不上时代的步伐了，那科创区存在的价值就被大大削弱。我们必须抓好这关键的时间，把经济工作挺在各项工作的前面，咬紧牙关，努力奋斗。我们要提出一个新的奋斗目标，就是要实施“双百亿工程”，即园区经济总量用三到五年时间一定要突破100亿元，要加大对标准厂房的建设力度，力争工业标准厂房突破100万平方米的同时，区属规上工业产值能够突破100亿元，这样就为科创区的发展奠定了坚实的基础。希望在座的各位一定要服从、服务于党工委、管委会提出的这一重要战略部署，加力加劲，大干一场！

二、2018年经济工作要重点抓的几件事

一要进一步解放思想。中央经济工作会提出了习近平新时代中国特色社会主义经济思想，开宗明义地提出了要加强党对经济工作的领导。对经济工作而言，党的领导主要体现在把方向、定政策、谋划全局、制定战略等方面，同时要激励干部努力工作，解放思想，迈开步子，尽最大努力干好我们的经济工作。因此从去年12月份开始，我们组织了园区股级以上干部到高新区、经开区、涪城区、江油市学习考察，学习其他兄弟地区抓经济工作、抓项目工作好的经验和做法。同时。对照十九大精神提出的各项目标要求，我们在座的各位股级以上领导干部都写了心得体会，区级领导和部分股级干部还做了专题交流发言。这是我们领导经济工作的重要一环，就是让园区所有的干部服务于经济工作。春节过后，我们还要持续开展这项活动，要把全区干部职工的思想统一到党的十九大精神上来，统一到中央、省、市经济工作的部署上来。二要大力发展以产业发展为核心的实体经济。党的十九大明确提出要着力发展实体经济，要发展科技创新、现代金融、人力资源相结合的现代经济。对于我们科创区，实体经济该怎么发展，刚才李哲主任已经作了很好的部署。首先要大力发展工业。我们正在建设高端产业园，今年年底要基本完成一期建设，同时着手启动高端产业园二期建设，还要建设航天产业园、久远创新产业园等智能制造产业园，为园区发展奠定坚实基础。我们正在构建的工业发展格局，最基本的一点，是要立于科技创新的前沿，包括航天技术转移、中物技术转移、中国空气动力与发展中心技术转移等方面。要把二环路周边靠集中发展区的土地，集中起来发展工业，只有用工业去拉动产业发展，才能带动周边社区，尤其是八角、兴隆社区，实现经济繁荣。同时也要抓好第三产业发展。千方百计促进总投资40亿元、总面积27万平方米的铜锣湾·天轮城市广场项目尽快开工，建成全市首屈一指的大型商贸综合体。还要加快发展科技服务业和人力资源服务业，有效拉动园区经济增长。我们还要着力发展总部经济。鼓励大企业大集团来园区设立总部或子公司，不求规模，但求所有，只要在园区注册纳税，我们都热烈欢迎。如果研发人员不愿意来绵阳，我们还可以在成都提供部分研发人员办公场地。发展总部经济可以有效增加我们的财税收入。还要发展高质量的

创孵经济。利用好孵化大楼、灵创孵化器、创新二期，聚集一批发展势头好的高科技企业，持续用力，培养新的经济增长点。三要推行项目专员制和企业专员制。我们要以项目为中心抓好2018年经济工作，就必须要落实好项目专员制。按照一个重点项目一名区级领导、一个责任部门、一名项目专员的工作方式，确保重点项目推进。项目专员要切实跟进项目，深入一线调度、一线办公，确保工作在一线推进，问题在一线解决。每周要及时汇总项目推进情况。要落实企业专员制。组织全体干部职工对口联系园区企业，实时掌握企业运转情况，帮助企业解决各类问题，把企业服务工作落到实处。2018年，我们一定要对项目推进和企业服务两项重要工作盯住不放，沉下身子抓落实。

三、强化对经济工作的考核

为更有效地推动园区经济工作开展，2018年，我们将加大对机关和社区干部的考核力度，进一步完善绩效考核机制。由绩效办牵头，对区级部门部分考核指标进行改革，一个部门明确三到五项特色指标；街道也要研究对每个社区确定几项特色工作，拉开差距进行考核。把按劳分配的原则落到实处，实行多劳多得，少劳少得，不劳不得。在明年经济工作会上，我们还会对2018年为园区做出突出贡献的部门和个人进行表彰奖励。

最后，马上要过春节了，我们还有几项工作要安排，一是对困难群众、困难党员、老龄人员和对园区做出过突出贡献的老党员进行慰问。二是抓好党风廉政建设，上午我们对机关干部作了党风廉政建设谈话，请大家春节期间要严格遵守中央八项规定，保持好个人廉洁。三是全力做好春节期间安全工作，对人流量大的场所，如菜市场，超市、寺庙、有文艺演出的社区广场等区域，要做好安全隐患排查化解工作。

同志们，2018年是贯彻党的十九大精神的开局之年，是我市开启西部经济强市建设新征程的第一年，也是科创区把握历史机遇，为在绵阳今后发展中争得重要一席之地的关键一年，抓好今年经济工作的意义十分重大。我们一定要进一步强化机遇意识、进取意识、责任意识，以更加务实的态度、更加扎实的工作，高标准对标市委对我区的各项要求。让我们紧密团结在以习近平总书记为核心的党中央周围，以习近平新时代中国特色社会主义思想指导各项工作开展，勇当建设西部经济强市的生力军，为科创区经济社会持续健康发展而不懈奋斗！

（王　锐）

在2018年度全区经济工作会上的讲话

党工委副书记、管委会主任　李哲

（2018年2月2日）

此次经济工作会主要任务是深入贯彻党的十九大、中央经济工作会议、省委十一届二次全会、省委经济工作会议和市委经济工作暨全市金融工作会议精神，总结2017年全区经济工作，分析当前形势，安排部署今年经济工作。

一、客观总结去年工作，充分肯定来之不易的成绩

2017年，是全区干部直面困难、高位求进的一年。面对艰巨繁重的发展稳定任务和多重叠加的困难挑战，区党工委、管委会团结带领全区干部群众，坚定以习近平新时代中国特色社会主义思想为统揽，全面落实中央、省、市决策部署，坚持稳中求进工作总基调，坚定按照打造科技城中央创新产业园区的工作目标，主动适应把握引领经济发展新常态，认真践行新发展理念，统筹抓好项目推进、产业发展、招商引资、城市建设、民生事业等工作，全区经济社会呈现出稳中有进、加快发展的良好态势。全年实现地区生产总值增速11%，完成目标任务的100%，增速居全市第一；实现服务业增加值增长率12.2%，完成目标任务的114.02%；完成一般公共预算收入6.01亿元，同口径增长9%，完成目标任务的112.5%。完成建筑业总产值5.94亿元，完成目标任务的132%；完成社会消费品零售总额50.38亿元，完成目标任务的103.6%；社会消费品零售总额增长率增长11.3%，完成目标任务的150.7%；完成招商引资到位资金23.2亿，完成目标任务的116%；新增科技型中小企业316户，完成目标任务的101.3%；全年专利申请量1749件，完成目标任务的145.7%；实现规模以上工业增加值增长率9.8%；完成固定资产投资29.04亿元、工业投资3.26亿元、技改投资7.6亿元、民间投资9.41亿元。

2017年，我们加快推进产业发展，增长方式更加科学。我区将“两新”产业发展作为园区产业发展重点，着力推进大数据、云计算、物联网等新兴业态产业纵向延伸、横向配套、集群发展。2017年，园区电子信息和高端装备制造两大主导产业实现规模以上工业总产值25.04亿元，产业集中度进一步提高。一是制定了一批更具吸引力的政策。高起点、高标准制定出台了《关于激励企业成长的八项优惠政策（试行）》《科创区对外开放合作的十项优惠政策（试行）》等一批具有较强吸引力的产业发展支撑

政策。自政策出台后，平均每月工商登记企业超过100家。二是投入专项资金支持工业发展。出台了《科创区支持工业发展若干政策申报指南》，设立了每年投入2000万元的工业发展专项资金，从扩能改造、转型升级、打造品牌、拓展市场、融资减负等方面，对工业企业给予长期持续性支持。全年帮助企业成功争取各类专项资金扶持项目11个，到位工业发展补助资金2269万元。三是不断充实产业发展载体。持续完善“苗圃+孵化器+加速器+产业集群”企业发展生态链。创新中心三期、高端产业制造基地等载体建设加快推进。四是着力打造高质量企业梯队。从近2000家科技型中小企业和发展链上企业中，筛选出37家技术优势强、潜力大、基础好的企业进行重点培养，全年新增规模以上企业5家。五是全力推动第三产业发展。通过乐荟城开业、温莎国际周边商业打造、上马社区特色餐饮业集聚，园区现代服务业发展培育出新动能。积极创建国家级电子商务示范基地，投入电商基地使用面积达5万平方米，新入驻了清华大学电子商务交易技术国家工程实验室绵阳研究院、青海融宝网络科技有限公司等电商企业和机构，全年完成电子商务交易额446亿元，网络零售额8.34亿元，新增电商企业30家，园区电商企业累计达250余家。

2017年，我们狠抓关键项目推进，综合实力更加强劲。我区为重点关键项目建设开辟了“绿色通道”，并建立了机制推进重点项目管理制度，切实帮助企业或项目业主解决实际困难，多措并举保障重点关键项目顺利推进。一是狠抓工业项目带动产业加快发展。我区共有在统工业投资项目13个，全年共完成投资3.26亿元；在统技改项目19个，全年完成投资7.6亿元，所有项目均按计划正常推进。全年新认定融合性企业15家，全区累计认定融合性企业达55家。二是狠抓招商引资项目推动开放合作交流。长虹电子系统公司总部项目、深圳恒立泰公司PCB线路板、机器人零部件研发生产项目已正式签约和落地。四川靓固科技集团总部项目、东方磁卡项目、青岛三维工业制冷装备制造研发项目、特种橡胶生产研发项目等大批优质项目落地运营。深大通的融合发展产业基金项目已正式签约。众智科学产业（绵阳）创新中心及电子商务交易技术国家工程实验室正式揭牌。与汇桔集团西南总部、航天科工集团三一〇所、中国科学院微电子研究所、清华大学电子商务交易技术国家工程实验室成功签订合作协议。三是狠抓基础设施建设项目提升城市品质。园区照明设施建设、创业大道夜景景观打造及人工湖周边道路绿化整治工程全面完成；元通片区110千伏绵合线迁改工程、乐荟城双电源等项目已经完工；元通公园、K5道路工程、兴隆统建房5号路、兴隆统建房6号路等项目加快推进。

2017年，我们不断完善创新中心功能，创新创业更具活力。2017年，科技城创新中心孵化面积达24万平方米，入孵企业550余家，在孵企业总产值近12亿元，实现税收6600余万元、同比增长43%。一是资本大厦运行体系初步形成。天府（四川）联合股权交易中心绵阳分中心正式成立，我区在天府联合股权交易中心（四板）挂牌上市企业达46家。2017年，我区共聚集各类金融、类金融、投资类企业及中介服务机构122家，科技城融合发展成果转化基金、中信产业投资基金、硅谷天堂等15家天使、VC、PE在园区设立机构，博石资本、天阔资本、深港投资等18家投资机构对绵阳企业进行了各类投资。二是国家级科技企业孵化器建设取得新成效。引进以芯联芯科技、奥斯廷科技为代表的具有海外及港澳台背景的企业18家，引进博士、高工150余人，硕士300余人，海外高层次人才60余位。搭建起中国与欧洲大学国际交流合作桥梁，同时建立200余家中方企业对欧合作项目数据库。中欧大数据应用研究联盟与绵阳共建科技城大数据产业研究院、英国达医社医疗公司与绵阳三医院共建国际跨境联合会诊平台等10余个合作项目签约落地。三是人才服务更加精准有力。设立科技城创新创业人才服务中心，成功落户中国国际人才市场绵阳分市场、组建了国内首个融合发展人才交流服务平台，人才产业园建设加快推进。开展园区双创环境介绍、企业开办帮办、政策咨询解答、部门办事指引等各类服务。编制《企业服务手册》《创新创业资源地图》，同步配备“科技城双创人才服务网”，为来访人才直观讲解优惠政策、创新载体、办事指引等内容。四是“金融+孵化”的全新模式已经建立。设立“科创区双创孵化投资基金”，并制定《孵化投资基金使用管理办法》，对孵化器内成长性好的科技企业进行股权投资，首期基金规模为1000万元。目前，已对奇石缘科技、博瑞星云等7家在重点发展领域具有自主知识产权、科技含量高、创新能力强、商业模式新的科技企业进行了股权投资，总投资达750万元，有效弥补了初创企业资金真空，推动了孵化企业快速发展和产业化。五是大众创业、万众创新的氛围更加浓厚。全年举办“科创大讲堂”“百家风投走进科技城”“大数据是产业智能化发展的原动力”高峰论坛、大学生创新创业实战训练等双创活动100余场，累计吸引近万人参加。

2017年，我们狠抓为民服务优化环境，民生福祉不断增进。2017年我区实现城镇新增就业520人，完成目标任务的144%；下岗失业人员再就业116人，完成目标任务的193%；就业困难人员再就业30人，完成目标任务的300%；城镇登记失业率2.01%，控制在4.0%以内；实现创业培训60人，完成目标任务的200%；青年劳动者就业技能培训304人，完成目标任务的101%。一是民生工程全面推进。元通统建房（家园盛景）、园兴幼儿园、玉泉路小学项目全面完工；元通、华奥等4个社区的日间照料中心已建成运营；社区卫生服务站、四级劳动保障服务平台等医疗卫生服务体系不断健全完善。2017年，我区负责实施的省、市民生工程共8大类39个目标项，超额完成目标任务的有23项，省、市民生工程暨区本级民生工程投入资金约4亿元。二是政务服务“软”环境得到大力提升。区内各部门为重点项目开辟“绿色通道”，对重点项目实行优先办理和限时办结。启动科创区政务服务大厅建设工作，目前正在进行方案设计，建成后大厅将设窗口近70个、审批服务事项130余项。三是城市容貌“硬”环境得到有效改善。全力抓好环保督察问题整改，中央环保督察组和省环保督察组交办件已按时整改完毕，我区自查突出环境问题9个，已整改完毕8个。保质保量完成文明城市复检工作，开展各类市容市貌专项集中整治行动70余次，清理拆除广告横幅1000余处，依法拆除违法建设24处、面积达2300余平方米，城市环境得到进一步提升。

2017年也是全区干部不忘初心、拼搏奋进的一年。在产业发展战线，同志们千方百计抓产业、强实体、提品质、增效益，培育壮大了一批优质企业，因地制宜发展了一批特色产业，创新发展了一批新型业态，促进了区域经济质量效益稳步提升。在项目推进战线，各分管领导同志与项目主管部门的同志们，紧紧围绕全区项目工作的安排部署，谋项目、抓推进、严管理，积聚各方力量合力攻坚，全面掀起项目建设热潮，促进了项目投资持续稳定增长。在招商引资战线，投促、商务等部门的同志们，善于谋划、主动作为，为科创区引来了一个又一个的好项目、大项目，实现了招商引资的新突破。在环保攻坚战线，同志们恪尽职守、铆足干劲，扎实开展环境治理，特别是去年8月中央环保督查组进驻四川以来，各区级领导，环保各相关部门以及街道社区的同志们，夜以继日、不眠不休，扎实组织开展环保转办件整改工作，所有转办件全部按期整改落实，得到了上级的一致肯定、全区群众的一致称赞。在其他工作战线上，全区干部一道撸起袖子加油干，在维护社会稳定、保障民生发展、稳固经济发展等诸多方面都取得了优异的成绩。各企业在去年宏观经济下行、市场总体疲软的情况下，争相发力，抓技改、搞研发、拓市场，转型升级步伐切实加快。在此，我代表区党工委、管委会，向大家一年来的辛勤努力表示衷心的感谢，并通过你们向全区广大干部群众致以崇高的敬意！

二、准确把握发展形势，明确今年的工作目标要求

经济新常态下，世情、国情发生了许多新的变化。当前，科创区经济发展已经进入新的拐点，已经处于蓄势待发、赶超跨越的关键期，振兴发展正当其时、刻不容缓。经济工作要适应新时代、践行新思想、展现新作为、开创新局面，为实现全面小康、加快发展打下更加坚实的物质基础。

一要深刻把握习近平新时代中国特色社会主义经济思想的丰富内涵，始终保持推动经济高质量发展的战略定力。中央经济工作会议首次提出了习近平新时代中国特色社会主义经济思想，并对其科学内涵和核心要义进行深刻阐述。一是要准确把握坚持加强党对经济工作的集中统一领导的内涵要求；二是要准确把握坚持以人民为中心的发展思想的内涵要求；三是要准确把握坚持适应把握引领经济发展新常态的内涵要求；四是要准确把握坚持市场在资源配置中起决定性作用、更好发挥政府作用的内涵要求；五是要准确把握坚持适应我国经济发展主要矛盾变化完善宏观调控的内

涵要求；六是要准确把握坚持问题导向部署经济发展新战略的内涵要求；七是要准确把握坚持正确工作策略和方法的内涵要求。这一重要思想，是五年来以习近平同志为核心的党中央推动我国经济发展实践的理论结晶，是中国特色社会主义政治经济学的理性概括，科学回答了中国特色社会主义经济发展怎么看、怎么干的重大时代课题，是指引我国经济发展的思想武器和行动指南。我们必须把这一重要思想一以贯之、不折不扣地贯彻落实到全区经济工作的各领域和全过程。

二要深刻把握中央和省、市对宏观经济形势的科学研判，努力在把握发展大势中抢占先机、赢得主动。从全球看，世界经济有望继续保持温和复苏的势头；从全国看，我国进入国力不断增强的新时代，规模巨大的市场展现出空前的扩张力和吸引力；从全省看，省委深入实施“三大发展战略”，四川的经济综合实力和竞争力显著增强，经济发展质量效益明显提升，实现了稳定的、可持续的发展；从全市看，市委、市政府站高谋远，科学编制了一系列规划方案，制定出台了一系列政策措施，健全完善了一系列工作机制，以全创试验引领深度发展，以“振兴计划”补齐发展短板，全市经济工作的整体性和协同性全面增强。从我区发展内部环境来看，科创区已经具备加快发展的条件和底气。通过区党工委、管委会及全区上下的共同努力，我区经济发展稳定的基础在巩固，前进的动能在增强。产业方面，工业经济发展形势良好，规模以上工业企业达到15家，产业链进一步完善和延伸；现代服务业加快成长，商业购物、特色餐饮业等新的经济增长点正在形成，三次产业已成为GDP的最大贡献者；平台方面，创新中心设施和功能不断完善，配套服务更加优化，产业吸纳和承载能力进一步增强；营商环境方面，政策洼地效应凸显，用好用活了服务绿卡、人才公寓、企业开办帮办等一系列惠企便民政策，越来越多的企业开始关注科创区、投资科创区、落户科创区。从我区外部环境来看，科创区正站在新的转折点，必须正视挑战把握机遇，努力在新常态下实现新突破。党的十九大作出了我国经济已由高速增长阶段转向高质量发展阶段的重大判断，中央经济工作会议将这一重大判断进一步明确为新时代我国经济发展的基本特征，并作出一系列重大决策部署。由此可见，今后一段时期，中央将不会再推出大规模经济刺激政策，经济增长将是平稳的增长，将是质量不断改善、效益不断提升的增长。这对科创区既是挑战，也是机遇。就科创区而言，我们发展经济的主要抓手还是要以扩容增量，快速做大总盘子，迅速积累发展资本和基础盘为主线。一方面，这将倒逼我们在进一步扩大总量，例如充分挖掘和利用现有条件发展总部经济，坚持以项目为支撑发展产业经济，坚持通过提质增效发展创孵经济。在保持经济较快增长的同时，更加注重新技术引进和运用，更加注重产业结构调整，更加注重发展质量的提升；另一方面，宽财政、紧货币、供给侧结构性改革，尤其是智能制造力度将加大等宏观政策的密集出台，将为我们带来前所未有的发展机遇，特别是在项目建设、招商引资、深化产业发展、承接产业转移等方面，科创区应瞄准前沿阵地大有空间，大有可为，大有作为。

三要深刻把握科创区发展面临的困难与矛盾，按照稳中求进总体要求，始终保持奋起直追、加快发展的工作总基调。我们在回首成绩的同时，也清醒地认识到，科创区在当前发展形势下，发展不充分的矛盾更加突出，更加尖锐。一是产业发展结构不优。二、三产业对经济的带动力仍显不足，一些孵化企业规模效益不高，除园区传统品牌外（长虹、九洲），其他企业品牌效益低、生产产品附加值低，转方式、调结构的任务艰巨。二是项目支撑作用不强。2017年新开工的24个在建项目中，总投资在5亿元以上的只有4个、占总量的16.6%，1亿元以上的项目2个，占总量的8.3%；今年收集的19个新储备项目中，总投资在5亿元以上的只有1个，占总量的5.2%，1亿元以上的项目6个，占总量的31.6%。三是财政收支矛盾较为突出。骨干财源匮乏，财源结构性矛盾突出，财政收入增长乏力；教育、体育、文化、卫生等社会事业发展还不能满足群众需求，刚性支出压力较大。四是园区基础配套设施仍有短板。城市综合品质还需提升，城市配套功能亟待完善。五是风险防控压力较大，建筑市场、拆迁安置、涉嫌非法集资、信访维稳等压力仍然较大，各类风险隐患还比较多。面对这些困难和问题，我们要坚持问题导向，不断解放思想，寻找破解办法，认真加以解决。

按照稳中求进总体要求，充分发挥我区在西部经济强市建设中的创新创业引擎作用，经区党工委、管委会反复研究决定，今年全区经济社会发展的主要奋斗目标是：地区生产总值增速11%、开门红增速11%；地方公共财政收入完成6.55亿元、开门红完成2.13亿元，同口径增速均为9%；全社会固定资产投资38亿元、开门红完成9.5亿元；规模以上工业增加值增速10.8%、开门红增速10%；社会消费品零售总额增长11.5%、开门红增速12%；服务业增加值增速12%、开门红增速12%；另增设特色指标：全年在孵企业毕业家数达13家、在孵企业总收入突破12.5亿元、在孵企业税收突破7000万元、新增融合发展企业8家。这些目标，基本上符合园区发展实际，这也是我们今年的工作目标、实际考核目标。全区各级各部门要牢固树立助跑摸高的进取意识，坚定信心、自加压力，努力推动各项工作取得新的成效。

要实现上述工作目标，必须深入贯彻落实党的十九大及中央、省委、市委经济工作会议精神，按照区党工委、管委会对今年经济工作提出的总体要求，坚持产业为先的发展理念，坚持以项目建设统领全局工作，坚持夯基础、谋长远，努力加快推进科创区经济社会健康快速发展。

三、突出工作重点，努力开创区域经济社会发展新局面

今年是贯彻党的十九大精神的开局之年，是决胜全面建成小康社会、实施“十三五”规划承上启下的关键之年，做好今年的经济工作，意义重大。要实现

各项目标，必须采取有力措施，突出抓好以下五个重点工作：

第一，抓产业发展，稳定经济增长。

坚持“聚焦产业、融合发展”，积极引进企业、培育产业、打造产品，全力以赴加快推进产业大发展，推进二产、三产协调发展。

（一）以先进制造业为核心，加快工业转型升级。一要推动先进制造业产业链不断完善，依托九洲集团、九院、航天科工集团等龙头企业和高技术院所，建立并不断延伸新一代信息技术、航空航天装备、氢能源应用等产业链条，并以此为基础引进链上企业，通过“建链—补链—强链”的方式打造3~5条适合园区的高端产业链，最终形成集群效益，推动园区产业不断向价值链高端迈进。二要持续壮大核心产业总量，充分发挥创业孵化积累的先期优势，着力加大企业梯次培育力度，促进汇邦、宝威科技等3家企业晋级升规，力争培育1亿元以上企业4家，培育4亿元以上大企业2家。推动工业投资上规模、增效益，完成工业技改投资9.29亿元、力争增速达22.40%，工业投资3.44亿元、力争增速达到5.52%。

（二）以电子商务和高端商贸为核心，大力发展现代服务业。要以创建国家级电子商务示范基地为契机，积极打造浪潮云中心、绵阳科技城大数据技术有限公司，建立起“云计算、大数据、下一代互联网”的现代电子信息基础设施体系，助推园区电子商务发展。要切实发挥城市新中心地理优势，围绕乐荟城、铜锣湾和华润、奥林春天、倍特等高档住宅小区，加快高端商贸产业发展。加快推进红星美凯龙、迪卡侬、麦德龙等大型商贸综合体落地与建设，抓住机遇将园区建成除主城区外的大型商业新中心和特色街区。

（三）以产研深度融合为契机，持续深化产研融合产业发展。要尽快协调完成新一轮控详修编，充分拓展产业发展空间，加快落地一批具有国际水平、国内一流的融合产业项目。建立以国鸿氢能为依托的氢能源产业园，建立以航天科工集团为依托的航天科技产业园，建立以猎鹰科技为依托的激光产业园，建立以久远集团为依托的融合发展产业园，助推园区产业组团发展，不断提升园区承载能力。要充分发挥科技园优势，积极与中物院、中国空气动力研究与发展中心、航天科工集团、中国科学院微电子所、中科院北京喀斯玛科技公司西南总部等科研院所进行深度对接。要加快推动“基于北斗卫星通信技术的船舶通设备研发及产业化项目”等一批融合产业化项目建设，抓紧对全区55家融合企业的培育工作，争取培育一批创新能力强、技术含量高的企业尽快升规上限。

第二，抓招商引资，厚植发展优势。

引进资金、资源是我区兴产业、增投资、强经济的主要路径，我们要深入落实各类招商引资优惠政策，持续抓好全员招商，厚植产业发展优势，力争全年引进项目20个以上、到位资金20亿元以上。

（一）着力聚焦产业引进。紧盯产业优势企业，引进一批符合科创区实际、经济效益好的大项目、好项目，确保每季度集中签约一批项目。大力吸引社会资本进入基础设施、基础产业、民生工程等领域项目的投资、建设、运营，支持社会资本兴办医疗、教育、社会培训机构，推进投资主体多元化。工业方面，要围绕现有产业，力争全年签约产值2000万元及以上工业项目3个，其中5亿元产值以上项目1个。现代服务业方面，重点引进商贸物流等项目，力争引进产值5000万元以上的电商企业1个，投资1亿元以上的酒店1个。

（二）强化要素聚集引进。配合打造以中国国际人才市场绵阳分市场为核心的人才市场，加快人才产业园建设，形成创新人才汇聚地；发挥好中物技术转移中心、北斗产业联盟等在绵机构作用，释放汇桔网等知识产权交易机构的活力，大力引进科易网、佰腾科技等一批国内知名技术交易机构，打造以军民两用技术交易中心为载体的技术交易市场，形成科技成果集散地；通过汇聚一批创投、保险、基金、担保等金融资本，打造以川藏股权交易科技城股权交易中心为龙头的资本市场，形成科技金融示范中心。吸引一批高校、科研院所的重点（工程）实验室、工程技术（研究）中心、技术转移机构、学院学科等各类研发机构和创新平台入驻园区或设立创新创业、成果转移转化分支机构，并进行再研发和成果转化，促使一批研发成果在园区实现转化及产业化。

（三）优化发展环境引进。分区块逐步打造提升园区城市形象，尤其是在上马社区，利用周边闲置零散土地，建设特色餐饮中心，大力营造适合总部经济发展的良好环境，切实发挥总部经济效应，使单位面积经济效益产出达到新的高度。大力提升政务服务质量，着力构建便捷高效的服务平台、公正廉洁的服务机制、文明规范的服务体制，尽快将建成高标准的园区的政务服务大厅，努力营造环境好、审批快、服务优的良好政务环境，促进园区经济社会协调发展。加快政务服务平台建设、强化基层便民服务职能，着力提升审批效率和服务质量。

第三，抓项目建设，扩大有效投资。

坚持以项目为中心组织经济工作，为区域经济发展提供强力的发展基础。

一是抓好项目工作的顶层设计和制度建设。加快完善区项目办及推进工作机制建设，尽快形成以项目办牵头抓好全区项目协调、人事部门以项目工作激励干部成长、目标督查部门以项目工作为核心强化任务督查的工作格局。不断完善项目管理机制，定期召开经济和项目工作专题会，统筹研究解决项目推进过程中的问题和困难。统筹抓好企业、项目运行预测，建立完善联系企业和项目公示制度，每月、每季度对重点项目和重点企业联系情况进行公示，确保项目稳步推进、企业不断壮大。

二是积极向上争取和提前包装储备项目。高质量、高标准策划、包装、储备一批符合要求的项目，同时，通过加强对接项目规划，及时向市发改委和省、市对口主管部门汇报，建立数量充足、质量较高的前期项目库，确保更多项目入围国家和省市项目的盘子，为投资持续增长提供强大后劲。在每年三季度，提前谋划储备来年项目，确保项目工作连续性。

三是着力招商聚集和推进项目。运用好我区出台各类优惠政策优势，展示科创区良好的投资环境形象。全力抓好上海博尔捷人力资源产业园项目、广东国鸿氢能源项目、汇桔网项目、中科院北京喀斯玛科技公司西南总部等优质项目，力争项目未签约的尽早签约、签约的资金尽早到位、资金到位的尽早开工建设。要加快推进以中军基金中西文化交流虚拟现实“一带一路”项目、成都金强体育公园、CBA西南篮球训练营项目为代表的体育文化产业项目尽快签约，确保群众关心、群众受益的一批重大民生项目尽快交付使用。要加快制定完善招商工作快速响应和落地协调机制，落实专班，对项目从签约到落地、开工、投产全过程提供不间断、无缝隙的优质服务。要继续实行招商引资重点工作通报公示制，定期梳理已签约但未落地项目，查找原因，厘清责任，严肃问责，限期整改。

四是强化资金筹措保障项目。坚持“政府主导、市场运作、多渠道融资”的工作思路，积极筹措项目建设资金。坚持以科投公司为载体，整合科服、资管公司有效资产，增加平台公司现金流，确保公司达到双A级运行标准，积极引入各类（含产业）发展基金开展合作，确保上市公司产业园、高端产业制造基地（二期）、上马周边环境综合整治等项目资金需求，支持平台公司向盈利型企业发展，做到收支两条线，统筹做好融资、化债等工作。

五是扎实加快重点项目建设。加快创新中心三期、高端产业制造基地（一期）等省市重点在建重点项目的建设进度，全力促进上市产业园、高端产业制造基地（二期）、铜锣湾商业广场、上马汇金项目开工建设。全面清理因规划等原因造成无法开发的20宗低效闲置土地，积极向上争取和对内各业主的协调，加快开发步伐，提高集约节约用地水平，着力解决安琪儿医院、海洋馆等项目用地问题，尽快形成实物增量。加快元通公园、元通统建房（家园盛景）、兴隆统建房6号路等一批民生项目建设进度。

第四，统筹抓好其他重点工作。

扎实抓好环境治理、财税金融、信访稳定等工作，精准发力、久久为功，保障经济得以平稳健康发展、社会得以和谐稳定。

（一）强化环境整治。坚持绿色发展理念，大力开展生态环境治理。切实抓好大气主要污染物减排。强力管控施工场地、道路运输及工业扬尘，持续推进秸秆禁烧，按照省市减排要求完成节能减排任务。迅速启动垃圾污水处理设施建设，尽快完成垃圾转运站建设，确保处理设备升级，相关配套设施得以完善。

（二）做好财税金融保障。要努力增收，财政、国税、地税等增收部门要强化税收征管，在抓好重点税源的同时，加强对零散税收的征收管理，加大欠税清缴力度，加大国有土地出让金、城市基础设施配套费、人防费等非税收入征收力度，确保应收尽收。要努力节约支出，要牢固树立过紧日子的思想，今年，我们将继续落实严格控制“三公”经费预算只减不增要求，大家要自觉适应财政经济新常态，坚决杜绝浪费行为，将省下来的钱用在为民谋利和加快发展的“刀刃”上，切实提高财政资金使用效率。今年，希望科投公司与各类基金寻求合作，尽快达到发债条件和要求，各在区金融机构要继续加大对科创区实体经济的支持力度，对园区企业开展定向联络信贷服务，对招商引资签约企业实施融资签约。支持银行、信用社等到我区增设点位。要防范化解各类金融风险，强化风险监测和预警，加大针对性的风险排查，切实维护金融生态环境。

（三）努力维护社会稳定。当前，我区还面临一些不稳定因素，大家要主动作为，勇于担当，积极化解矛盾。要培养提高群众法治意识，引导群众通过合理方式依法表达利益诉求。要进一步畅通信访渠道，密切沟通机制，广开言路，强化互动沟通。要认真落实信访接待、领导包案，部门行业负责等制度。要敢于逗真碰硬，坚持以法律为准绳，以政策为依据，合法、合理、合情解决历史遗留问题。

第五，抓作风建设，确保工作任务落地落实。

工作任务越是繁重，越需要我们切实转变作风，集中全部精力，全力突破重点工作，确保各项任务要求落到实处。

（一）要坚持求真务实。今年的工作，无论是产业发展、项目推进，还是招商引资，每一项都是硬任务，都需要我们付出百倍的心血和汗水。要充分把握科创区当前与长远、发展与运行、民生与和谐的重大关系，兴产业、抓项目、广招商，重民生、保运行、促和谐。要大力倡导敢闯敢干，脚踏实地、埋头苦干的优良作风，作了决策、表了态，就要决而即行，说干就干，做到事不过夜。对“混日子”的态度，要针锋相对的抵制，屡教不改者要严查严办，努力在全区形成齐抓落实的良好风气。

（二）要提升工作效能。要勇于担当担责，特别是对招商引资、对上争取、产业发展、项目推进、要素保障等重点难点，要靠前指挥、攻坚破难；对历史遗留问题、项目审批等跨部门跨行业的工作，要树立大局意识，主动沟通、密切协作，决不能当甩手掌柜，或者相互之间推诿扯皮。在服务企业和项目上，努力做到“无事不扰、有求必应”，坚决消除“中梗阻”，让“科创区效率”成为品牌。

（三）要坚持依法行政。要深化行政审批制度改革，主动对接国家、省、市下放的行政审批事项，减少审批环节和事项，简化行政审批流程，实现行政审批优化提速。完善优化政府议事规程，做到依法决策、科学决策。要强化区管委会相关内部管理，增强综合办综合协调能力，进一步提高管委会相关工作的水平和效率。强化重大行政决策规则约束，自觉按照权利和责任清单行使职能。不断拓展政务公开的内容，利用各类公开栏目，继续推进涉及群众切身利益的住房、医疗、教育等领域公开。

（四）要坚守廉洁底线。要坚持把纪律和规矩挺在前面，认真履行党风廉政建设主体责任，全面落实“一岗双责”。坚决贯彻执行中央八项规定精神和省、市、区相关规定，主动接受公众监督，防止“四风”变异反弹。深化廉政风险防控，狠抓重点领域、关键环节和重要岗位监督管理。不断巩固和扩大“两学一做”学习教育成果，严控“三公”经费，坚决纠正和查处各种顶风违纪行为，努力做到为民务实清廉。

最后，我再强调一下近期几项重点工作：一是要做好今年“开门红”工作；二是要持续做好困难群众帮扶救助；三是要开展农民工工资兑付检查；四是要持续抓好安全生产。

同志们，做好2018年的经济工作，任务艰巨，责任重大。让我们紧密地团结在以习近平同志为核心的党中央周围，在市委、市政府坚强领导下，在区党工委的带领下，不忘初心、牢记使命，为加快推动园区经济社会科学发展、加快发展，为科技城建设和西部经济强市建设做出更大贡献！

（史　迁）

争当绵阳创新驱动的引擎、融合发展的窗口

2017年5月9日，市委调研组先后前往科创区高端产业制造基地、铜锣湾·天轮城市广场、创新中心大型仪器共享平台等项目建设现场和工业技术研究院，调研科创区经济社会发展情况。调研组强调，科创区要依托现有的良好基础和比较优势，凝心聚力、创新实干，聚焦重点、加力加劲，争当绵阳创新驱动的引擎和融合发展的窗口。

高端产业制造基地项目位于科技城集中发展区内，分为高端项目制造基地和创孵中心上市企业产业园两部分，建筑总面积50余万平方米，已完成规划方案、总平面图等前期工作，正加快进行边坡、基坑、工程场地硬化、清理地块表层土等工作，工程现场一派热火朝天。调研组现场察看项目的布局情况，详细了解项目的进度，强调科创区和有关方面要进一步加强协调配合，进一步优化布局设计，在确保工程质量和施工安全前提下加快项目建设，进一步完善园区平台建设，提升园区承载能力。

铜锣湾·天轮城市广场是“以文化为引领、商业为基础、旅游为推导”的文商旅大型城市综合体。项目位于科创区核心地带，建成后将成为绵阳、川西北以及3小时消费圈的购物、休闲及旅游场地。目前，项目正在深化建筑设计方案等前期工作。调研组对项目的引进和规划设计表示肯定，希望项目有关方面能加快工作进度，推动项目早日开工建设运营，为提升园区品质以及美丽绵阳建设做出更多贡献。

四川大型仪器共享平台遵循“融合发展、开放共享、协同创新”的总体定位，主要由仪器共享、检验检测、培训服务、设备供销、数据服务五大板块构成，充分利用现代信息技术、网络技术，通过对相关资源进行整合集成、优化配置、合理布局、开放共享，致力于提高仪器设备资源的使用效率，避免仪器设备的重复购置和浪费。调研组详细了解平台运营情况，希望有关方面进一步完善平台建设，让这些宝贵的科技资源得以惠及更多企业、院所和学校，加速转化为现实生产力，并以此为契机，努力把平台建成绵阳乃至全省推进全创试验的亮点工程，更好地服务全国、全省融合发展大局。

中国（绵阳）科技城工业技术研究院是市委、市政府为推动产学研深度融合，推进科技成果产品化、商品化和产业化而专门成立的事业单位。调研组来到工研院，详细了解工研院机制创新和总体运行情况，听取工研院两用技术再研发中心筹建情况汇报。调研组强调，工研院要在体制机制和服务模式上勇于创新、先行先试，着力将其建设成为关键共性技术的研发平台、科技成果转化的高端平台、科技企业的孵化平台和科技服务的综合平台，为全省科技体制改革和科研院所建设提供好的经验和样板。

科创区作为科技城实施创新驱动和融合发展战略的重要载体，要依托现有的良好基础和比较优势，凝心聚力、创新实干，聚焦重点、加力加劲，争当绵阳创新驱动的引擎和融合发展的窗口。要进一步加强创新孵化平台建设，不断完善创新链，突出服务功能，发挥引领作用；要不断提升对外开放合作水平，围绕园区产业布局，着力引进一批科技含量高、发展潜力好、人才团队优的项目，聚集创新要素，推动形成创新创业高地；要不断完善功能配套，提升城市建设水平，加快道路交通、地下管网、商业配套等城市基础设施，从就医、就学、出行、休闲、购物、娱乐等多方面满足群众需求，提升城市生活品质。

全市各地各相关单位，要深入实施创新驱动、融合发展战略，始终坚持以全创试验为引领，深度挖掘、加速放大绵阳的科技优势、创新潜力，加快建成创新之城、活力之城、希望之城；要以科技创新加速产业发展，深入实施“两个一号工程”，加速推进产业转型升级，积极培育新的经济增长点，不断提升区域竞争力、影响力、辐射力；要牢牢抓住融合发展上升为国家战略的历史性机遇，充分发挥在绵大院大所的优势，大力推进两用技术成果转化，力争走出一条以融合发展为特色的全面创新之路，为经济持续健康发展提供更强劲、更持久的动力。

市委常委、科技城党工委副书记、管委会常务副主任、市国资委党委书记元方，副市长罗蒙，市委秘书长邹若力，以及科创区、市级有关部门负责同志参加调研。（摘自《绵阳日报》2017 年 5 月 10 日）

绵阳科创区：这样打造创新驱动引擎与融合发展窗口

以建设绵阳国家科技城“创新驱动的引擎，融合发展的窗口”为指引，作为“全国唯一的国家级创新科技园”，绵阳科创区在务实而为中频频发力：

5月11日，欧盟项目创新中心——科技城分中心，在绵阳科创区科技城国际孵化器投运。这一创新中心的成立，将有利于促进绵阳科技城与欧盟各成员国之间的技术创新与转移，扩大欧洲城市和绵阳科技城之间的交流合作，成为中欧科技合作的桥梁和纽带。

5月17日，科创区携手清华大学国家服务外包人力资源研究院，共同创建的“跨境电商（绵阳）产业研究推进中心”在绵阳科创区正式开园。该推进中心旨在助力绵阳科创区“建设电子商务创新创业为特色的国家级电子商务示范基地”的同时，助推更多的“绵阳制造”沿“一带一路”走出国门、走向全球。

5月18日，中国（绵阳）科技城大数据产业研究院，在绵阳科创区正式揭牌成立。研究院汇聚了长虹、九洲、浪潮等众多企事业单位、政府相关部门的大数据技术和优秀工程应用人才，同时引进了海内外大数据领域顶尖技术团队和行业专家加盟，形成立足绵阳产业，汇集全球智慧，注重工程应用，国际协同研究的工作特色和运营模式。

在科创区党工委、管委会于5月15日举行的军民深度融合产业座谈会上，记者还获悉这样一组数据：去年，绵阳在全国范围内率先开展融合发展企业认定工作，在这次的认定中，科创区通过认定的企业达39家，位列绵阳全市第二。座谈会上，来自科创区的25家融合性企业围绕园区融合产业发展壮大进行了深入广泛与坦诚务实的交流。

据介绍，这些年来，为打造一个创新的引擎与高地，科创区在重引资同时，也更重引智。目前，科创区创新中心入驻的国家级重点实验室已达到3家、省部级重点实验室达到2家、市级院士专家工作站有1家，涵盖下一代信息技术、高端装备制造、新能源与节能灯等多个领域。同时，园区切实加强与在绵科研院所、企业合作，积极探索实施“院所自转、院企联转”等融合发展转化模式，加强与中国科学院、中国工程物理研究院等院所的合作，推进了绵阳科技城中科创新育成中心与微电子所等项目的落地运营。

在“不唯地域引进人才，不求所有开发人才，不拘一格使用人才，不吝投入保障人才”中，科创区着力打造了“苗圃+孵化器+加速器+产业集群”的全服务生态链条，在目前已建成21万平方米的创新中心一期、二期，灵创孵化园和企业加速器等孵化场地的基础上，园区加快建设总面积50余万平方米的高端项目制造基地和创孵中心上市企业产业园，对入驻的企业提供从场地到技术创新，从创业贷款到风险投资等全程全链的支持。

特别是在做大融合发展产业方面，科创区连续举办国内高水平的中国创新创业大赛科技城大赛，一大批的“黑科技”通过这一全国性创新创业大赛平台，赢得资本市场的支持并实现产业化，同时园区还出台融合发展的若干极富含金量的优惠政策，从融合发展企业认定、项目研发投入、重点实验室建设、产品销售奖励、企业上市等多个方面给予政策扶持。

如今，园区入驻的科技型企业达到

1400余家。尤值一提的是，从无到有，几年间园区上市科技型企业达到4家，拟挂牌企业达到7家，实现了历史性突破。以“聚智聚资聚人才、创新创业创未来”为发展理念，绵阳科创区计划未来三年，新增产值达1000万元以上的企业达到20家以上，年科技成果转化不少于200项，新增上市的科技型企业达到10家以上。（摘自《四川经济日报》2017年5月24日）

科创区：打造产研深度融合“主战场”

前不久，第六届中国创新创业大赛科技城大赛在绵阳科创区举行，吸引了全国400余家科研院所和企业参赛，涉及装备制造、航空航天、新材料等领域的“黑科技”亮相竞逐。而这已是科创区连续3年承办此次大赛。全国技能大赛的成功举行，折射出科创区这个全国唯一的国家级科技园深厚的科技底蕴和融合发展优势。

依托九洲集团、中物院、空气动力中心等企业和国防科研院所，科创区外引内联，整合资源，构建起科技研发、技术转移、成果转化、人才聚集等相结合的全链条融合生态体系，形成“苗圃+孵化器+加速器+产业集群”的融合特色产业培育体系。承担着融合孵化、融合技术转移、融合技术交易等功能的科技城创新中心，以孵化退伍军人创办企业为重点的五通孵化器，为中物院孵化项目服务的中物院孵化器，以及北京邮电大学灾备技术国家工程实验室西南中心、上海理工大学教育部光学仪器与系统工程中心西南中心等国家重点实验室和高校产学研基地，为科创区加速推进产研融合深度发展提供强有力的支撑。

绵阳空天科技公司2015年6月入驻科创区孵化园，其自主研发的无人机和产品，广泛用于航测、农业植保等多个领域，1—8月实现产值400万元；奇石缘科技公司是一家从科创区孵化出来的企业，其产品石英称重传感器应用于国内过半高速路，这家公司已于2015年在中国“新三板”挂牌上市……一批融合企业在科创区破茧成蝶。

九洲空管二次雷达产业园集空管产业、“三网”融合产业、RFID产业等战略性新兴产业和融合产业于一体，目前已入驻企业20家。依托九洲集团的资源优势，产业园组建了“国家空管监视与通信系统工程技术研究中心”；二次雷达系统科研生产条件二期建设项目、国产新一代智能空管系统产业化项目建成并投入使用；电子装备共线柔性装备新模式应用项目、基于GNSS的区域级智慧导航与位置云服务规模化项目等9个项目顺利推进……一批融合产业化项目在科创区落地生根。

出台优惠政策激励企业成长、推进对外开放合作，对获得融合发展企业认定、取得特种资质、融合核心技术研发、深度加工生产等进行奖励；实施“千人计划”“千英百团”“涌泉团队”等计划，推动融合性人才集聚；依托国家两用技术交易中心、高校实验室和工程中心，与院所、高校对接协作，吸引一批产业化能力强、成果转化率高的项目落地；连续举办国内高水平的中国创新创业大赛科技城大赛、“科创杯”中国科技城创新创业大赛等，促成一大批“黑科技”赢得资本市场支持并实现产业化……一批扎实高效的举措全面推进科创区融合深度发展。

“去年全区融合性产业实现产值206亿元，首批认定的融合发展企业达40家，今年又新申报了融合发展企业23家。”科创区管委会相关负责人表示，“我们将进一步整合资源，加快产业集聚，把科创区打造成深度融合发展的主战场”。（摘自《绵阳日报》2017年9月20日）

科创区加快构建创新创业生态链

入孵后享受适宜“温度”和安稳“环境”，“破壳”后受到精心呵护，成长阶段随时可从孵化中心获得种子基金、政策支持等足够“营养”，占有稳定“地盘”后才被放飞市场。科创区靠优化环境，目前共孵化出50余家高新技术企业，产品覆盖电子信息、新材料、新能源等技术领域，其中已挂牌上市“新三板”企业3家，拟挂牌上市的企业7家，年产值超过1500万元的企业达32家。

早在2013年，科创区的创业服务中心被科技部认定为国家级科技企业孵化器，已建成“1716”创业苗圃、科创孵化器两家国家级众创空间，打造了灵创孵化器、中物院孵化器等10家民营孵化器，建立起了康超、科发长泰等标准厂房模式的“加速器”。园区正在形成“苗圃+孵化器+加速器+产业集群”创新创业生态链条。

企业入孵前，会有一个特别的程序。由科创区相关部门组成一个专家评审团，对路演的企业进行现场提问和评估，专家评审团的打分情况，对项目的可行性、能否入园起到决定作用。

科创区的这道评审程序，为创业者把脉，减少了创业的盲动与失误。四川钱翼空天科技公司入园时，原本是打算开发娱乐飞机的，专家组看中了团队和技术实力，建议他们做无人机的研发和生产。该公司自主研发出10余款无人机，广泛应用于农业植保、航测、电力巡防等多个领域。去年，该公司还获得了江苏一家公司5000万元的资本注入。

开好头，起好步，这是创业成功的关键。刚刚孵化成功的四川长虹智慧健康科技有限公司，眼下在国内智慧健康领域小有名气。创业之初，这个团队研发了“长虹健康小站”等公共卫生服务产品及平台，却难以找到一试身手的地方。科创区与公司沟通后，很快联系到了两个合适的社区，并组织社区、基层医疗机构和社区老百姓积极配合智慧公共卫生服务在社区的推进工作，大大缩短了产品研发、投入市场的时间周期。

构建创新创业的服务平台，是孵化基地的基本功。科创区把政策和服务做得颇具吸引力，对内出台《鼓励企业成长的8项政策》，每年拿出2000万元资金对企业进行扶持奖励，对外出台《对外开放10项优惠政策》，真金白银地吸引国内外企业和人才来此创新创业；打造“苗圃+孵化器+加速器”的孵化模式和“孵化+投资”的新模式，为企业提供政策咨询、初创孵化、创业辅导、融资贷款、产品发布推广等一系列专业化服务；建立了大学创新园、重点引进大学工程技术研究中心、国家工程研究室等，采取实验室+企业运营模式，促进大学成果转化；科创区还建立了国际企业孵化器、国际人才市场等，广泛引进具备海外及港澳台背景的资金、技术和人才，开展技术创新服务。一系列务实、创新举措助推科技企业茁壮成长。（摘自《绵阳日报》2017年10月17日）

航天成果转化基地（四川）落户绵阳

10月19日，航天成果转化基地（四川）正式落户绵阳科技城创新中心二期。该基地由中国航天科工集团第三研究院与绵阳科技城科教创业园区合作建立，以航天科技成果转化为主要发展方向，促进技术与需求有效对接，实现航天高技术成果的产业化。

"绵阳科技企业众多，企业需求旺盛，双方合作基础良好。"航天科工第三研究院副院长徐涛说。

据了解，基地将充分发挥中国航天科工集团在专家、技术等方面的资源优势，建设航天成果转化服务平台，实现政府与企业、企业与企业的信息交换。基地还将建设集成果展示、成果交易和综合服务为一体的两用技术交易中心及融合性特色成果转化服务线下平台，开展融合性成果推广转化和定制化需求服务工作，以项目合作的方式解决企业转型升级过程中的技术问题，同时为西南地区民营企业提供咨询服务。（《四川日报》记者　邹俊川　摘自《四川日报》2017年10月24日）

中国—欧盟投资贸易科技合作洽谈会科技城专场推介会举行

2017年10月27日，第十二届中国—欧盟投资贸易科技合作洽谈会科技城专场推介会在我市举行。副市长孙福全出席推介会并致辞。

40余名来自意大利、西班牙、英国、俄罗斯、法国、丹麦等国家的相关机构和企业代表参加了推介会，进行实地参观考察，深入了解我市科创区优势产业、创新创业环境等内容并进行了交流洽谈，寻找合作机会。

孙福全在致辞中说，举办第十二届中国—欧盟投资贸易科技合作洽谈会科技城专场推介会，标志着绵阳科技城与欧盟相关领域、区域交流合作进入了新的发展契机。希望各方以欧盟中心和此次欧洽会为契机，继续深化绵阳与欧洲的务实合作、加快科技成果转化，利用好欧盟中心的桥梁和纽带作用，把更多来自欧洲以及世界各国的人才、技术、项目引进绵阳，同时也将绵阳众多科技型企业带到欧洲，带向世界各国，寻求更多领域、更深层次合作，让绵阳的对外合作上升到另一个台阶，把绵阳对外开放推向一个新的高度。（摘自《绵阳日报》2017年10月28日）

科创区着力打造良性双创“生态圈”

近日，全市项目投资工作现场会召开，科创区高端产业园（一期）项目成为会议参观的重要一站。该项目建筑总面积27万余平方米，主要承接创新中心孵化毕业项目和园区招商引资的产业项目，投用后预计当年实现产值30亿元。该项目一开工便肩负着做强做大高端制造业的使命，将有力助推科创区高端产业提档升级。

科技创新，载体先行。“优化双创环境和搭建创业平台同样重要，没有承载能力，再多的创新创业成果都没法就地转化。”科创区相关负责人表示，近年来，科创区先后建成了创新中心一期、创新中心二期、灵创科技园等30万平方米的孵化、加速器场地，吸引了500余家企业入驻。去年底，20余万平方米的创新中心三期开工建设，今年6月，50万平方米的高端产业制造基地开工建设。两个项目建成后，将大大地提高园区创新创业承载力。

依托中物孵化器、“1716”创业工场、科创孵化器等10余家孵化器，科创区已基本形成了“苗圃+孵化+产业化”的创新创业生态链。去年12月，英国剑桥科创孵化园·中国绵阳科技城中心在科创区正式揭牌运营。今年5月，欧盟项目创新中心·科技城分中心也在科创区揭牌。作为国际企业孵化器重点项目，这两个中心的运营，在加强绵阳科技城与国际之间的信息、技术和人才等各类发展要素的交流合作方面将发挥重要作用。

良性的双创“生态圈”的营造，离不开创新平台的搭建。以“产学研”协同创新为依托，以高端院校为支持平台，科创区加强企业创新能力培育，促进协同创新发展，吸引了清华大学、北京交通大学等10余所高校的国家级重点实验室和研发中心在科创区设立分中心。同时，充分利用中国国际人才市场绵阳分市场这一平台，打造创新人才汇聚地，为园区科技型企业人才引进和交流提供便捷服务；发挥中物技术转移中心、两用技术交易中心等一批技术交易市场作用，加快科技创新成果转移转化；设立了四川省大型仪器设备共享平台，促进企业融合深度发展，融合企业创新能力有了大的提升。

政策好起来，企业活起来，产业旺起来。近年来，科创区先后出台了《关于激励企业成长的八项优惠政策》和《科创区对外开放合作的十项优惠政策》，支持企业开展科技创新、人才引进、品牌建设、对外合作等，区财政每年拿出5000万元用于激励企业发展和加强对外合作。今年8月，科创区科服公司与工商分局联手推出“微服驿站”“双告知”功能，建立了一站式服务平台，为企业提供工商注册、行政服务、商务秘书等一条龙，大大方便了辖区企业。

科创区还在完善科技金融上下功夫，依托川藏股权交易科技城股权交易中心，汇聚一批创投、保险、基金、担保等金融资本，加快资本大厦建设，促进科技与金融的深度结合。目前，科创区已设立“两新”产业发展、企业融合成果转化等多支亿元级的公募和私募基金，同时设立创孵基金对在孵企业进行股权投资。

完善的政策体系和优越的双创环境吸引了众多的创新创业人才和企业来科创区安家落户。截至目前，科创区已培育科技型中小企业1500余家，近三年科创区专利申请量4232件，发明专利申请量1531件，专利授权量1639件，技术合同交易额达4亿元。（摘自《绵阳日报》2017年12月29日）

大事记
Memorabilia

1月

4日，科创区与清华大学电子商务交易技术国家工程实验室及北京中清研信息技术研究院合作共建的“众智科学产业（绵阳）创新中心”项目签约仪式在创新中心二期举行。绵阳市人民政府副市长韩圣健，市商务局党组书记、局长潘大钦，区党工委书记周钰出席签约仪式。

▲全区组织开展为期4周的经营环节羊肉及羊肉制品专项整治活动。

▲全区今冬明春食品药品安全大检查拉开序幕。

5日，市委第三巡察组巡察科创区情况反馈会召开。市委第三巡察组组长赵肄反馈巡察情况，科创区党工委书记周钰主持会议并作表态发言。

6日，科创区召开招商引资专题工作会，党工委、管委会全体领导，街道办党委、办事处主要领导，区级各部门负责人及市级派驻部门负责人参加会议，会议由区党工委书记周钰主持。

10日，科创区召开2017年第一次区党工委中心组学习会，邀请四川大学行政管理系主任范逢春教授就“地方社会治理创新的理论与实践”作辅导报告。

▲科创区针对露天违规焚烧垃圾秸秆树叶等行为，集中开展规范整治。

11日，科创区召开保障农民工工资支付工作会议，区党工委副书记、管委会主任李哲，区党工委委员、管委会副主任王昌举，区党工委委员杨启卫出席会议并讲话，区党工委副书记雍波主持会议，区级相关部门负责人及工作人员，街道办分管领导，各社区书记、主任、劳动保障协理员等共计70人参加会议。

▲开展食品安全专项抽样检测工作，以老百姓餐桌息息相关的米、面、油、猪肉、羊肉及羊肉制品、乳制品、酱卤肉、酒类、糖果、炒货、腌腊制品、蔬

1月11日，检查组人员在超市检查食品安全质量情况

菜、调味品等为重点品种，共计抽检42个样品。

▲科创区第十届居民委员会换届选举工作启动大会，安排部署居委换届选举工作。

17日，区党工委副书记、管委会主任李哲带队，党工委委员杨启卫参加，区社发局、街道办及派出所相关人员组成专项安全生产检查组，对园区食品药品、公共卫生、特种设备、社区等领域进行节前安全生产大检查。

▲科创区党工委召开2016年度党建工作述职测评会暨党风廉政建设集体约谈会。

▲科创区召开2016年度党工委领导班子“两学一做”民主生活会。

18日，科创区举办2017年“迎新春”全民健身运动会。

24日，科创区举办“迎新春”文艺会演活动，园区机关、企事业单位和市级派驻部门的干部职工400余人观看演出。

2月

7日，科创区党工委召开会议专题讨论《市委第三巡察组巡察科创区反馈意见整改实施方案》。

14日，科创区根据《绵阳市医疗保险管理局关于转发省医保局加强城乡居民基本医疗保险异地就医监管工作的通知》的安排，开展居民医保异地就医专项检查工作。

16日，市检察院、市中级人民法院和科创区联合在上马社区文化广场开展新春外出务工人员禁毒集中宣传活动。

17日，市卫计委、市教体局第二督查组对科创区春季开学学校卫生安全工作进行督导检查。

22日，科创区对重点场所特种设备开展监督检查。

▲科创区召开2017年第一次大气污染防治工作推进会。

24日，绵阳市人民政府主办，市人社局、市就业局、市人才中心等单位承办的2017年“春风送岗位—四项承诺”招聘会暨就业创业社会保障政策宣传服务活动在市人民公园文化广场举行。科创区荣获全国创业孵化示范基地，四川省就业局局长黄晓东、绵阳市人民政府副市长蒋丽英为园区授牌；园区科创孵化器荣获省级大学生创新创业园区（孵化基地）。

27日，省委常委曲木史哈一行到科技城创新中心调研。区党工委书记周钰陪同调研。

▲科创园区信访维稳工作会召开。

▲科创区2017年第二次区党工委中心组学习会召开。

28日，科创区应邀参加中国智慧创业就业服务平台启动仪式暨项目发布会，区党工委副书记、管委会主任李哲在启动仪式和发布会推介科创区基本情况和招商引资政策，介绍科创区在智慧创业就业方面落实具体项目的情况。

3月

1日，科创区2017年禁烧工作推进会召开。

▲科创区2016年度统计工作总结表彰大会召开。

▲科创区召开全国“两会”期间信访维稳工作会议。

1—3日，科创区党工委副书记、管委会主任李哲带领区投促局到北京航天科工三一〇所、上海红星美凯龙、新城控股等企事业单位进行实地考察，洽谈招商引资项目。

2月17日，检查人员检查学校卫生安全登记情况

3日，科创区联合绵阳市委党校物业和电梯维保单位绵阳科莱电梯公司开展电梯困人应急救援预案演练。

5日，科创区组织开展“学雷锋·清洁家园”志愿服务活动，共青团员、机关志愿者、街道（社区）志愿者共100余人参加。

6日，科创区举办科技创新工作业务培训。

7日，欧盟项目创新中心·科技城分中心项目推介会在创新中心1号楼召开，欧盟项目创新中心总裁代伊伶、绵阳市人民政府副市长孙福全、科技城党工委委员、管委会专职副主任胡精参加会议，科创区党工委书记周钰主持会议。

▲市重传办第三督导组组长、市卫计委副主任周云一行5人，对科创区H7N9禽流感防控工作开展情况进行督导检查。

9日，科创区安全生产工作会议暨区安委会2017年第一次全体会议召开。

10日，科创区2017年度职业培训学校工作对接会召开。

13日，科创区在上马社区举行科创区“科技之春”科普活动月系列活动之科普进社区宣传活动。

14日，科创区与长虹网络公司在科技城创新中心共同举办2016年度优秀供应商大会暨科创区投资推介会，来自长江三角洲和珠江三角洲的30余家供应商企业参会。

▲科创区党工委、管委会印发《2017年全区实施省级十项民生工程及20件民生实事目标分解表》。

15日，2017年全市就业创业服务工作会议在市就业局会议室召开，科创区在2016年全市创业服务工作中排名第一，并在会上作经验交流发言。

▲科创区2017年基本单位名录库规范化建设工作业务培训会议召开。

▲科创区举办2017年第一期知识产权培训会暨科技金融培训会。

17日，科创区举办企业集群注册登记管理规定培训会。

▲科创区开展“科技之春”系列活

3月17日，阿里云西区相关负责人在创新中心作宣讲

动——云上绵阳·阿里云赋能沙龙。

20日，科创区开展行政行为合法性会前学法活动。

20—27日，科创区开展为期1周的文明交通劝导志愿服务活动。

22—23日，由欧盟项目创新中心·科技城分中心策划组织的“欧盟科技官员绵阳行项目推介会暨绵阳优势产业推介会”“奥地利驻华大使馆科技参赞到绵阳访谈”“德国宇航中心交通研究所项目对接会”“蒙彼利埃地中海大区专题品鉴会”4场专题活动在创新中心二期举行。

23日，科创区2017年第三次区党工委中心组学习会暨领导干部读书班主题报告会召开。

27日，市食安办联合市公安局、市工商局督导检查科创区保健食品非法会议销售及虚假宣传专项治理工作。

▲科创区兴隆统建房项目通过市质量监督站组织的项目竣工验收。

28日，科创区开展以“12331”守护食品药品安全的大型宣传活动。

▲区管委会召开专题会议研究科创区PPP项目推进工作。

29日，科创区2017年劳动保障工作大会召开。

30日，科创区2017年H7N9禽流感防控工作会召开。

31日，区党工委委员杨启卫带队，劳动保障服务中心主任王剑秋带领工作人员与绵阳市医保局监督管理科对辖区内的定点医药机构进行检查。

▲创业园街道开展保健食品非法会议营销、虚假宣传集中整治工作。

4月

6日，科创区融合企业国标认证体系培训会在创新中心二期举行。科创区党工委委员、管委会副主任徐虎到会致辞。园区已认定的融合企业、拟申报融合认定的企业、科技型中小企业相关负责人近80人参加培训。

▲吉林省松原市就业局副局长孙小明一行到科创区参观考察创新创业工作。

7日，市人社局、科创区管委会主办的人才服务系列活动在四川九洲技师学院隆重开幕，九洲集团公司党委书记王国春，市委组织部副部长、市人社局局长张斯恩，科创区党工委副书记雍波等出席启动仪式并讲话。

▲市人大常委会主任马华到科技城创新中心调研经济社会发展情况。

▲由科创区主办的以“历史与展望——为了人民健康的65周年”为主题的爱国卫生宣传日活动在元通社区文化广场举行。

10日起，科创区开展“送政策·清欠费”专项行动，对辖区内四川金池水电工程有限公司等30余家用人单位上门服务，进行劳动保障政策宣传与社保费用督促补缴。

11—14日，科创区开展学校医务室专项监督检查。

12日，科创区2017年度食品安全监督管理工作会召开。

13日，科创区2017年精神卫生综合管理试点工作暨一季度基本公共卫生服务会召开。

14日，“国家安全·一切为了人民·一切依靠人民”为主题的“2017年科创区‘4·15’全民国家安全教育日主题活动”在上马社区法治文化广场举行。

▲科创区2017年公办义务教育学校秋季招生工作会召开。

▲科创区“1+N”审计进点会召开。

16日，欧盟项目创新中心·科技城分中心邀请德国弗劳恩霍夫协会工业经济与组织研究所（IAO）约翰·林特斯(Joachim Lentes）一行到科技城创新中心，参观科技城成就展馆和孵化成果展示厅，并到加速器两家智能制造企业的生产车间，与企业负责人交流沟通。

17日，科创区安全生产委员会成员单位负责人工作会议召开。

18日，科创区举办“首届商行科创园区支行杯”大型广场舞比赛。

▲科创区开展对销售来自日本核辐射区的食品专项检查。

26日，市司法局局长苏杰一行到绵阳科创区博雅学校，就校园法治文化建设进行调研。

▲科创区召开2017年第四次区党工委中心组学习会，组织观看反腐题材电影《反腐枪声》《守梦者》。区党工委副书记雍波主持会议并讲话。区党工委和管委会领导，园区副科级以上领导干部、市级派驻部门主要负责人、各社区书记主任等近70人参加会议。

▲创业园街道2017年食品安全监督管理工作会召开。

28日，科创区党群部、城北公安分局（筹）、消防大队召开网吧和娱乐场所安全管理工作会。

▲科创区开展“五一”节期间安全生产集中检查。

5月

3日，市政府安办副主任、安监局副局长刘益德带领市安委办第四督查组对科创区安全生产工作进行督查。

4日，四川省政协党组副书记、副主席高烽一行在绵阳市政协主席张锦明、市人民政府副市长孙福全、市政协副主席李敦双的陪同下到绵阳科创区调研科技企业发展、创新创业服务等情况。

▲科创区召开深化拓展三项整改“回头看”工作推进会议。

▲科创区在绵阳美能材料科技有限公司联合开展以“健康中国·职业健康先行”为主题的集中宣传活动。

▲科创区开展“一学一做”暨“五四”青年节主题团课活动。

4—5日，区创业服务中心组织同心孵化器、科创孵化器、“1716”创业工场等9家民营孵化器到成都考察学习。

5日，市劳动人事争议仲裁院副院长沈伟、科创区劳动保障服务中心主任王剑秋带队，科创区劳保中心、各社区劳动争议调解员20余人参加，到江油参观学习劳动争议基层调解建设。

8日，科创区融合协同创新项目签约仪式在创新中心举行。市委常委、科技城党工委副书记、管委会常务副主任、市国资委党委书记元方和市人民政府副市长孙福全出席签约仪式。签约仪式上，星宇电子与西南自动化研究所、湖山电器、长虹电子、昆仑发展股权投资基金分别签订合作协议。

9日，科创区创业服务中心主办，绵阳科技城科技服务有限责任公司、四川浪潮信息技术有限公司共承办的中小企业助跑行动之“大数据应用”在创新中心二期创友咖啡厅举行。

10日，四川省科协党组书记王万锟一行到绵阳科创区调研融合产业发展工作，详细了解科创区规划建设、创新创业平台搭建、企业生产经营、融合发展、科技创新及成果转化等情况。

▲市禁毒委第一巡查督导组组长、市人大内司委主任刘伟一行5人到科创区检查督导禁毒重点整治工作开展情况。

11日，欧盟项目创新中心——科技城分中心在绵阳科创区科技城国际孵化器揭牌投运。

▲科创区2017年秸秆禁烧和综合利用工作会议召开。

12日，区社发局联合区城管分局、区工商分局、创业园街道办事处及各社区等相关工作人员，对辖区活禽交易市场H7N9禽流感防控工作进行监督检查。

15日，科创区召开融合企业座谈会，来自园区的25家企业代表参加座谈会，围绕突出特色，促进园区融合企业发展壮大等主题进行交流探讨。

16日，市公安局纪委副书记陶祥文一行3人到城北公安分局筹备组检查指导党风廉政建设工作，并出席城北公安分局筹备组民警大会。

▲英国剑桥孵化器·中国绵阳科技城中心在科创区创新中心举行孵化项目落地仪式。

17日，市人社局党组成员、就业局局长贾智艳带队，组成以市就业局、市科知局、市统计局为成员单位的全市创新创业孵化平台专题调研组，到科创区对科创孵化器、“1716”创业工场、蜂创孵化器以及园区创业孵化示范基地开展创新创业孵化平台专题调研。

19日，是世界家庭医生日，科创区围绕“我与家庭医生有个约定”主题活动，集中开展宣传服务活动。

22日，绵阳市人民政府副市长、市公安局局长王明华，市公安局常务副局长杨代根、政治部主任赵德军、副局长曾伟根带领指挥中心、警务保障支队、科通支队、人事处等部门负责人到科创区调研指导城北公安分局筹建工作。

24日，市公安局国保支队政委邓治超一行到科创区蹲点督导信访维稳工作。

24—27日，科创区党工委副书记雍波带领区招商小分队赴杭州、上海等地开展招商引资活动。

25日，科创区2017年第一批定点医药机构资格认定综合评审会召开。

5月25日至6月5日，科创区商会在绵阳市五一广场主办绵阳第二届（全国）连环画、年画收藏交流系列活动，聂锈公、赵仁年、李云中等连友及著名画家亲临交流活动现场，举行拍卖交流、现场签名、答谢晚宴等活动。交流会共展出连环画、年画等书画作品千余幅，吸引上千名群众到现场观摩，活动现场累计拍卖200件作品，成交总额300余万元。

26日，科创区2017年第五次区党工委中心组学习会暨基层党建“3+2”动员会召开。

27日，创业园街道举办“我们的节日·端午——‘品味端午·传承文明’”主题活动。

▲科创区2017年“创业成就梦想·服务在你身边”系列活动进校园暨创业培训开班仪式在西南财经大学天府学院举行。

31日，受省工商局指定委托，科创园工商分局自编自演的法治微电影《女子工商所》第五集——《周小蓓的婚礼》正式开拍。

▲科创区开展以“放飞希望·绽放微笑”为主题的“六一”关爱未成年人活动。

▲绵阳市工商局与建设银行绵阳分行在科创区举行政银合作备忘录签字仪式，在建设银行科创区支行试点设立“企业注册登记服务点”，延伸商事登记服务窗口，方便群众办理企业注册登记业务。

6月

1日，国家民委副主任李昌平一行到创新中心二期孵化成果展示厅参观科技城建设成就成果情况，了解科创区建设情况。

2日，科创区召开安委会2017年第二次全体会议暨第16个“安全生产月”活动动员会。

5日，科创区召开招商引资项目专题推进会。

6日，科创区组织辖区内定点医药机构召开2017年定点医药机构监管工作会议，并在现场与9家门诊、32家零售药店签订服务协议。

▲科创区组织召开民用无人机专项清理整治工作会议。

7日，绵阳市安监局安全生产专家一行到绵阳美能材料科技有限公司指导安全生产标准化创建工作。

6月8日，绵阳工商局副局长许晋（右二）、科创区管委会副主任徐虎（左二）为企业颁发“五合一”营业执照

8日，四川省政府副省长杨洪波一行到科技城创新中心参观科技城建设成就成果。

▲科创区向5家企业发放绵阳市首批集群登记企业营业执照。

13日，科创区在社区开展以“减少灾害风险·建设安全城市”为主题的应急知识宣传活动。

▲科创区在西南财经大学组织召开学校食品安全风险防控培训会。

13—14日，国防科工局科技质量司副司长赵勇强、科技部基础研究司副司长郭志伟带领调研组到中国（绵阳）科技城创新中心、国家两用技术交易中心等地调研国家科技城创新驱动、融合发展等情况。

14日，四川省人大常委会党组副书记、副主任黄彦蓉一行到创新中心二期孵化成果展示厅参观科技城建设成就成果情况。

▲绵阳市“六五”普法总结表扬暨“七五”普法启动电视电话会议召开，科创区被市委、市政府表彰为“绵阳市2011—2015年法制宣传教育先进单位”。

▲科创区组织召开食品小作坊小经营店登记管理工作会。

16日，安琪儿妇女儿童医院项目签约仪式在创新中心二期一号会议室举行。区党工委副书记、管委会主任李哲与西藏天使医疗投资有限公司董事总经理蒋林进行现场签约。

▲市公安局副局长曾伟根主持召开2017年绵实、南实自主招生活动安保工作部署会。

▲科创区开展绵阳市道德模范与身边好人现场交流活动。

▲科创区组织2017年度“安全生产宣传咨询日”活动。

19日，科创区安办和工会工委组织安全生产知识竞赛活动。

20日，科创区召开2017年第六次区党工委中心组学习会暨领导干部读书班主题报告会。

23日，创业园街道在上马社区文化广场举行“校地共建社区体育活动”启动仪式，西南科技大学体育学科部与创业园街道、上马社区开展社区体育结对共建。

▲中国（绵阳）科技城大数据产业研究院召开业务对接会。

▲科创区精神文明建设总结表彰暨文明城市建设工作会召开。

26日，四川省政协常委、省三产协会会长谢开华一行到科技城创新中心孵化成果展示厅参观科技城建设成就成果。区党工委书记周钰，党工委副书记、管委会主任李哲陪同参观。

27日，“科学城融合发展专题合作会”在科创区召开，拉开科创区与科学城正式合作的序幕。

▲科创区召开科技城创新基地项目建设工作推进会。

28日，“青创+筑梦千里巡之绵阳”活动走进科创区，创业导师们通过实地巡诊的方式对区内部分企业进行调研指导。

29日上午，科创区召开纪念中国共产党建党96周年暨“七一”表彰大会，区党工委书记周钰讲党课并作重要讲话，区党工委副书记雍波主持会议。区党工委管委会在家领导，各级党组织、先进代表、机关和各社区入党积极分子等共近300人参加会议。

▲绵阳市人社局、科创区管委会在中国建筑第四工程局有限公司四川分公司温莎国际社区项目部联合开展工伤保险集中宣传活动。

30日，海洋公园项目签约仪式在创新中心举行，区党工委副书记、管委会主任李哲代表科创区与重庆两江海洋文化发展有限公司总经理樊建华签订项目投资协议。

7月

4日，社发局组织食药监管人员和社区食药协管员共计20余人在元通社区文化广场开展大型食品安全知识宣传活动。

▲科创区正式启动“中国计生协·联合国教科文组织青春健康沟通之道家长培训项目”，市计生协及科创区相关负责人出席活动，辖区各社区主任及计生专干、大中小学校分管负责人、企事业代表、志愿者参加启动仪式。

▲科创区开展基本公共卫生服务督查工作。

5日，科创区安全风险分级管控专题工作会召开。

6日，市人大常委会副调研员、市政法系统作风监督员赵学银一行到科创区检查指导政法队伍建设工作。

▲四川省大数据发展研究会会长杨志前一行对中国（绵阳）科技城大数据产业研究院进行调研并座谈。

7日，区党工委委员、管委会副主任李炜率区科知局、区投促局、区创服中心等部门负责人一行赴成都桥梁孵化器调研并座谈。

12日，科创区组织召开游泳场所卫生和高危险性体育项目安全工作会。

▲科创区召开整治群众身边的不正之风和腐败问题联席会议。

13日，市文明办主任韩贵均到科创区阳光社区考察调研公益宣传示范小区建设情况。

18日，市司法局局长苏杰带领副局长廖超伦和局办公室工作人员一行到科创区调研基层司法工作情况。

▲科创区召开依法治区工作推进会。

▲科创区召开“六五”普法总结暨“七五”普法启动会议。

▲市委组织部远程教育中心主任张靖、党员教育中心干部杨琳一行到科创区检查督导基层党建“3+2”书记项目工作开展情况。

19日，“从三线建设到融合发展”论坛参会人员参观科技城创新中心。

24日，“微服驿站”消息分类推送功能上线，标志着“微服驿站”平台内的企业用户可按照企业规模、发展阶段、行业类别、融资情况等标签进行分类。

▲市城管局党组成员、市城管执法支队专职副支队长吴明见一行对科创区城管系统环境保护专项工作进行检查。

26日，市质监局电梯安全整治督查一组到科创区督查2017年电梯安全专项整治工作情况。

27日下午，省人社厅督查小组一行到元通社区居委会对政风行风建设进行专项督查。

▲赞比亚政要代表团到绵阳访问，代表团一行到科技城创新中心孵化成果展示厅参观科技城建设成就成果。

▲科服公司联合区党群部、科知局开展线上行政服务工作。

▲科创区召开2017年文明城市建设工作推进会。

28日，科创区召开全民参保登记工作动员大会。

▲市食药监局党组成员、药品安全总监余若江带领检查组到科创业区对文明城市建设工作进行督导检查。

▲市政府副市长孙福全率市科知局副局长熊仪江、调研员张科及科创区科知局局长李晓斌等一行到科创区成都桥梁孵化器进行考察调研。

28日，市防艾办及国家精神卫生综合管理试点办第四督查组一行7人到科创区对2017年艾滋病防治及国家精神卫生综合管理试点工作进行督导检查。

31日，科创区全面拉开“全民参保——入户登记”活动。

▲市文明办督查组到科创区实地督查指导文明城市建设工作。

8月

1日，科创区召开2017年文明城市建设工作会，通报7月31日全市文明城市建设督查组检查科创区情况及整改要求。

▲城北公安分局特巡警大队启动常态化治安巡逻。

▲创业园街道开展全国文明城市模拟测评问卷入户宣传活动。

2日，市人社局党组成员、副局长李邦宏带领市建筑业工伤保险专项督查组，对科创区建筑业工伤保险参保情况进行督查。

2—5日，区投促委办公室主任袁春梅带领区创业服务中心、科服公司相关人员，赴北京协办第六届中国创新创业大赛军转民大赛初赛。

3日，科创区2017年上半年网格化服务管理工作会召开。

7日，科创区依法治区领导小组印发《关于构建融合发展法律服务体系的实施意见》。

8日，四川大学校长、中国工程院院士谢和平一行到科技城创新中心孵化成果展示厅参观科技城建设成就成果。

9日，云南省科技厅党组成员、副厅长娄垂新一行到科技城创新中心孵化成果展示厅参观科技城建设成就成果。

▲创业园街道办事处召开迎接中央环保督查暨文明城市建设工作推进会。

▲科创区开展烧烤排档跨门占道经营及露天烧烤集中整治行动。

14日，科创区开展医疗机构环保专项监督检查，对辖区内19家医疗机构开展环境保护专项监督检查。

16日，科创区召开近期重点工作安排部署会。

▲科技城党工委委员、科管委专职副主任胡精率科管委融合办副主任崔志勇、市工研院副院长张筠等一行赴科技城大数据产业研究院指导调研。

18日，第六届中国创新创业大赛四川赛区决赛落幕。科创区在孵企业四川汇邦环保科技有限公司、四川卓众科技有限公司以优异成绩进入总决赛。其中四川汇邦环保科技有限公司获得“新能源及节能环保”第一名的成绩。

▲市社保局考核组一行科创区考核年度退管工作。

▲科创区召开基层党建“3+2”书记项目推进会，区党工委书记周钰作重要讲话，区党工委副书记雍波对基层党建“3+2”书记项目工作进行安排部署，区副调研员、区非公经济和社会组织党工委书记任波传达市委组织部《关于实施基层党建示范性带动工程的通知》文件精神并对近期工作进行安排。

23日，四川省知识产权局局长谢商华一行到科技城创新中心孵化成果展示厅参观科技城建设成就成果。

▲科创区组织区打击和处置非法集资工作领导小组成员单位负责人召开打击和防范非法集资专项整治行动会议。

▲科创区组织园区13家企业参加四川省第一届“天府杯”创业大赛。

23—24日，科创区开展2017年第二批定点医药机构资格认定现场审查工作。

24日，省司法厅厅长陈明国一行到科技城创新中心孵化成果展示厅参观科技城建设成就成果。

25日9时，四川融合发展无人机防控高端论坛暨四川九洲防控科技有限公司揭牌仪式在绵阳市科创区创新中心二期一号楼进行。

▲2017“根在基层”四川团调研参观国家两用技术交易中心。

8月28日至9月3日，党工委副书记、管委会主任李哲率领区招商引资人员一行赴重庆、广东、福建、湖南等地开展投资促进活动，考察重庆博恩科技集团、广东国鸿氢能科技有限公司、深圳爱美罗电子科技有限公司、深圳惠佳复合材料有限公司、福建芯联芯网络科技有限公司、福建大道之行教育科技有限公司、长沙同飞信息科技有限公司，并就具体合作项目与公司负责人进行工作会谈。

29日，四川省第一届“天府杯”创业大赛绵阳赛区现场选拔赛在科创区创新中心二期举行。18个参赛项目分成大学生创业组、返乡下乡创业组、创业创富组3个参赛组别展开角逐，其中科创区组织的7个项目参加选拔赛，最终4个参赛项目晋级。

▲科创区迎接市政府安委会第六督查组安全生产大检查综合督查。

30日，第六届中国创新创业大赛科技城大赛“百家风投走进科技城”活动在科创区创新中心举行。其中一等奖项目低温液体火箭发动机涡轮泵技术的民用创新转化获得意向投资3.24亿元，警用实时真彩三维激光雷达系统获得意向投资1.28亿元。

▲绵阳市劳动人事争议仲裁委员会副主任、仲裁院院长景中荣一行到科创区调研基层劳动争议调解组织建设工作。

30日至9月7日，科创区成立2个检查组，对辖区内20所学校（其中1所九年一贯制义务学校、1所民办小学、18所幼儿园）进行秋季开学安全大检查。

31日，全国妇联党组书记宋秀岩一行到科技城创新中心孵化成果展示厅参观科技城建设成就成果。

▲由中国创新创业大赛组委会、科技部、工信部、国家国防科工局共同指

导，科技部火炬中心、绵阳市人民政府共同主办的第六届中国创新创业大赛科技城大赛颁奖仪式在绵阳科技城创新中心1号楼举行。科技部火炬中心金融处副处长王仰东、国防科技工业科技成果推广中心副所长刘滨、绵阳市人民政府市长刘超等出席颁奖仪式。市委常委、科技城党工委副书记元方主持。

▲科创区社发局联合重庆市计量质量检测研究院开展为期1周的学校食堂和“三小”行业（小作坊、小经营店、小摊贩）食品安全抽检工作。

9月

5日，凉山州党政代表团一行到创新中心二期孵化成果展示厅及两用科技交易中心参观。

6日，园区管委会在创业园街道办三楼会议室召开干部工作会，会上宣布涪城区人大常委会创业园街道工委正式成立。

▲科创区召开文明城市建设工作推进会。

7日，四川省就业局副局长龙树贵带队，组织全省就业系统领导代表及省级孵化基地负责人等150余人到科技城创新中心参观。

10日，市卫计委督查科创区2017年秋季学校卫生安全工作。

▲科创区管委会为吸引更多国内、国际顶尖企业和人才到科创区创新创业，加快建设科技城创新驱动新引擎、融合发展新窗口，正式出台《科创区对外开放十项优惠政策》（以下简称《政策》），《政策》涉及总部经济、大数据产业、现代服务、电子商务等多个领域。

13日，九三学社中央常务副主席邵鸿一行到科技城创新中心孵化成果展示厅参观科技城建设成就成果情况，调研创新中心孵化。

▲2017年科创区公共租赁住房实物配租现场摇号在科技城创新中心举行。市住房保障中心，科创区住建局，绵阳市国证公证处等单位和申请人代表参加现场摇号。

14日，2017“海科会”海外高新科技人才走进中国（绵阳）科技城，参观绵阳科技城建设成就展馆、孵化成果展示厅、国际人才市场国家科技城（绵阳）分市场。

18日，科创区组织召开金融风险防范和处置暨交易场所清理整顿工作会议。

▲科创区2017年“双创”活动周——科技金融培训班在科技城创新中心举办。

19日，科创区召开基层党建“3+2”书记项目推进会。

▲科创区2017年“双创”活动周系列活动之科创区2017第二期知识产权培训会在创新中心二期1号楼举行。

20日，绵阳市就业局副局长陈祖新、副调研员蒋学亨一行到科创区调研就业援助和就业失业管理工作。

22日，省职业培训指导中心、省经信委、绵阳市人社局等部门牵头，国家级、省级技能大师工作室领办人及行业内专家组成的评审小组对科创区兰明路技能大师工作室进行省级技能大师工作室验收。

22日，科创区社发局、市公安局城

9月28日，检查人员现场核查入户调查数据信息

北分局、工商分局联合开展打击非法医疗美容专项行动。

25日，绵阳市公安局城北分局成立仪式在创新中心二期1号楼举行。绵阳市人民政府副市长、市公安局局长王明华，市人力资源和社会保障局局长张斯恩，市委编办主任淳道怀，科创区党工委书记周钰，科创区管委会主任李哲等出席会议。会议由市公安局常务副局长杨代根主持。

26—27日，区党工委书记周钰率领区投促局相关人员到成都开展招商引资活动，并先后参观考察四川金强集团、成都盘古互动、成都云卫康、成都维森凯睿等多家企业，分别达成项目合作共识。

27—28日，区党工委副书记、管委会主任李哲率领区招商小分队到成都开展招商引资。并分别与摩拜科技、成都云端助手等企业进行座谈交流。

28日，市重点工作督查组第六组副组长林林的带领下，市目督办一行3人对科创区全民参保登记工作进行专项督查。

29日，科创区在乐荟城购物中心广场举办绵阳特色食品品牌推介活动。

▲区党工委书记周钰带队，区党工委委员、管委会副主任徐虎参加，区经发局、消防大队、交警四大队相关负责人对园区重点经营单位和重点点位开展安全督促检查。

10月

1—7日，创业园街道组织社区开展“情满中秋·喜迎国庆”系列活动。

10日，科创区召开寄递物流清理整顿专题会议。

▲科创区召开大气污染防治暨秋季秸秆禁烧工作推进会议。

▲城北分局刑侦大队破获一起网络通信诈骗案。

12日，英国剑桥科创孵化园·中国绵阳科技城中心在创新中心5号楼举办由中国译联秘书长、国际商务联盟总部秘书长曹旭东主讲，以“外语爱好者如何在语言服务业创新创业——翻译行业大有作为”为主题的翻译讲座。

13日，科创区召开“城乡居民基本医疗保险政策”培训会。

▲科创区2017年第二期创业培训开班仪式举行。

▲科创区召开以“倾听企业困难·助力企业发展”为主题的交流座谈会。

16日，科创区在元通社区文化广场举办以“心理健康·社会和谐”为主题的精神卫生宣传活动。

17日，绵阳市蜂创孵化器管理有限公司、绵阳市科创电子商务服务有限公司等两家科创区企业接受申报市级孵化基地和创客俱乐部申报考察。

18日，绵阳市就业困难人员灵活就业社会保险补贴工作会议在科技城创新中心举行。

19日，由中国航天科工集团第三研究院第三一〇研究所和科创区联合主办的“航天成果转化基地（四川）”揭牌仪式在绵阳科技城创新中心举行。市委常委、科技城党工委副书记、管委会常务副主任、市国资委党委书记元方，绵阳市人民政府副市长罗宗志，中国航天科工集团第三研究院副院长徐涛，中国工程院院士刘永才，省国防科技工业办公室副主任施遐，区党工委书记周钰出席揭牌仪式。

20日，科创区开展“基本公共卫生·我服务你健康”家庭医生签约服务进机关活动。

23日，科创区“心天地”康复室正式挂牌运行。

▲绵阳市人民政府副市长赵迎春、副秘书长严俊一行到科创区考察商事制度改革推进情况。

25日，绵阳科创区投资推介会暨项

10月25日，中国·绵阳科技城科教创业园区投资推介会暨项目签约仪式举行

目签约仪式在深圳举行，四川省驻广州办事处副主任谷雅文，经济合作三处处长何世文、副处长杨德蓉，市政府副秘书长龙佳林出席推介会，来自腾讯、欧菲光、怡亚通、摩拜科技等230余家企业相关负责人和嘉宾参加相关活动。签约仪式上，科创区分别与深圳市腾讯计算机系统有限公司签署项目合作备忘录，与深圳恒立泰科技有限公司、深圳惠佳复合材料有限公司等10余家企业签订合作协议，项目涉及电子信息、新材料、互联网等多个领域。

▲科创区在元通社区举行2017年“安全用药月”大型宣传活动。

26日，科创区拍摄制作的法治微电影《电商大作战》，在2017中国（秀山）新媒体微电影峰会暨“村头”杯第三届中国微电影文化节、第二届“金隼奖”华语青年微电影节上，获得“最佳人气奖”。

▲市就业局副局长陈祖新带领全市就业创业补助资金检查小组，对科创区2016—2017年就业创业补助资金使用情况进行检查。

27日，第十二届中国—欧盟投资贸易科技合作洽谈会科技城专场推介会在绵阳科技城创新中心举行。绵阳市人民政府副市长孙福全，欧盟项目创新中心主任代伊伶，绵阳科创区党工委委员、管委会副主任徐虎，绵阳市外侨办副主任卢佳，绵阳市环保局党组成员、机关党委书记杜天福，绵阳科创区投促委办公室主任袁春梅出席推介会。

11月

1日，绵阳科技科教创业园区管理委员会和清华大学电子商务技术国家工程实验室绵阳研究院共同主办的“众智大讲堂”在四川汽车职业技术学院举行。

▲科创区开展医药机构定点资格认定现场审查工作。

2日，科创区依法治区工作推进会召

11月2日，科创区依法治区工作推进会召开

开，会议学习贯彻全市依法治市工作推进会精神，安排部署下一步落实措施。

5日，科创园“关注消防·平安你我”消防安全知识大讲堂暨应急疏散演练在华奥社区长兴星城小区举行。

6日，市医保局到科创区调研劳保中心服务窗口工作。

7日，科创区扎实开展2017年度建设领域“治欠保支”专项排查整治行动。

▲科创区开展学校艾滋病防控“3+2”及禁毒工作专项督导检查。

9日，区党工委书记周钰率队走访部分工业企业，实地了解企业生产经营情况，帮助企业解决发展中遇到的实际问题。

13日，市医保局局长苏斌一行到科创区劳保中心实地调研医疗保险工作。

14日，市卫计委考核组到科创业区对基本公共卫生服务项目进行年终考核。

14—17日，第十九届FHC中国国际烹饪艺术大赛在上海浦东新国际博览中心举行，来自12个国家的1280余名选手参赛。科创区兰明路技能大帅工作室成员任景平一行4人参赛，并获得团体赛第三名。

20日，科服公司组织九洲防控、奇石缘、恒立泰、耐特电子等20余家园区企业在创新中心创友咖啡厅开展“企业互助”机制需求调研，以主题圆桌讨论的形式为企业搭建深度交流平台。

▲绵阳工商局科创园分局自编自演、绵阳微电影协会拍摄制作的微电影《寻找仙海的沉香》，从全国27部参赛作品中脱颖而出，获第五届中国侨乡美丽乡村金杜鹃全国微电影大赛“最佳视觉效果奖”。

21日，绵阳市解决企业拖欠工资问题联席会议到科创区督查建设领域“治欠保支”等专项工作。

24日下午，“中国（绵阳）科技城科创区首届微电影艺术节”在绵阳市科创区创新中心举行。

27日，学习贯彻中共十九大精神市委宣讲团到科创区举行宣讲报告会。市委宣讲团第三分团成员、市纪委副书记、监察局局长任斌作宣讲报告。区党工委等机关、企事业单位300余人参加报告会。

27日至12月1日，区党工委书记周钰率队赴广东开展招商引资活动。

28日，科创区消安委组织开展2017年度消防安全培训。

30日，科创区举办第七期科创大讲堂暨文化创新创意专题讲座。

▲科创区防艾办组织区级各成员单位，在四川九洲技师学院开展预防艾滋病集中宣传活动。

12月

1日，省委党建工作第六督查调研组一行到科创区，就履行基层党建工作责任、推进“两学一做”学习教育常态化制度化、基层党建“3+2”书记项目工作落实、基层基础保障等情况进行督查调研。

4日，科创区围绕“学习贯彻中共十九大精神·维护宪法权威”这一主题，以弘扬宪法法治精神、推进“法治科创区”建设为目的，在辖区内开展为期1个月的法治科创建设系列宣传活动。

12月1日，第六督查调研组查阅相关资料情况

▲市科知局调研组一行到科创区实地调研科技工作开展情况。

4—12日，区社发局成立2个检查组，对辖区内19所幼儿园进行规范办园行为检查。

5日，科创区在创新中心二期1号楼2楼3会议室召开国家科技型中小企业评价培训会。

6日，科创区妇联第一次代表大会在创新中心二期召开，来自全区各行各业的80名妇女代表参加会议。

▲创业园街道在召开“五好文明家庭”表彰大会。

12日，中国科协副主席李静海一行到科技城创新中心孵化成果展示厅参观科技城建设成就成果情况。

13日，西南科技大学制造科学与工程学院的学生代表一行约25人在学院分团委的组织下参观绵阳科技城创新中心展馆，并与科创区团工委、科创区在孵企业绵阳空天科技有限公司就大学生创业和创业扶持政策进行座谈交流。

15日，科创区在辖区内联合开展“宣讲十九大·送法进企业”普法活动，走访四川宾利光电科技有限公司、绵阳新亚科技有限公司、绵阳美能材料科技有限公司、四川九寅物流有限公司等共计19家企业。

▲双创孵化投资基金第二批项目评审会在创新中心召开。科创区创服中心通过与市“两金”中心衔接，抽取周韬、宋治慧等在内的6名投资及财务专家与4家孵化基金成员单位共同组成项目评审小组，对四川才子软件信息网络有限公司、绵阳赛恩新能源科技有限公司等6家企业进行投资项目评审。

▲区创业服务中心通过公开招标采购，与四川帝威能源技术有限公司签订为期1年的新能源电动车租赁服务合同，新能源电动车正式在园区内投入运行。

帝威新能源车用于解决园区内部交通问题，服务园区企业员工出行。

20日，以“开展大数据技术产业应用·服务科技城产业创新发展”为主题的中国科技城大数据产业应用国际研讨会在中国科技城（绵阳）创新中心1号楼举行。市委常委、科技城党工委副书记、管委会常务副主任、市国资委党委书记元方，市人大常委会副主任李作虎，市经信委主任韩晓清，区管委会主任李哲等市区领导出席研讨会。

▲市政府法制办副主任邹光带领市联合考核组一行，就科创区2017年度依法治区、依法行政及法治宣传与法治保障三个方面的工作进行联合考核。

21日，中央编办三司司长王龙江一行到创新中心二期孵化成果展示厅参观科技城建设成就成果情况、大型仪器共享平台、国家两用技术交易中心。

▲中石化科创区加油站丁巍获省政府办公室授予的“全省最尽职的安全操作手”称号。

22日下午，区党工委副书记、管委会主任李哲带领相关部门负责人员到市投促局对接工作。

25—29日，党工委副书记、管委会主任李哲带领区招商小分队赴北京、沈阳、哈尔滨、成都等地，对喀斯玛控股有限公司、长虹佳华信息产品有限公司、中德新松教育科技集团、哈工大机器人集团及四川金强集团等企业进行实地考察，洽谈合作。

26日，市委宣传部常务副部长何长鹰带领市文明办主任韩贵钧一行到科创区督查中共十九大精神学习宣传等重点工作。

27日，市食安办副主任、市食药监局副局长庞海鹰带领市食安委考核组一行7人，对科创区2017年度食品安全工作目标任务进行年度考核。

▲市城乡环境综合治理第六检查组由市城管局党组成员、城管执法支队副支队长吴明见带队对科创区城乡环境治理工作进行检查。

▲市政府教育督导团办公室主任敬飞一行到科创区开展义务教育均衡发展专项督查。

▲科创区上马社区被评为省级充分就业社区。

▲科创区投促、工商、消防多部门联合开展人员密集场所等企业消防安全专项检查。

▲科创区创业服务中心选送的《对外合作交流新探索——科技城国际企业孵化器建设的经验》获省级“科技孵化服务”征文活动一等奖。（邱明霞）

综　述
General Description

基本情况

【位置面积】　绵阳科技城科教创业园区（以下简称科创区），是中国（绵阳）科技城核心区之一，也是省级开发区四川绵阳工业园，东接涪城区城郊乡，南靠绵阳高新技术产业开发区，西邻涪城区金家林总部经济试验区，北邻涪城区青义镇。地理坐标为北纬31.48°，东经104.69°；东西最长约5.5千米，南北最宽约4千米，总面积约14平方千米。

【自然环境】　科创区所在区域属于亚热带湿润季风季候，年平均气温16.3℃，年均降雨量936.2毫米，年均日照数1298.1小时，年无霜期272天，年平均空气相对湿度79%，主导风向夏季为西南风，冬季为偏北风。园区范围地势呈北高南低，中部和北部主要为丘陵地形，大部分用地高程在540~560米。

【辖区行政】　2017年，科创区（四川绵阳工业园）辖1个街道，即创业园街道；下辖9个社区，其中6个为村改居社区：元通、上马、八角、科园、西园、兴隆；3个为城市社区：科虹、华奥、阳光。

【人口】　2017年，科创区常住人口31893人，总户数13641户，比2016年增加3841人，增长率为13.69%。其中男性15688人，占总人数的49.19%；女性16205人，占总人数的50.81%。出生人口915人，比2016年增加98人。死亡等注销人口1178人，自然减少263人。迁入人口4104人，迁出人口1024人。2017年，辖区流动人口总数67329人，较2016年新增19117人。

【建置沿革】　2001年5月9日，市委、市政府以绵委发〔2001〕13号文件正式批准建立绵阳科技城科教创业园区。2001年7月19日，绵阳市委、市政府以绵府函〔2001〕127号文件对绵阳科技城科教创业园区行政区划有关问题进行批复，同意将涪城区城郊乡八角村1、2、3、4、5、6、7、8社，新庙村5社，上马村1、2、3、4、5、6、7社，白土村1、2、3社，西园村1、2社划归科创区管辖。2004年8月18日，四川省人民政府以川府函〔2004〕187号文件对确定绵阳科教创业园建设范围进行批复，明确指出绵阳科教创业园建设范围10.28平方千米，符合绵阳市城市总体规划（1997—2010）和绵阳市土地利用总体规划，同意纳入开发区建设范围。2004年7月30日，市政府以绵府函〔2004〕137号文件明确将涪城区城郊乡大包梁村2社和6社整体划归科创区管辖。

2001年8月8日，市委、市政府以绵委〔2001〕52号文件批复科创区和西南科技大学共建西南科技大学国家大学科技园。2003年10月16日，科技部、教育部以国科发高字〔2003〕336号文件认定第二批国家大学科技园，西南科技大学国家大学科技园通过认定。

2002年9月2日，国防科学工业技术委员会、科技部以科工技〔2002〕584号文件同意设立绵阳国家军转民科技园。2003年5月12日，绵阳市机构编制委员会以绵编发〔2003〕37号文件同意设立中共绵阳国家军转民科技园工作委员会和绵阳国家军转民科技园管理委员会，与中共绵阳科技城科教创业园区工作委员会、绵阳科技城科教创业园区管理委员会实行“两块牌子、一套班子”的管理体制。

（李　安）

经济社会发展

【概况】 2017年，科创区面对经济下行压力持续加大的情况，始终将抓投资、稳增长作为全区经济工作的首要任务，应对各种不利因素，始终保持专注发展的定力。全年实现地区生产总值增速11%，完成目标任务的100%；完成一般公共预算收入6.01亿元，同口径增长9%，完成目标任务的112.5%。

园艺山人工湖

【全社会固定资产投资】 2017年，科创区全社会固定资产投资29.04亿元，同比下降26.5%，完成半年目标任务70.8%。分产业看，第二产业累计完成投资3.36亿元，同比下降8.9%，其中工业投资占比97.0%；第三产业累计完成投资25.67亿元，同比下降28.3%。从房地产开发看，房地产开发投资16.05亿元，同比下降32.9%。房屋施工面积214.33万平方米，同比增长15.1%；商品房销售面积56.49万平方米，同比增长4.9%。

【工业发展情况】 2017年，科创区出台《2017年度科创区支持工业发展若干政策申报指南》，设立每年投入2000万元的工业发展专项资金，完成固定资产投资29.04亿元、工业投资3.26亿元、技改投资7.6亿元、民间投资9.41亿元。包括13个在统工业投资项目，计划总投资9.2亿元，全年完成投资3.26亿元，所有项目均按计划正常推进；在统技改项目19个，计划总投资39.39亿元，全年完成投资7.6亿元，所有项目均按计划正常推进。

【新兴产业发展】 2017年，科创区电子信息和高端装备制造两大主导产业实现规模以上工业总产值26.56亿元，产业集中度提高。其中电子信息产业实现规模以上工业总产值22.10亿元，同比增长7.2%；高端装备制造产业实现规模以上工业总产值4.46亿元，同比增长14.2%。引进项目40个，完成目标任务的133%。2017年，全区平均每月工商登记企业高达100户以上。其中新增科技型中小企业316户，完成目标任务的101.3%；全年专利申请量1749件，完成目标任务的145.7%。

【服务业发展】 2017年，科创区创建国家级电子商务示范基地，投入电商基地使用面积5万平方米，新入驻清华大学电子商务交易技术国家工程实验室绵阳研究院、青海融宝网络科技有限公司等电商企业和机构，全年完成电子商务交易额446亿元，网络零售额8.34亿元，新增电商企业30家，园区电商企业累计达250余家。服务业增加值增长率12.2%，完成目标任务的146.73%。规模以上服务业企业入库3家，完成目标任务的150%。社会消费品零售总额全年预计完成50.38亿元，同比增长11.3%，完成目标任务的150.7%。跟踪、洽谈、推进重点项目完成54个，完成目标任务的300%。储备、包装、推出项目完成50个，完成目标任务的340%。投资额5亿元（含以上）项目完成1个，完成目标任务的100%。重点打造现代服务业繁荣高地，通过乐荟城开业、温莎国际周边商业打造、上马社区特色餐饮业集聚，园区现代服务业发展培育出新动能。着力打造科技服务集聚区，通过完善中小企业一站式科技服务平台运营，形成线上云服务平台与线下一站式服务相结合的新型服务模式。

（李　安）

依法治区建设

【概况】 2017年，全区全面贯彻落实依法行政、依法决策、法治政府建设工作要求，出台《关于成立科创区法治政府建设工作领导小组的通知》和《关于印发〈科创区法治政府建设实施方案(2016—2020年)〉的通知》，成立园区法治政府领导小组机构，推进依法行政，加快建设法治政府。履行法务审查工作，完成园区各项民商事合同、规范性文件建议修改意见、复审会签工作，园区涉诉工作、行政复议工作、涉访维稳工作及各项法制宣传活动平稳推进。推进依法治区工作建设，确保园区行政决策合法性。完成《关于签订剑桥科创孵化园中国重型装修工程设计合同的请示》《航天成果转化基地（四川）项目合作协议》等园区各项合同建议修改意见、复审会签共计61项。处理市上园区行政复议案3件，并办结3件。处理黄玉强诉管委会排除妨害民事案件应诉工作，绵阳市中级人民法院判决驳回原告上诉，维持原判。完成《绵阳科创区推动工业经济快速发展若干政策实施办法（试行）》等园区送审规范性文件建议修改意见、复审会签共计9项。配合相关部门处理园区涉访涉诉矛盾化解，协调配合园区常年法律顾问参与园区涉访涉诉案件咨询工作和业务指导工作。开展园区会前学法活动和参与开展法治宣传工作，参与“3·15”消费者权益日、“4·15”国家安全教育日、“12·4”宪法宣传日等法治宣传活动，结合党支部活动开展“送法进社区”“支部成员学法”活动，按照部门普法清单印发各类法律法规资料6000余份，邀请园区法律顾问单位参与园区法制宣传各项活动，提供现场法律咨询。按照绵科创区委办发〔2017〕35号文件精神，完成依法治区相关工作并报送检查资料。

【领导干部责任审计】 2017年4月14日至12月20日，区审计法制办具体负责协调市审计局，全面完成园区原党工委书记柳江、管委会主任李哲任职期间履行经济责任情况、自然资源资产和环境责任情况，科创区2015年度和2016年度财政收支情况的审计工作。期间经过多次沟通、协调、整理，共计完成75份审计取证单的取证工作，并向市审计局报送审计整改报告。年底，科创区被评为绵阳市2017年度审计发现问题整改工作先进单位。 （杨 恒）

绵阳工业园区

【概况】 四川绵阳工业园区（以下简称工业园）于2001年7月经绵阳市委、市政府批复设立（绵委发〔2001〕13号），2006年1月经国家发改委批复设立成为省级开发区（国家发改委公告2006年第8号）。园区位于绵阳城区西北部，紧临中国工程物理研究院、中国空气动力研究与发展中心，主导产业为电子信息、高端装备制造。辖区面积12.89平方千米，是绵阳科技城创新驱动的引擎，融合发展的窗口，有着“创新高地 智慧之芯”的美誉。园区是全国唯一的国家级创新融合科技园、国家级科技企业孵化器、国家科技创新创业基地、四川省电子商务示范基地。

【投资环境】 绵阳工业园区作为绵阳科技城创新驱动引擎和融合发展窗口，为吸引更多国内外顶尖企业和人才到园区创新创业，探索制定《加快科技型中小企业发展实施办法》《关于鼓励科技创新与加快科技型企业发展的若干政策(试行)》《全面推进科技型中小企业发展工作实施方案》《关于激励企业成长的八项优惠政策》《对外开放合作的十项优惠政策》等一批具有较强吸引力的产业发展支撑政策，平均每月工商登记企业高达100家以上。设有2000万元的创业发展基金和3000万元的产业扶持资金，从扩能改造、做大做强、提升能力、打造品牌、拓展市场等方面，引导企业及时进行项目包装，加大投资力度。

【产业发展】 2017年，工业园把创新驱动作为发展的核心竞争力，坚持着力以融合发展为特色的优势产业、持续改善创新创业链，在国际企业孵化器、大学创新园、电子商务示范基地等建设方面取得一定成效。形成以电子信息、高端装备制造为支柱产业，电子商务、云计算、大数据、节能环保等相关产业齐头并进、融合发展的特色发展道路，并先后申报成为国家级科技企业孵化器、全国创业孵化示范基地、全国十佳电商园区、四川省电子商务示范基地、四川省大学生创新创业示范园、四川省知识产权试点园区和四川省现代服务业科技服务集聚区。

【项目建设】 2017年，工业园纳入省、市重点项目5个，计划总投资33.49亿元，年度计划投资9.05亿元。其中省重点项目2个，市重点项目3个。2017年省、市重点项目年度计划投资占2016年重点项目年度投资的481.38%。截至12月底，省重点创新中心三期项目，完成1.86亿元，完成目标任务的106.3%；省重点创新基地项目，2017年新开工项目，完成2.42亿元，按照实际进度，2年可完成项目建设，比原计划施工进度提前1年。市重点元通公园项目，完成1.38亿元，项目预计2019年完工；市重点家园盛景安置房项目，完成1.7亿元，完成目标任务的113.3%，项目预计2018年完工；市重点南山中学双语学校综合楼项目竣工，完成0.19亿元，完成目标任务的100%。

【开放合作】 2017年，工业园在《十项优惠政策》的基础上，利用媒体、网络等平台推介园区重点项目和重点产业，明确科创区的产业定位和优势，增强园区对外来投资者的吸引力。依托高校和科研院所，提升企业科技水平。吸引高校、科研院所的重点（工程）实验室、工程（研究）中心、技术转移机构等各类研发机构和创新平台入驻园区。建成剑桥科创孵化园·中国绵阳科技城中心、众智科学产业（绵阳）创新中心等一大批国家级实验室合作项目。

【科技创新】 2017年，工业园通过加快聚集资本、人才、技术三大要素，园区创业孵化的影响力和辐射力显著提升。依托建筑总面积40万平方米的科技城创新中心和27万平方米的高端产业制造基地，形成“苗圃+孵化器+加速器+产业集群”的创新创业生态链条，建成创业苗圃（众创空间）4个、孵化器10个、加速器2个，在孵企业550余家。累计培育科技型中小企业1704家，培育数居全市第三位。存续科技型中小企业1405家，存续率82.45%，存续率在全市名列前茅。在加快科技型中小企业数量倍增的同时，也注重科技型中小企业质量的提升，园区科技型中小企业申请专利5999件，其中申请发明专利2171件，专利授权2240件。2017年，园区在孵企业实现税收6600余万元，累计孵化毕业企业50家，孵化企业获得各类风投资金1.2亿元，培育上市企业7家；培育规模以上工业企业5家，为建区以来最多的一年。2013年以来，共有奇石缘科技、流能粉体、光发科技等20家科技型企业入统成为规模以上工业或服务业企业，进入产业化快速发展阶段。

【资源节约利用和环境保护】 2017年，工业园结合本身特点，因地制宜、因企施策，促进企业升级，有序改进、提质增效，实现行业健康可持续发展。坚持以推进供给侧结构性改革为主线，继续深入推进“三去一降一补”五大任务。加强生态环境保护建设，改善生态环境质量，提高能源资源利用水平，推动形成绿色低碳的生产生活方式。推行低碳化、循环化和集约化，支持百库科技发展，移动家电板件循环利用。加快发展清洁能源、节能环保装备等绿色产业。推进企业绿色化和园区循环化改造，启动实施“以电代煤·以电代油”行动，促进新能源汽车和装配式建筑推广应用。

（张 宇）

全面创新改革试验
Comprehensive Innovation and Reform Experiment

概　述

【概况】　2017 年，科创区依托九洲集团等国有企业人才和科研技术，构建科技研发、技术转移、成果转化、科技企业孵化、人才聚集、科技金融相结合的全链条创新创业生态体系；发挥国家两用技术交易中心、中国（绵阳）科技城融合发展人力资源产业园、科技城创新中心、大型仪器共享平台等载体的作用，引入川藏股权交易中心在园区落地，区内挂牌企业达到 36 家，当年新认定融合发展企业 15 家，新取得特种专业资质 10 个，融合发展企业产值超过 200 亿元。

【融合发展扶持政策】　2017年，科创区相继出台《科创区关于激励企业成长的八项优惠政策（试行）》《科创区对外开放合作的十项优惠政策（试行）》，并对标北上广深和成都高新区对融合发展企业的奖励扶持标准，激发园区融合发展的活力。

【融合发展技术和成果】　2017年，科创区整合辖区内国家两用技术交易中心、工业技术研究院等资源，定期开展新技术成果发布、技术需求征集等活动，推动工研院、中物院等科研院所和长虹佳华、九洲电子、美能材料等企业合作共建31家工程技术中心、重点实验室等平台，协同开展高通量DNA测序技术等核心技术攻关，支持设立四川昊伶军合科技有限公司，为企业提供重点项目产品工业设计等科研服务。依托科技城国家两用技术交易中心，坚持以国家两用技术科技成果库、企业库、创新需求库、专家库、设备仪器库、技术经纪人库、评估评价师库七大数据库为基础，以交易转化为目标，以成果遴选、评估、评价、再研发、交易担保等服务为手段，推进科技成果、科技资源进行交易和转移转化，共计收录各类成果20152项，相关企业11124家，征集企业技术创新需求553项，整合开放各类仪器资源2376套，吸纳各类专家及评估评价师1000余人，累计征集两用先进技术展品487套，为500余家企业提供需求对接服务，挖掘技术需求553项，并在中国（绵阳）科技城国际科技博览会科技成果和专利技术发布与交易专场进行需求发布。2017年，实现技术合同登记额8.8亿元。

【《科创区关于激励企业成长的八项优惠政策（试行）》出台】 2017年3月，科创区主任办公会审议通过《科创区关于激励企业成长的八项优惠政策（试行）》（以下简称《优惠政策》）。5月4日，科创区党工委综合办、科创区管委会综合办印发《科创区关于激励企业成长的八项优惠政策（试行）》的通知（绵科创区委办发〔2017〕28号），该《优惠政策》由科创区财政局、经发局、科知局、社发局、投促局、商务局、创业服务中心、劳动保障中心、工商分局提供政策条款，科创区科知局负责汇总，并多次征求区级相关部门的意见。该政策主要是从知识产权创造与保护、认证和加强创新能力、企业加强品牌建设、工业企业扩能改造、工业企业做大做强、工业企业拓展市场、工业企业融资减负、服务业企业发展八个方面对区内企业进行政策支持。

【《科创区对外开放合作的十项优惠政策（试行）》出台】 2017年3月31日，科创区管委会第2次主任办公会议通过《科创区对外开放合作的十项优惠政策（试行）》（以下简称《十项优惠政策》）。5月3日，区党工委、管委会印发；《十项优惠政策》共10项38条，包括总部经济优惠政策4条、金融产业发展优惠政策3条、工业发展优惠政策1条、融合产业发展优惠政策6条、高校及科研院所（企业）创新创业优惠政策6条、服务业和电子商务发展优惠政策3条、文创产业发展优惠政策5条、云计算和大数据产业优惠政策3条、国际交流对外开放合作优惠政策7条，并适用于工商注册、税务解缴关系均在科创区的企业。（何　菲）

全面深化改革试验

【概况】 2017年，全区全面深化改革工作贯彻落实中央、省委、市委关于全面深化改革的各项决策部署，坚持把全面深化改革列入重要议事日程。全年全区共承接改革任务56项，其中区领导直接抓的方案41项，专项改革方案对接任务16项，销账7项，重大改革试点（示范）2项，重大改革任务13项。“全国创业孵化示范基地”“融合发展”“国际企业孵化器建设”等多项改革工作得到上级肯定。其中被《中国日报》《四川经济日报》等国家、省、市主流媒体报道经验做法共56篇，承担国省市各类涉及改革工作的调研、参观、考察等共40次。4月，科创区荣获全市“2016年全面深化改革先进单位”。

【打造“四个高地”可复制推广经验探索】 具体做法是打造资本高地，资本大厦“核心层、紧密层、辐射层”运行体系已初步形成，现有包括科技城融合发展成果转化基金、中信产业投资基金、硅谷天堂等15家天使、VC、PE在园区设立机构；有包括博石资本、天阔资本、深港投资等18家投资机构对绵阳企业进行各类投资，其中对科创区所属企业的各项投资金额已达8000余万元；川藏股权交易中心于2017年6月6日正式获批，相关工作有效持续推进；打造人才高地，中国国际人才市场国家科技城绵阳分市场于2015年9月正式授牌，位于科创区创新中心二期6号楼，为科技城、四川省和西南地区的创新转型和跨越发展提供良好的人才智力支持；打造技术高地，大学创新园完成清华大学、复旦大学、同济大学、西南交通大学、北京邮电大学、上海理工大学等6个国家重点工程实验室（产学研基地）的入驻和成果转化，正寻求建立校地合作长效机制；打造政策高地，创新创业政策更加科学完备，在严格执行上级创新创业政策的同时，研究出台《关于激励企业成长的八项优惠政策（试行）》《科创区对外开放的十项优惠政策》等比肩成都天府新的区级扶持政策，每年安排财政资金2000万元进行专项扶持，吸引各类人才共计9000余人到科创区创业发展，其中院士、博导、教授、高工等高级人才120余人，博士、硕士1300余人。据工商部门统计全区正以每月100家企业注册的速度在增长。

【大学生创新创业示范园建设】 主要做法是建立高校引进机制。加强与省内外高校对接联动，鼓励支持在绵设立研究院、国家重点工程实验室和产学研基地。创新人才培育模式。探索推进“企业+高校”双向培育模式，加强应用型创新人才培育。打造创新服务平台。创新科技金融，以股权投资、债券投资、直接资助等模式带动社会资本，解决大学生创新创业资金瓶颈。承办“创青春”全国大学生创新创业大赛等多种活动，通过活动形式吸引全国各地大学生到绵创业。开展高校毕业生就业创业、开展职业技能培训、创业培训、大学生见习基地补贴等工作，为大学生创新创业做好前期各项工作。提供大学生创业企业人才公寓。协助科创区创业大学生申请租赁由市级建设管理的人才公寓，适时将统建房改造为人才公寓，或补充建设区级人才公寓，并做好租赁管理。

主要成效是获批“四川省高校毕业生创业园区（孵化基地）”。获批“四川省大学生创新创业示范园”。出台《大学生创新创业示范园建设方案》。已有北京邮电大学灾备技术国家工程实验室西南中心和北京交通大学下一代互联网互联设备国家工程实验室西南中心入驻；与绵阳师院建立战略合作关系开展以科技成果转化为核心的校地合作；西南交大绵阳研究院正式授牌成立，首个成果转化项目“新风控制系统”落户科创区；与川大、电子科大、西北工大等多所市外高校建立了联系；区属科技型中小企业与市内外高校开展技术开发合作。2016年12月14日，人力资源社会保障部印发《关于确定第三批全国创业孵化示范基地的通知》（人社部发〔2016〕126号），确定第三批34个全国创业孵化示范基地，科创区名列其中，成为全省仅有两家获得“全国创业孵化示范基地”称号的创业孵化基地之一。

【商事制度改革之企业集群注册登记探索】 具体做法是2017年2月，科创区工商分局结合园区实际情况，参照广东省东莞市、四川省成都市的做法，出台《绵阳市科创区企业集群注册登记管理暂行规定（试行）》（以下简称《暂行规定》）。同时，上报《暂行规定》的起草说明。经市政府法制办与市工商局法制科、企业科以及管委会审计法制办审核后，科创区管委会于2017年2月13日以绵科创区管发〔2017〕13号文件正式印发《集群暂行规定》，明确集群式登记的概念、外延和内涵，规定符合集群式注册登记企业的范围、标准以及办理集群式注册登记的相关要求，同时明确集群式注册登记企业的权利义务。结合园区企业实际情况，2017年6月15日出台《绵阳市科创区集群企业住所托管服务认定标准（试行）》，对集群注册企业的办公场地、托管制度、从事秘书服务的专职人员、服务被托管企业的法律工作者、专业财务服务人员、被托管企业的范围等条件进行规范要求。规范托管公司。通过现场考察、实地走访以及审查相关证照等多种方式，提出对绵阳市科创孵化器管理有限责任公司等6家满足条件的孵化器公司进行全方位的审核，并召开分局企业注册重大事项登记工作会，获得会议通过后，增加其集群注册服务经营范围，开展集群企业住所托管服务。截至年底，6家拥有集群企业住所托管服务经营范围的孵化企业，共托管科创区科技企业、电商企业等小微企业273家。

主要成效是为企业创建“零边际成本”。园区部分小微企业在初创阶段，无力购买或租用独立的办公室场地；许多新兴行业如移动互联网、电子商务、网络服务行业等，主要经营活动在网络上进行，不需要独立的办公场地。通过集群注册模式，企业不用再支付高昂的场地租金，降低企业的创业成本。企业发展搭建平台。园区下属国有企业科技服务公司为入驻企业提供经营场地使用、资金扶持及代为记账、缴税、申领营业执照、代企业年报等服务，在创业过程中遇到难题，还有专家把脉，帮助解决实际困难。由于众多企业入驻商务服务公司，创客可以在一起交流，共享资源，共做项目，找到合作伙伴，提高创业的成功率。促进园区创业经济形成。作为一种新的市场主体准入方式，集群式登记不仅对创业初期企业特别是互联网企业的发展提供良好基础，同时还释放和盘活场地资源，有效缓解制约创业企业、新兴行业发展的经营场地瓶颈问题，有力提升园区经济的综合竞争力，形成配套产业经济集群，带动创业就业和财政税收。为企业节约创业成本。截至年底，集群登记企业对被托管企业免收托管服务费，对需要财税代理记账服务的根据经营规模每月仅收取100~500元的管理费，极大地节约企业的办公场地租金与聘请专业会计的费用。

有关方面评价或反映是获得小微企业、科技型中小企业、电商企业的广泛好评。受到市政府、科创区管委会的表扬。副市长赵迎春专门到集群登记一站式服务中心进行考察，对该项工作给予肯定。绵阳市工商局决定全面推广科创区集群登记注册经验，在2018年全市范围开展。科创区集群注册模式获得《绵阳日报》《四川经济日报》刊登，媒体高度肯定科创区商事制度改革所取得的成果。（李　安）

全面创新改革试验成果探索

【概况】　2017年，科创区落实省委、市委确立的“改革落实年”，纵深推进全面创新改革试验工作，按照《绵阳市系统推进全面创新改革试验2017年工作计划》《建立健全绵阳市全面创新改革试验工作机制》《关于印发系统推进全面创新改革试验清单的通知》等文件精神，制定印发《科创区系统推进全面创新改革试验工作2017年工作计划》；结合自身实际，聚焦创新创业，以创新驱动和融合发展为重点，完善制度、督促检查，落实各项创新改革举措；贯彻落实省全面创新改革试验工作领导小组暨省融合发展推进领导小组第四次会议精神，遵循“立足全国范围做到首创、立足提炼普遍性和共性经验做到可复制推广、立足可操作性做到简单易学”三个原则，对改革任务的主要做法、经验成效进行梳理总结。2017年，全区共承接改革任务25项，其中自主承接（不在市工作计划范围内）的改革任务2项，形成8条经验，其中《中国日报》《四川经济日报》等国家、省、市主流媒体报道经验做法共18篇，承担国省市各类涉及全创工作的调研、参观、考察等共41次。

【人力资源产业园建设经验探索】　为可复制推广经验之一，主要以“政府积极搭建平台、企业发挥主体作用、运用市场机制，引进八方人才打造高端人才创新生态圈，全力助推人力资源产业园筹建工作”。

解决问题：更好地发挥其在合理配置人力资源、营造开放的人才流动氛围、提高人力资源素质、加大人才培养力度等方面的引领作用，提升人才引进、职业介绍、猎头、职业培训、人力资源管理咨询等方面的服务品质。健全人力资源服务业发展政策体系，构建多层次、多元化的人力资源服务机构集群，推动行业集聚发展，推进管理创新、服务创新和产品创新，促进人力资源服务健康发展。

具体做法：创新机制引进八方人才。采取“政府积极搭建平台、企业发挥主体作用、运用市场机制”多方合作模式。完善政策扶持高层次人才。出台制定扶持文件，涵盖人才引进、培养、评价、流动、使用、激励等各个环节，全方位扶持高层次人才。包括实施“人才安居”工程，建成人才公寓50余套，满足高层次人才安居新区的住房需求；设立2000万元科技型中小企业发展专项资金，主要用于创业扶持、技术创新、企业发展等方面；给予外来人才在就业准入、定居条件、子女就学、权益保护等方面政策支持。搭建平台用好各类人才。建成科技城创新中心、中物技术转移中心等大批国家级孵化、研发中心，完善“人才+项目”双重服务保障机制，充分激发融合人才活力，让各类人才找到“用武之地”；落户中国国际人才市场绵阳科技城分市场、中国融合人才服务交流平台等服务机构。专业辅导培育多元人才。园区组建包含200名专家导师队伍提供指导。同时，鼓励企业、高校建立高技能人才培养基地、技能大师工作室，对职工开展职业技能培训、岗位提升培训，培育多元人才。

初步成效：科创区高度重视对人才的引进、开发和培养，提出建设人才强区、构建人才高地等战略，引进博士、高工等高层次人才300人以上。其中入选中央专项计划专家2人，四川省级专项计划专家2人，博士、高工221人，海外归国人员68人，享受国务院政府特殊津贴的专家10人，人才工程国家级人员1人，四川省优秀专家5人，四川省学术和技术带头人3人，绵阳市有突出贡献的中青年科技拔尖人才11人。落户中国国际人才市场绵阳科技城分市场、融合发展人才服务交流平台等服务机构。

推广前景：高端人才创新生态圈的建设，为建设人力资源产业园奠定坚实基础，在推动产业园发展，健全人力资源服务业发展政策体系，构建多层次、多元化的人力资源服务机构集群，推动行业集聚发展，推进管理创新、服务创新和产品创新，促进人力资源服务健康发展方面积累许多实践经验，可用于创新借鉴。

风险判断与控制：政策体系尚不健全。高端人才创新生态圈的建设只是人力资源产业园的初创期，虽然提供了许多实际服务，解决了部分实际问题，但还没有健全的政策体系支撑发展，对其发展的认识还有待进一步深化。管理体制机制尚未完全理顺。还没有成型的管理体制机制，还处于需求决定存在阶段，没有整体规划。同时一些在管理运营上，政府与市场的边界需要进一步厘清。政府要做的就是搭台引导，提供政策和配套保障，其余可以市场化的东西，如公共服务、培训等，都应交给市场来做，真正让市场发挥作用。这些问题都需要在建设人力资源产业园过程中予以明确和解决。

【科技与金融的有效对接经验探索】 为可复制推广经验之一，该经验以资本大厦建设为抓手，着力打造“三大要素市场”，形成科技与金融的有效对接。

解决问题：争取川藏股权交易中心在园区设立融合分中心，开展挂牌交易、融资服务、上市孵化和并购重组等金融服务，逐渐汇聚金融配套服务机构。

具体做法：协调做好天府（四川）联合股权交易中心绵阳分中心前期筹备工作。按照领导要求，就园区的财政金融互动和企业直接融资政策进行梳理，并与涪城区进行对比，做到取长补短。与华西证券、北京盈天科地、九州基金、昊伶军合科技、科发集团等联系，商谈其入驻园区的相关事宜。针对市商行科创园支行的相关业务支持报告，及时收集汇总各部门意见建议，结合自身职能职责，在加强存贷合作、拓宽银企合作、加强银政联系、参与设立基金方面草拟反馈报告，报管委会领导同意后，及时向商行进行反馈。

初步成效：天府（四川）联合股权交易中心融合绵阳分中心于2017年6月6日正式获批。科创区在该中心上市挂牌企业40家。昊伶军合科技、科发股权投资基金在园区注册成立，科发股权投资基金与园区经几轮磋商，正式签订合作备忘录。并与科发股权基金就公司相关问题进行有效衔接。

推广前景：科技金融是国家科技创新体系和金融体系的重要组成部分。天府（四川）联合股权交易中心绵阳分中心的正式获批，为科技金融引进“资本”这一必备要素。科创区围绕绵阳分中心的设立运行，发挥区位优势，不断释放政策红利，开展招商引资活动。逐渐汇聚金融配套服务机构。形成科技—金融—资本的形态，促进科技创新企业、融合企业的深度发展。建议进行推广。

【建设培育企业发展支持体系经验探索】为可复制推广经验之一，该经验以建设培育企业发展支持体系为重点。

解决问题：顺应创新创业大时代需求，以“大众创业、万众创新”为引领，夯实孵化载体，释放政策红利，把聚集优势资源、服务创新创业作为头号工程，大力吸引各类人才进入园区创新创业，构建完整的创新创业服务体系，凸显创新创业示范引领作用。

具体做法：发挥“苗圃+孵化器+加速器+产业集群”企业培育链条作用，针对企业发展的不同阶段加强培育。

“苗圃”是指全区面向社会征集创新思维、创业新点子，主要针对大学毕业生等创客，提供办公场所（“1716”创业工场）和基础办公用品，帮助其将思维、点子转化成现实。

“孵化器”是指创业团队在“苗圃”中有所成果，满足能够承接部分订单并产生营业额，创业团队增至10人左右等条件，即可被引入到企业孵化器内（创新中心、灵创孵化器）进行孵化，帮助团队成长为微小型企业。绵阳市星宇电子技术有限公司、四川科瑞达电子技术有限公司等入孵化企业年产值基本在百万左右。

“加速器”是指孵化器中的微小型企业经过孵化，已经具备一定的企业规模，可承接较大订单，需要生产场地，即可被引入到加速器（如加速器A区、B区等）中，提供办公场所和生产场地，帮助企业进一步扩大规模。四川帝威能源技术有限公司、四川恒立泰科技有限公司等入加速器企业年产值基本在千万元以上。

“产业集群”是指企业发展到一定规模，可生产某种产品及该产品的一系列附属产品，形成“全链条”生产线，即可被引入到产业聚集区。科创区高端装备制造基地打造成产业聚集区工作持续推进。

围绕“苗圃+孵化器+加速器+产业集群”培育链条为主线，进一步制定相关政策、完善人才体系，筑牢发展根基。

初步成效：建成创业苗圃4个、孵化器10个，聚集科技型中小企业1400余家，在孵企业500余家。引进清华大学、北京交大等5个国家重点工程实验室和产学研基地，建立全国首个两用技术交易中心和中国国际人才市场科技城分市场，形成集科技创新、企业孵化、技术交易、成果转化和产业化等功能为一体的开放创新共享平台。园区政策支持优惠，对标北上广深和成都高新区，制定出台《关于激励企业成长的八项优惠政策》和《对外开放合作的十项优惠政策》，设有2000万元的创业发展基金和3000万元的产业扶持资金，从各方面多维度支持园区企业发展。截至2017年，实现规模以上工业增加值增长率9.8%。

推广前景：科创区根据主导产业是电子信息产业和高端装备制造产业，均属科技含量较高的产业的优势，建立“苗圃+孵化器+加速器+产业集群”的企业培育模式。为及时准确帮扶不同阶段的企业良好发展，培育一批创新能力强、技术含量高、低污染低排放的科技型企业，探索推广培育企业发展支持体系。

风险判断与控制：在培育过程中，立足点是为不同阶段的企业提供支持和服务，及时准确帮扶企业发展，培育一批新的发展活力。要注重该体系与区域的匹配度，科学制定适合自己区域的培育体系。

【整合“双创”资源，建设“双创”基地经验】 为可复制推广经验之一。解决问题：以科技型中小企业培育和提质增效为抓手，围绕园区优势产业，整合双创资源、创新工作举措，助推企业转型升级，不断改善园区创新创业环境，提供有力就业支撑。

具体做法：以区科技型中小企业发展领导小组为中心，深入企业摸底调研，建立企业发展档案。根据企业发展不同阶段，整合资源从政策、项目等方面给予重点支持。对创新要素高、发展前景好的企业给予重点关注和培育，发展一批科技型中小企业成长为规模以上企业、高新技术企业、上市企业。建立重点企业培育名录，定期组织专业服务机构，深入企业开展服务，引导科技型企业按照高新技术企业、规模以上企业、上市企业标准建设；举办创新创业活动，营造创新创业氛围，以“助力企业发展”为目标，定期组织知识产权、财务管理、科技保险、科技金融等专业活动；组织企业参加科博会、西部博览会、高新技术产业与金融对接会等博览会、洽谈会，助力企业开拓国内外、省内外市场。

初步成效：2017年，“双创”工作有序推进，截至11月，出台《关于激励企业成长的八项优惠政策（试行）》和《科创区对外开放合作的十项优惠政策（试行）》支持企业开展科技创新、人才引进、品牌建设、对外合作；实现新增科技型中小企业287家；培育长美科技、耐特电子等8家企业升规入统；开展知识产权、科技金融、科技保险、项目申报等各类培训会4次，300余家企业参与培训；组织20余家企业参加科博会科技金融高峰论坛。

推广前景：探索“双创”工作开展模式和推动举措是改善创新创业环境，加强区域创新体系建设，提升自主创新能力，加快科技成果向现实生产力转化的重要基础。“双创”工作的持续推动有利于提升园区科技型中小企业的创新研发能力，提升企业的核心竞争力。全面推动“双创”工作开展是全面贯彻落实创新驱动发展战略，建设两个“一号工程”的重要举措，建议全省复制推广。

风险判断与控制：在“双创”工作开展和推动过程中，原有以“培育创新主体数量”为主的政策导向，已不适应科创区实施提质增效的目标。需要结合企业发展现状和发展趋势，制定全面实施高新技术企业、规模以上企业、上市企业倍增计划的配套政策，促进企业阶梯式发展。

【完善孵化器“孵化+创投”模式经验】 为可复制推广经验之一。解决问题：解决企业投融资难、资金短缺、发展受阻的难题。国家级科技企业孵化器具备“苗圃+孵化器+加速器”的发展模式，但对于企业投融资服务尚未涉及，导致中小企业资金短缺、发展难的问题。科创区设立双创孵化基金，解决此项问题，完善孵化器的服务功能。

具体做法：通过双创孵化基金对科创区重点发展产业领域（云计算大数据、电子商务、文创动漫、智能制造、电子信息、节能环保等产业），具有自主知识产权、科技含量高、创新能力强、商业模式新的中小微企业，进行股权投资。引入更多的社会资本对企业投资。

初步成效：通过摸底排查，筛选出首批15家重点企业进行投融资服务。截至2017年年底，共投资750万元，帮助7家在孵企业。年内有30余家入驻企业获得社会资本的投资，获得投资的企业数量占总在孵企业的6%。

推广前景：探索“孵化+创投”新模式，铺开国家级科技企业孵化器投融资服务服务，完善孵化器的服务功能。解决企业资金难的问题，帮助企业较快较好发展，提高企业孵化成功率。

风险判断与控制：在投资工程中，要注重企业的财务经营模式，科学判断企业发展前景，最大程度的实现投资资金的保值和增值。

【“全国创业孵化示范基地”建设经验探索】 为可复制推广经验之一。积极推进“全国创业孵化示范基地”建设，全面落实创业政策，提升服务能力和水平，发挥好示范引领作用。

解决问题：创业孵化引领性人才缺乏，人才引智机制仍不够健全，人才储备与先进地区相比还存在一定的差距；缺乏科研实力雄厚的高校及研发机构，创业项目的科技含量不高，企业的成长速度不快；孵化器水平尚不能满足为企业深层次服务的需要，链接与整合社会资源的能力不足，整体服务水准及专业化程度不高，服务仍局限于场地出租、物业管理、项目申报、培训辅导等常规内容；园区的投融资体系与发达地区相比还不健全。

具体做法：以政府为主导，发挥组织优势，园区成立由区党工委书记担任组长，10个部门为成员单位的创业孵化基地建设工作领导小组，同时设立创业服务中心专门进行企业孵化的日常管理、服务；建强“苗圃+孵化器+加速器+产业集群”创新创业生态链，建成中国国际人才市场国家科技城（绵阳）分市场，创业苗圃（众创空间）4个，孵化器10个，加速器2个，孵化面积达18万平方米，加速器面积达3万平方米；形成国家、省、市政策为主，园区配套政策为辅的创新创业政策体系，在严格执行上级创新创业政策的同时，探索制定《科创区加快科技型中小企业发展实施办法》《关于鼓励科技创新与加快科技型企业发展的若干政策（试行）》《科创区全面推进科技型中小企业发展工作实施方案》等区级扶持政策8个，每年安排财政资金2000万元对创新创业进行专项扶持。营造大众创业、万众创新的社会氛围，开展营改增公益讲座、网络安全人才工作实践大会、海外留学人员联谊会等百余场交流活动。

初步成效：科创园可自主支配孵化场地面积24万平方米，包括孵化大楼、创新中心、灵创孵化器、中物孵化器以及面积3万平方米的企业加速器。截至2017年9月，孵化器在孵科技型企业500余家，税收收入突破5000万元，创业促就业累计提供岗位7000余个，入孵企业员工总人数超过5000人，博士、高工以上学历人员超过150人，硕士人员超过500人，留学回国人员120余人。

推广前景：创业孵化基地是公共就业创业服务体系的重要组成部分，是落实创业帮扶政策、开展创业培训和创业服务的重要载体。科创园初步建立完善创业服务体系，包括政策咨询、行政服务、企业初创孵化、企业加速培育、创业辅导、融资贷款、产品发布推广等企业从初创到发展壮大的一系列专业化服务。为进一步推进创业孵化基地建设工作，发挥示范引领作用，可在全国范围推广。

风险判断与控制：随着园区孵化器数量的不断增多和在孵企业数量的不断增长，在孵化器运行过程中，建立有效的竞争选择机制，形成考核标准已成为必要。竞争选择主要分为：孵化器之间的竞争选择，在孵企业之间的竞争选择。应通过建立孵化器发展状况评估、激励与淘汰等制度进行创业资源重组配置，使一些运营效率低下、不合格的孵化器和在孵企业逐渐淘汰，继而优化竞争格局，提升孵化器整体运营水平。

（李　茜）

科学技术和知识产权

Science and Technology and Intellectual Property Rights

概述

【概况】 2012年4月，按照科创区党工委决定，设立绵阳科技城科教创业园区科学技术局；2016年2月，更名为绵阳科技城科教创业园区科学技术和知识产权局（以下简称科创区科知局）。科创区科知局为正科级建制的区管委会工作部门，共有8人，其中行政编制2人，事业编制1人，其余5人由绵阳科创园投资控股有限公司借调至科创区科知局工作；设局长1人，副局长1人，股长4人。内设办公室、科企发展股、知识产权股、科技管理股4个股室，主要职责为贯彻执行国家有关科技发展的方针政策、法律法规，拟定科创区科技发展规划和规范性文件并组织实施，推动科技创新体系建设，提高科技创新能力；负责科创区技术市场、专利、科研、技术监督、中介组织管理、促进科技成果孵化转化等工作；推动高新技术产业化相关技术服务体系建立；负责高新技术成果转化项目、高新技术企业、技术先进型服务企业申报工作；负责科学技术的普及运用、知识产权保护、国内外科技合作交流、科技信息和科技统计工作；争取国家、省、市政策支持，推动科创区内企业自主创新能力建设；负责科创区科技型中小企业发展工作的协调。

【科技型中小企业认定】 2013年，市委、市政府决定大力发展科技型中小企业，科创区响应号召并成立科技型中小企业发展领导小组，区党工委书记，党工委副书记、管委会主任任领导小组组长，党工委副书记任常务副组长，区其余主要领导任副组长，各部门负责人为小组成员，在科创区科知局内设科技型中小企业发展领导小组办公室，局长兼任科企办主任，工作人员由局工作人员兼任。2017年，在《关于鼓励科技创新与加快科技型企业发展的若干政策》的基础上，研究制定《关于激励企业成长的八项优惠政策（试行）》和《科技创新若干激励政策申报指南》，其中涉及多项鼓励科技型中小企业发展的政策：通过绵阳市科技型中小企业认定，可申请8000元至1万元的一次性奖励。2017年，科创区共有41家科技型中小企业领取该补助，金额总数为33.4万元。全年实地走访调研近350家中小企业，新增科技型中小企业316家，新增规模以上科技型中小企业8家；通过电话了解、实地走访的方式对2014年培育的375家科技型中小企业进行复审，其中158家科技型中小企业通过复审，通过率42.13%。

【高新技术企业培育】 2017年，科创区对辖区内互惠软件、立德电子等20家优质企业进行走访摸底，企业现场政策宣传，鼓励企业参加高新技术企业认定，对于首次通过国家高新技术企业认定，奖励10万元。对于非首次认定，则奖励5万元。全年为14家科技型企业拨付高新技术企业奖励，其中新认定高新技术企业11家，再次新认定高新技术企业3家，拨付奖励资金125万元。利用“双创”活动周举办高新技术企业培训会。2017年，组织16家企业完成高新技术企业申报，其中11家企业通过高新技术企业认定，全区累计培育高新技术企业36家。

【国家两用技术交易中心】 国家两用技术交易中心（以下简称交易中心）是2010年科技部授予绵阳市的全国唯一两用技术交易平台，2016年5月26日揭牌运营。交易中心以成果遴选、评估、评价、再研发、交易担保等服务为手段，以推进科技成果、科技资源进行交易和转移转化为目标，构建1个线上平台、7大核心数据库、7大融合服务平台。线上平台涵盖两用技术信息对接、在线交易服务、大数据分析等功能，集成成果库、企业库、专家库、评估评价师库、技术经纪人库、创新需求库、大型仪器设备库7大核心数据库，线下平台总面积8700平方米，建设融合综合服务、金融服务、知识产权服务、成果展示与交易、国际合作、创业服务7大融合服务平台。交易中心采取PPP模式，由市场化的科技服务公司营运管理。2017年，交易中心收录各类成果20152项，相关企业11124家，征集企业技术创新需求553项，整合开放各类仪器资源2376套，吸纳评估评价师及各类专家1000余人。对两用先进技术进行展示，累计征集展品487套。开展技术需求挖掘活动，组织专家亲临企业一线，为500余家企业提供需求对接服务，挖掘技术需求553项，并在中国（绵阳）科技城国际科技博览会科技成果和专利技术发布与交易专场进行需求发布，参加省科技厅组织的“四川省重大科技成果发布对接会”并集中进行需求发布。整理高端装备制造、新材料、电子信息、节能环保、生物医药等领域可交易成果，编制《科技成果汇编册》，通过科技成果发布与对接会等活动进行推广，实现技术合同登记额8.8亿元。在绵阳市及遂宁市举办多场培训会，累计为300余家企业提供资质培训和咨询，培育12家企业取得“四证”。交易中心建成省内首个融合创客空间，吸引入驻创客团队42家，签约服务于创客的专业服务机构11家，聚集创业导师43人，帮助12个项目团队组建企业，指导3家企业申请成为绵阳市融合发展企业，帮助3个项目团队实现融资750万元。

【鼓励知识产权发展政策措施】 2013年，园区出台包含知识产权在内的《关于鼓励科技创新与加快科技型企业发展的若干政策（试行）》，对企业的科技创新工作予以大力支持。2017年，科创区对原有政策作修改和完善，出台《关于激励企业成长的八项优惠政策》，财政每年专项预算不低于2000万元用于创新创业的扶持工作，知识产权扶持资金在原有的基础上还增加涉外专利，试点示范单位、商标、地理标识等方面的资助的奖励，使得知识产权相关政策得到完善和补充。2017年，涉及知识产权补助的政策有：申请并受理的国内专利，资助250~2000元/件；国内专利授权、软件著作权、集成电路布图设计专有权，资助250~5000元/件；申请国际专利（PCT）进入国家阶段，资助不超过1万元/件；获得国际专利授权，资助不超过2万元/件。同一件专利最多资助3个国家或地区；国家和四川省知识产权示范企业，奖励10万元和5万元；中国专利金奖、优秀奖，奖励50万元、10万元；中国外观设计金奖、优秀奖，奖励20万元和5万元；专利代理机构最高5万元开办补贴；对通过《企业知识产权管理规范》（GB/T29490—2013）获得认证证书的企业给予3万元的一次性资助。

【知识产权宣传】 2017年，科创区举办涵盖高新技术企业、科技保险、专利质押、知识产权运营的知识产权培训会，提升园区企业对于知识产权相关运用能力，使更多的企业了解到知识产权对与企业发展的重要作用。企业知识产权保护意识以及运用能力有较大的提高，全年参加培训会的人数达到300余人。18家企业获得国省市科技项目、专利转化实施以及知识产权贯标项目立项，获取金额880万元。科创区科知局组织区内企业参加省、市两级的知识产权贯标培训以及内审员培训。2017年，九洲空管、九州光电、奇石缘科技3家企业通过市级立项，正式开展知识产权贯标工作。同时，指导园区的其他有潜力的高新技术企业、科技型中小企业规范知识产权管理工作，培育一批优质的知识产权贯标企业。

【知识产权数量与服务】 2017年，科创区专利申请量为1749件，发明专利申请量640件，专利授权量600件，新增专利转化实施项目156项，实施专利项目新增产值500067.94万元。2017年，科创区搭建综合性线上服务平台“微服驿站”，并下设专利检索子平台，实时更新最新的国内外专利信息。园区企业可以在该平台上对所需国内外专利信息进行检索，企业还可以直接线上提交包括区级知识产权资助、科技项目奖励等政务项目的相关资料，在线上对知识产权代理进行下单。截至年底，该平台拥有注册企业2000余家。为更好地服务企业，打造良好的知识产权精品园区氛围，科创区引进全国、省内知名的知识产权中介服务机构，除原引进的九鼎天龙、天策、行之等10家知识产权中介服务机构外。12月，广州博鳌纵横网络科技有限公司旗下的大型知识产权服务平台“汇桔网”正式落户。受省知识产权局、省经信委委托，市知识产权局、市经信委对科创区的知识产权试点园区建设情况进行现场验收，科创区顺利通过省级知识产权验收，经综合评定在全市4个参加第四批省级知识产权试点建设的园区中排名第一。（严　俊）

商标监管

【概况】　2017年，园区有各类市场主体7048户，其中有以九洲集团、九洲股份为代表的国有骨干企业8家、其他企业3998家、个体工商户3042户，成为绵阳科技城建设的核心载体。科创园区自2015年被确定为“商标战略进园区试点单位”，根据园区管委会的总体部署，区工商分局针对园区新进企业多、商标总量少、品牌意识差等情况，采取宣传引导、政策扶持和管理保护等措施，促进商标总量的增长，并培育一批知名品牌。截至年底，园区内注册有效的商标共2000余件，比2016年增加500余件，同比增长33%，其中涉外商标近300件；有国家驰名商标1件，四川省著名商标2件，绵阳市知名商标3件。

【商标品牌意识培训与宣传】　2017年，全区加强宣传引导，培育品牌意识，针对园区新建企业多、商标总量少，部分企业有产品无商标和品牌意识相对较差的实际，采取办事引导、培训宣讲、走访宣传、媒体报道等措施，开展系列宣传引导活动，着力培育企业的商标品牌意识。利用工作会议、培训会议、服务窗口办事和到企业走访等时机，宣传商标法规和商标品牌建设鼓励扶持政策，使企业知晓商标法规规定和政府扶持商标品牌建设的政策导向，帮助企业树立注册商标和打造品牌的信心。全年共举办各类培训会15场次、走访企业370家次、发放宣传资料1.5万份。

【开展免费送商标活动】　2017年6月，科创区举行2017年度“免费送商标活动”启动仪式，开展免费送商标活动4期，并将参与活动的条件、规则等信息在政府服务平台——“微服驿站”网络平台上公示公开，全年免费为89家企业送商标109枚，超额完成管委会免费送商标100枚的年度任务，免费金额达163500元。

【商标品牌政策扶持】　2017年，园区管委会印发《推进商标战略进园区的实施意见》，构建政府主导、工商主推、企业主体和政策扶持的商标品牌建设平台。将商标品牌建设工作纳入政府工作层面，按照园区产业布局、发展方向和扶持政策，制定商标及品牌发展规划，并用财政资金购买服务的方式，实行重点扶持，每年免费为园区符合园区产业发展政策的企业送商标100件，对首次获得知名、著名、驰名商标的企业，分别奖励5万元、10万元、20万元。2016年，仅九洲集团就申请注册新商标56件。2017年，武道数码科技有限公司获得绵阳市知名商标，园区奖励10万元。九洲集团是园区的商标大户，旗下有国际国内商标近500余件，为加强商标品牌管理，在设立集团自身商标品牌管理机构的同时，还聘请专业机构为其进行商标监控、商标维权和品牌打造，“九洲”商标成为中国驰名商标，九洲集团被评为“商标战略示范企业”。

【商标服务监管】 2017年，全区强化日常管理，维护合法权益，按照精准管理、精细服务的要求，建立商标服务机构，完善商标服务措施，力求达到管理精准、服务精细的目标。在服务架构上，成立商标工作指导站，实行“两账四书”（商标工作指导站管理台账、企业商标台账、商标申请注册建议书、商标使用提示书、商标维权联络书、创建品牌商标建议书）工作机制，从整体上建立商标注册及管理、保护机制，为商标的注册、管理、品牌打造和保护建立工作机制及服务措施。通过商标工作指导站管理台账、企业商标台账及商标维权联络机制的建立和应用，掌握园区企业商标增减变化的真实情况，落实“一企一策、一事一策”商标管理指导方法提供动态信息，根据台账信息及走访了解的情况为企业提出“商标申请注册建议书”“商标使用提示书”。2016年，建议帝威公司申报四川省著名商标、武道数码公司申报绵阳市知名商标，并获准认定。2017年，帮助九洲集团做好商标驳回复审和异议工作，共办理商标驳回复审和异议案件10余起。

【商标违法案件查处】 2017年，区工商分局全年共开展互联网领域假冒侵权、中国制造海外形象维护“清风”行动等专项整治行动12次。同时，加大与公安、烟草专卖等部门及五粮液、丰谷酒业等知名企业的密切配合，定期不定期开展联合行动10次，并先后赴辖区知名企业开展行动指导。全年针对侵权专项检查，共出动执法人员110人次，检查市场主体300余户，查处违法案件2件，没收物资价值714164元，处罚没款210500元。

（何思蓓　李　丹）

创新创业
Innovation and Entrepreneurship

概　述

【概况】 科创区是中国（绵阳）科技城主要创新创业承载地，科技城创新中心、国家级科技企业孵化器、科技城工业技术研究院等主要创新基地均建设在园区。科创区以高校实验室及工程中心为着力点，与西北工业大学、国防科技大学、哈尔滨工业大学等高校开展深入对接，吸引一批产业化能力强、成果转化率高的项目到园区落地。同时，发挥国有大型企业和科技人才优势，通过孵化器培育九九瑞迪、九洲空管、长虹网络、中物仪器等一批发展势头强劲的优秀产能融合企业，项目涵盖电子信息、新材料、节能环保等领域，形成产能融合发展的“联合舰队”。科创区还着力构建资本、人力资源服务、技术交易这三大平台，汇集中国科技城产能融合人力资源产业园、四川省大型仪器设备共享平台、知识产权交易平台、科技城产能融合成果转化基金等近20家天使、VC、PE机构，引进九鼎投资、西南证券等20余家投资机构和券商机构，可为园区的各类企业提供种子期、初创期、成长期、成熟期的全链条融资渠道。

2012年3月，科创区获省人社厅等四部门批准，成为“四川省高校毕业生创新创业园区（孵化基地）；2012年12月，科技部授予科创园区“国家科技创新创业基地”称号；2014年3月，园区成为省级电子商务示范基地；2014年6月，园区又获省人才工作领导小组批准，成为首批“四川省大学生创新创业示范园”。2016年12月，被人社部授予“全国创业孵化示范基地”。

2016—2017年，科创区投入20亿元建成科技城创新中心、灵创孵化器等20万平方米孵化场地，建立康超、科发长泰等标准厂房模式的“加速器”，吸引1400家电子信息、大数据和云计算等产业的科技型中小企业落户，其中规模以上科技型企业9家。

2017年，科创区加快建设26万平方米的高端产业制造基地、21万平方米的创新中心三期和20万平方米的创孵中心上市企业产业园。建成一、二期孵化场地24万平方米，供企业办公使用面积20万平方米，能容纳600家企业，吸引中国航天、汇桔网、浪潮集团等优势创业团体入驻，有意向入孵创业实体数609户，孵化成功实体数580户，提供就业岗位8000个，涵盖智能制造、节能环保、电子软件等9大的行业，孵化场所利用率100%。当期入孵实体成功率达到95%。孵化到期企业89家，其中20家转入企业加速器，69家企业迁出孵化器，转入当期入孵实体到期出园率100%。

【第六届中国创新创业大赛】 2017年5月18日，由中国创新创业大赛组委会、工业和信息化部、国家国防科技工业局指导，中国核工业集团、中国航天科技集团、中国工程物理研究院等单位支持，科技部火炬高技术产业开发中心、绵阳市人民政府共同举办的第六届中国创新创业大赛启动仪式在京举行。共征集来自中国航天科技、中国航天科工、中国兵器装备、中国核工业等集团，中国工程物理研究院等国防科研院所，以及哈尔滨工程大学、北京交通大学等院校优秀项目445项，项目涉及装备制造、航空航天、特种机械及车辆、核技术应用、光机电一体化、电子信息、新材料新能源、生物医药等产业等领域。8月4日，大赛初赛在北京开幕，经评选，80个项目晋级半决赛。8月18日，大赛半决赛在北京开赛，最终20个项目进入决赛。8月31日，大赛决赛暨颁奖仪式在中国（绵阳）科技城创新中心二期举行。市委副书记、市长刘超出席颁奖仪式并致辞，科技部火炬中心金融处副处长王仰东，国防科技工业科技成果推广中心副所长刘滨，大赛特邀顾问、国防科工局科技与质量司原副巡视员彭艳萍出席大赛颁奖仪式。入围决赛的20个科技项目，共获得30家风投机构意向投资17.7亿元。共评选出一等奖2名、二等奖4名、三等奖6名、优胜奖8名，其中绵阳市入围5个项目，分获一等奖1个、二等奖1个、优胜奖3个，在各个参赛省（区、市）中领先。大赛旨在深入推动产能融合国家战略实施，发挥高技术资源优势，释放创新能量和创新活力，促进两用技术与区域创新和经济融合发展，营造良好的融合发展"双创"生态环境。大赛实行"政府引导+市场参与+资本众扶"的新型办赛模式，即引导、集聚政府和市场资源支持创新创业事业，激发、鼓励资本和基金扶持创新创业平台，配套运用培训辅导、融资路演、银行授信等方式，为参赛项目提供多元化服务，挖掘和培育高技术科研队伍的市场意识和商业意识，推广和转化更多有市场价值项目，打造西部特色产能融合众创圈。

【欧盟项目创新中心·科技城分中心项目推介会】 2017年3月7日下午，欧盟项目创新中心·科技城分中心项目推介会在创新中心1号楼召开。市政府副市长孙福全、科技城党工委委员、管委会专职副主任胡精参加会议，科创区党工委书记周钰、西科大、绵阳师院、西南财大天府学院有关领导等参加会议。推介会上，项目总裁代伊伶汇报欧盟项目创新中心运行情况以及2017年重大项目推进方案，并与各部门就具体项目的合作进行探讨交流。

【中国（绵阳）科技城动漫游戏嘉年华暨世界Cosplay峰会】 2017年4月29日，在创新中心二期举行。来自成都、绵阳、德阳、广元、内江等地的50余支队伍150余名Cosplay爱好者参与，吸引游戏商家及动漫迷等6000余人参会。峰会上，设有当地原创游戏体验区、VR体验区、动漫阅读区、动画播放区等，展出漫画、动画、音乐、歌曲、舞蹈、舞台剧等多种Cosplay造型艺术形式。绵阳本地参赛队伍达42支，并夺得世界Cosplay峰会绵阳赛区双人赛第二名，WCS宅舞赛中前三名，WKG宅歌曲大赛古风组前三名。

【中国（绵阳）科技城科创区首届微电影艺术节】 2017年11月24日下午，“中国（绵阳）科技城科创区首届微电影艺术节”在绵阳科技城科教创业园区创新中心举行。电影艺术节参赛作品以科创区宣传推广、科创区创业故事、创业人物等相关题材作为原型加工创作，着重讲述园区企业积极发展，群众安居乐业的美好生活，展示科创区现阶段的文化产业建设成果及精神风貌。共评选出一等奖1名、二等奖2名、三等奖3名、优秀奖10名。

【“青创+”筑梦千里巡】 2017年6月28日，四川省大学生创新创业活动中心、绵阳市就业服务管理局主办，绵阳市创业促进会、中国科技城创客俱乐部承办的“青创+”筑梦千里巡之绵阳行2017创业项目巡诊活动在绵阳市举行。省市两级10名创业导师组成5个创业项目巡诊小组，采取“实地巡诊+分类门诊”相结合的方式，对涪城、梓潼、江油、科创等8个县市区的20个项目进行现场巡诊，累计行程476千米，巡诊时间45小时。

【大学生创新创业园区（孵化基地）建设交流与创业项目对接活动】 2017年9月7—8日，科博会人才交流与成果展示项目——大学生创新创业园区（孵化基地）建设交流与创业项目对接活动在绵阳举办。活动以“创新孵化，创业引领”为主题，旨在搭建全省大学生创新创业园区（孵化基地）之间经验交流、资源对接与协作平台，探讨与交流对大学生创新创业园区（孵化基地）未来发展和创业孵化新模式。活动分为实地考察全国创业孵化示范基地和省级、市级大学生创新创业园区（孵化基地）、“大学生创新创业园区（孵化基地）未来发展与创业孵化新模式”论坛、创业项目路演与对接活动、大学生创新创业园区（孵化基地）建设研讨活动四个部分。共有6个项目与7家创投机构达成投资意向，获得风险投资3800万元。

【绵阳市第二届在校大学生创业计划书大赛】 2017年3月17日，绵阳市人力资源和社会保障局主办、西南财经大学天府学院协办的绵阳市第二届在校大学生创业计划书大赛决赛在西南财经大学天府学院举行。大赛共有76个项目报名，经项目初审、复赛，15个项目进入决赛。经项目成果展示、评委询问环节后，最终评出一等奖1个、二等奖2个、三等奖3个、优胜奖9个，获奖项目得到1000元至3000元的创业奖金。

【四川九洲电器集团有限责任公司技术中心】 2016年，四川九洲电器集团（以下简称九洲集团）加大科研投入，推进创新平台能力建设，聚焦电子和智慧城市两大主营业务，确定电子“技术领先，体系化发展”、民品产业“科技引领，协同化发展”的总体战略，力求通过科技创新推动公司转型升级，全年累计承担重点科研项目360余项，开发新产品260余项。实现新产品销售收入近100亿元，突破一系列关键核心技术、培育一系列技术领先的重大项目、开发一系列市场前景良好的产品。九洲集团第二次获得中共中央、国务院、中央军委联合颁发的“某工程重大贡献奖”，九洲是唯一获此殊荣的地方企业。九洲承研的“XX空域监视与控制系统”项目获国家科技进步奖二等奖，连续3次获得“全国军工能力建设先进单位”。

【西南联合产权交易所绵阳分所】 2016年9月13日，西南联合产权交易所绵阳分所开业运行。该所由西南联合产权交易所与绵投集团合作共建，是绵阳市国有企事业单位资产进行公开处置的交易平台，也是绵阳市促进各类资源配置和产权流转的综合性服务平台。西南联合产权交易所为省属国有控股公司，是四川省、西藏自治区国资委授权的唯一一家从事川藏两省（自治区）国有产权转让业务的交易机构。

第四届科博会科技成果和专利技术发布与交易专场

【第四届科博会科技成果和专利技术发布与交易专场】 2016年9月22日，第四届中国（绵阳）科技城国际科技博览会科技成果和专利技术与交易专场在绵阳市创新中心举行。第四届中国（绵阳）科博会成果部现场调研挖掘企业技术或成果需求200家，明确企业真实有效的科技成果（技术）需求50项，挖掘军工系统研究院所、中科院部分研究所、川内重点高校各100项，共计300项。会上，以项目汇编册的方式发布200余项最新两用科技成果、100项融合发展企业的技术创新（科技成果）需求。

参会的400余家科技型企业和与会的科研机构进行精准对接。

专业技术人才队伍建设

【概况】 2017年，科创区不断加强优化专业技术人才队伍，造就高技能人才队伍，截至年底，全区共有区级技能大师工作室2个（林丽娜、闵铎），省级技能大师工作室1个（兰明路），技工院校1所。2017年，全区共培养高级工100人，其中依托3家技能大师工作室培训高级技师和高级工共计24人。全区青年劳动者就业技能培训304人，开展商务专项职业能力培训304人，参加职业技能鉴定355人，304人鉴定合格获得职业资格证书。

【兰明路省级技能大师工作室】 2017年9月，省职业培训指导中心、省经信委、绵阳市人社局等部门牵头，根据《四川省人力资源和社会保障厅关于组织开展第四批省级技能大师工作室申报项目实地考察工作的通知》，国家级、省级技能大师工作室领办人及行业内专家组成的评审小组对科创区兰明路技能大师工作室进行省级技能大师工作室验收。12月，认定兰明路技能大师工作室（中式烹调）技能大师工作室为“省级技能大师工作室”。

兰明路，四川绵阳人，祖籍遂宁射洪。川菜泰斗、著名中国烹饪大师史正良嫡传弟子。2012年，创办“兰亭十三厨餐饮管理有限公司”，在业内享有“川菜厨王”的美誉。

【林丽娜区级技能大师工作室】 林丽娜区级技能大师工作室成立于2015年6月，工作地点位于四川九洲空管科技有限责任公司内，工作室成员团队由林丽娜、王晓彬、丁紫阳、李盛钰、汪富铨、王秀梅、周晓娟、王锐、张鹏等9人组成，其中高级技师3人，技师3人，工程师1人，助理工程师2人。工作室领衔人林丽娜作为空管公司整机调试领域的技术带头人，针对空管雷达产品调试标准难统一的特点，她带领调试团队累计完成产品调试35品种2400台（套），完成外场服务及综保所需维修备件的维修、复查1829项次共计2153件，累计实现生产总值7亿元。

工作室有办公场地100平方米，拥有一流的设备设施，建有装配及调试生产线7条，各类高精密加工检测设备55余台（套），仪器仪表602台（套）。

工作室的主要功能是发挥高技能领军人才在带徒传技等方面的积极作用，

以适应公司产业结构优化升级对高技能人才的需求。培养方式主要通过“传、帮、带”等方式与在岗培训、脱产培训、业务研修、技能竞赛相结合，广泛开展在岗员工技能提升培训和高技能人才培训，提升公司技术工人技能水平，为社会培养急需的青年技术骨干，目标是建设成为公司高技能人才培训培养“加工中心”，生产技术难题攻关和技能创新“孵化中心”。

林丽娜，女，1976年5月生，大专学历，现任四川九洲空管科技有限责任公司整机调试高级技师，公司生产一线骨干杰出代表,无线电调试领域技能带头人。十余年来，她以精湛的技术和拼搏奉献的精神，攻克13项技术难题，完成5项技术革新，为企业经济发展和国防事业做出重要贡献,先后获得九洲集团“生产能手”“质量标兵”“学习之星”“百亿突出贡献奖”等称号。

【闵铎区级技能大师工作室】 2017年7月，科创区根据《科创区技能大师工作室建设项目实施管理办法（试行）》（绵科创区委办发〔2016〕34号）文件精神，组织开展2017年技能大师工作室建设项目推荐申报工作。经园区审核推荐，市人社局、市职鉴中心领导和市内有关专家评审和公示，认定闵铎（加工中心操作工）技能大师工作室为区级技能大师工作室。

【职业技能大赛】 2017年11月14—17日，在第十九届FHC中国国际烹饪艺术大赛上，兰明路技能大师工作室成员任景平一行4人获得团体赛第三名。11月16日，科创区九洲技师学院闵铎技能大师工作室成员郑章辉在首届“四川工匠杯”职业技能大赛上斩获工具钳工项目冠军。

【创业大赛】 2017年7月31日，省人社厅、财政厅、教育厅、团省委共同主办，省就业局、省大学生创新创业活动中心承办的四川省第一届“天府杯”创业大赛在成都启动，大赛设大学生创业组、返乡下乡创业组和创业创富组。8月29日，科创区组织区内项目参加四川省首届“天府杯”创业大赛市（州）初赛，6个项目入围市级比赛。其中四川奇石缘科技股份有限公司、绵阳行无疆科技有限公司、绵阳赛恩新能源科技有限公司3个项目代表绵阳参加省级比赛。最终，绵阳塞恩新能源科技有限公司“智能高效直驱抽油机与军用超低干扰永磁电机”项目晋级省级总决赛并荣获三等奖和3万元创业奖金。 （张　辉）

科技城创新中心

【概况】 绵阳是党中央、国务院批准建设的中国唯一科技城。建设科技城创新中心，是绵阳市委、市政府推进科技城建设的重要举措，是贯彻省委三大发展战略、实施创新驱动的重要抓手。绵阳科技城创新中心位于绵阳科技城科教创业园区内，处于绵阳科技城集中发展核心区，连接辐射科技城行政中心、教育中心、软件产业园等功能区。项目占地面积约17.66万平方米，总建筑面积约38.61万平方米，总投资约20亿元，是集科技创新、企业孵化、技术交易、成果转化等功能为一体的开放共享的创新平台。1号楼以天府（四川）联合股权交易中心绵阳分中心为主体构建资本市场，汇聚规模20亿元的融合成果转化基金，及130余家金融配套服务机构，形成科技与金融的有效对接。2号楼是国家级科技企业孵化器，为企业提供“拎包入驻”的办公环境，开展“一对一”的创业帮扶，营造良好的创新创业生态。3号楼是大学创新园，汇聚知名高校创新资源，建成高校产学研基地，实现高校成果的有效转化。4号楼以国家两用技术交易中心为主体构建技术市场。建设技术库、项目库、企业库等七大数据库，实现线上24小时信息对接，线上线下交易，构建全国开放的两用技术交易平台。5号楼是国际企业孵化器，深入开展与欧盟各国的项目合作，为区域间、国际交流合作发挥重要的纽带作用。6号楼依托中国国际人才市场科技城分市场的建立，建设集人才招聘、人事代理、人才测评、培训服务等功能一体的人才交易集散基地。7号楼是云计算大数据中心，实现云计算、大数据产业聚集，逐步向产业链价值链高端延伸，帮助企业从低成本战略向创新驱动转型，带动新兴产业培育和传统产业升级改造。8、9号楼是四川省电子商务示范基地，入驻电商企业80余家，年交易额超200亿元。行业间相互交流融合，构建起集“政府—信息平台—第三方服务—金融服务—快递物流—人才培训”为一体的产业链条，形成完整的电商生态圈。

【天府（四川）联合股权交易中心绵阳分中心】 为建设和完善多层次资本市场，充分发挥资本市场在资源分配中的基础作用，促进绵阳科技城建设和四川省融合产业发展，经省金融工作局批准，绵阳市人民政府和天府（四川）联合股权交易中心股份有限公司联合启动天府（四川）联合股权交易中心绵阳分中心建设。2017年6月12日，天府股交中心特色板块开板仪式暨挂牌企业融资对接推进大会在成都召开。会上，对天府（四川）联合股权交易中心绵阳分中心进行授牌。天府（四川）联合股权交易中心绵阳分中心是天府（四川）联合股权交易中心的分支机构，属区域性股权市场，突出融合发展特色，是为全省国有大型企业特设的提供私募证券融资、证券转让、股权质押融资和其他融资业务服务的平台。分中心由天府（四川）联合股权交易中心股份有限公司负责具体业务指导，绵阳市大力支持分中心建设，为分中心提供物理场地并修订完善财政奖补政策。天府（四川）联合股权交易中心绵阳分中心功能定位主要为：融合性中小微企业的形象展示平台；融合性中小微企业的融资中心；融合性中小微企业培育和规范的园地；地方人民政府扶持融合性中小微企业政策措施的综合运用平台。

知识链接：区域性股权市场是为特定区域的企业提供股权、债券的转让和融资服务的私募市场。根据《国务院办公厅关于规范发展区域性股权市场的通知》（国办发〔2017〕11号）、《区域性股权市场监督管理试行办法》（中国证监会第132号）等政策文件精神，区域性股权市场是服务中小微企业的私募股权市场，是多层次资本市场体系的重要组成部分，是地方人民政府扶持中小微企业政策措施的综合运用平台。

【国家两用技术交易中心】 国家两用技术交易中心（以下简称交易中心）由科技部授牌，是全国唯一的两用技术交易平台，2016年5月26日揭牌运营，由绵阳科技城工创科技有限公司负责运营管理。交易中心以成果遴选、评估、评价、再研发、交易担保等服务为手段，以推进科技成果、科技资源进行交易和转移转化为目标，构建1个线上平台、7大核心数据库、7大融合服务平台，主要面向全国科研院所、科技型企业等开展技术供需对接、科技评估、两用技术展示交易、创新创业、科技政务等服务。线上平台涵盖两用技术信息对接、公示、评估评价、在线交易服务等功能，集成科技成果库、企业库、创新需求库、专家库、评估评价师库、技术经纪人库、大型仪器设备库7大核心数据库；线下平台总面积8700平方米，建设融合性综合服务、金融服务、知识产权服务、成果展示与交易、国际合作、创业服务等融合服务平台。2017年，交易中心入选工信部“首批融合科技服务机构”，并建立河北分中心。

【云计算大数据中心】 2017年5月3日，绵阳北青数据技术有限公司、绵阳科技城大数据技术有限公司、绵阳科技城科技服务有限公司、九洲集团4家公司共同发起成立云计算大数据中心，并由中国（绵阳）科技城大数据产业研究院具体承载。云计算大数据中心是以实现云计算、大数据产业聚集，逐步向产业链价值链高端延伸，帮助企业从低成本战略向创新驱动转型，带动新兴产业培育和传统产业升级改造的中心。中国（绵阳）科技城大数据产业研究院（以下简称研究院）引入海外大数据领域国际领军人才构建骨干技术团队，汇聚国内数据、信息行业顶尖技术人才，通过国际化协同，借助全球智慧，形成立足绵阳辐射全国的大数据应用研究机构。旨在通过对大数据领域的理论技术和产业应用的深入研究，为企业、政府、行业及个人提供信息化、数字化、智能化的大数据应用服务。同时，研究院也承担绵阳与贵阳市大数据“两阳”合作协议中，大数据战略实验室绵阳研究基地及国际大数据人才库建设的重任。研究院业务范围定位为认知计算技术和大数据工程应用的研究和推广，涵盖电子信息、汽车、新材料、节能环保、高端装备制造、生物等六大新兴产业与食品、化工两大传统产业。

【四川省电子商务示范基地】 2014年3月，被四川省商务厅认定为“四川省电子商务示范基地”，面积近5万平方米，2017年完成电子商务交易额446亿元，网络零售额8.34亿元，新增电商企业30家，园区电商企业累计达250余家。以“互联网+”产业体系建设为导向，加速电子商务资源要素集聚，打造“一区一地一中心”，形成创新创业、开放合作、配套完善的“互联网+”新经济生态圈，努力构建以电子商务创新创业为特色的电子商务示范要素，着力打造西部电子商务创新发展重要阵地，充分发挥互联网联盟、科创区电子商务协会等行业协会作用，引进如长虹佳华、九洲科瑞、合肥美菱、阿里巴巴跨境电商LBS服务中心等有一定规模、发展潜力大、带动效应强的电商企业，培养电商产业发展的“高级梯队”。通过行业间的相互交流融合，在园区初步形成“以高带低、高低互动”的电商企业发展氛围，逐步构建起集“政府—信息平台—第三方服务—金融服务—快递物流—人才培训”为一体的产业链条，形成完整的电商生态圈。

【跨境电商（绵阳）产业研究推进中心】 跨境电商（绵阳）产业研究推进中心（以下简称中心）由绵阳市科创区管委会与清华大学国家服务外包人力资源研究院共同创建，2017年3月正式启动运营，旨在推动绵阳地区跨境电子商务产业发展，培养并提升跨境电商企业生存、赢利、创新和可持续发展能力，带动生产型企业和外贸企业向跨境电商转型升级。中心通过构建成熟的跨境电子商务产业发展环境，引入和孵化绵阳本地和周边地区的外贸企业及生产型企业。为入驻企业提供诊断咨询、产品国际市场定位分析、跨境电商技术、人才培养、人才输送、网络推广、营销策划、外贸洽谈、清关结算、软件支持、物流配送等全方位指导、咨询或实施服务。中心按照“政府委托、市场运作”的模式，在提升企业跨境电商能力的基础上，结合绵阳地区的实际情况，本着错位发展原则，因地制宜确定产业发展总体策略，并与绵阳跨境贸易产业发展紧密结合，注重产业衍生效应，助力区域经济发展，打造良性的可持续发展的跨境电子商务生态圈。

【众智科学产业（绵阳）创新中心】 由科创区、电子商务交易技术国家工程实验室、北京中清研信息技术研究院三方共建。2017年1月4日在科创区成立。该中心由清华大学电子商务交易技术国家工程实验室绵阳研究院、绵阳互联网+应用技术学院、绵阳众智科学网络化产业运营公司三大部分组成。该中心为本地政府提供电子商务和“互联网+”产业方面的智力服务并为本地企业开展相关培训。该中心入驻以来，为绵阳引进电商产业高端人才，加强电商数据智库建设，助推本地企业开拓市场，在电子商务交易、大数据等领域起到带头示范作用，为打造国家级电子商务示范基地提供强有力的支撑。

创新中心1号楼

【创新中心孵化成果展示厅】 创新中心孵化成果展示厅（以下简称展厅）位于创新中心2号楼1楼，建筑面积2690平方米，展出面积2100平方米，2016年7月建成。展厅展示创新中心的孵化模式、合作方式，在孵企业的科技成果、专利、产品等内容，共分为创新中心整体规划、国企创新、高校创新、大数据及信息安全、上市及拟上市企业、科技型中小企业等7个展区，展出在孵企业56家，产品280余件，展出方式包括视频播放、沙盘展示、图文展示、产品陈列、互动体验等。展厅配备专业讲解员4名，接待各级党政机关、企业客商、社会团体等入内参观，同时对民众开放。2017年，展厅接待参观团队600余个，22573人次。其中包括中央财办副主任蒲淳、工信部副部长刘利华、工信部科技司司长陈因、国防科工局科技质量司副司长赵永强、科技部遥感中心主任王琦安等参观，赞比亚、德国、意大利、日本等国家代表团考察访问等重大接待100余次。

【国家级科技企业孵化器】 绵阳科技城科教创业园区创业服务中心成立于2001年5月，2012年12月被省科技厅授予四川省科技企业孵化器，2013年12月被科技部火炬中心认定为国家级科技企业孵化器。使用面积约2万平方米。该孵化器是以科技型小微企业为服务对象，为企业提供“拎包入驻”的办公环境、共享会议室、创业咖啡、定制公交等完善的硬件配套设施。2017年，国家级科技企业孵化器入驻科技型中小企业共计61家，产值约5亿元，税收约1000万元。聚集以四川帝威能源科技有限公司、四川尚宏科技有限公司为代表的节能环保型企业，以四川西部动力机器人科技有限公司、四川飞天联合系统技术有限公司为代表的电子信息型企业，以绵阳泰尚电子有限公司为代表的软件开发类企业、以绵阳芯联芯网络科技有限公司、四川博瑞星云信息技术有限公司为代表的大数据、云计算开发企业。

【灵创孵化器】　孵化器于2013年10月建成投入使用，是绵阳科技城科教创业科创区创业服务中心的企业孵化载体之一。位于九洲大道中段268号，使用面积约1.5万平方米。灵创孵化器以科技型小微企业为服务对象，通过提供创业培训，场地和共享设施及政策、金融、人才等方面的服务，降低创业者的创业风险和创业成本，提高创业成功率，加快科技成果转化，培育科技型企业和企业家。2017年，入驻孵化企业60家，注册资本金超过5500万元，入孵企业员工人数250余人，年税收收入超过500万元。主要以电子信息、节能环保、互联网运用为重点发展产业。聚集以华讯益通、天健科技、锋行科技等为代表的电子信息研发企业，以汇邦环保、龙鼎环保等为代表的节能环保中小型企业，以武道数码、齐齐乐网络等为代表的网游、手机APP开发企业。

【企业加速器】　企业加速器成立于2014年12月，是科创区着力打造的“苗圃+孵化器+加速器+产业集群”科技孵化模式中重要的一环，可助力企业跨越式成长。主要针对注册在科创区的、年产值达500万元~2000万元，所属领域为电子信息、节能环保、先进制造等领域的优秀企业。企业加速器包括加速器A区（西区标准厂房，面积2万平方米，2014年10月成立），加速器B区（康超标准厂房，面积3万平方米，2015年8月成立），总面积达5万平方米。2017年，入驻35家成长型企业，其中有以四川恒力泰科技有限公司为代表的电子信息企业，以四川汇邦环保科技有限公司为代表的节能环保企业，以绵阳市奥斯廷科技有限公司为代表的先进制造企业等。2017年，加速器内企业实现总产值2.7亿元，税收超500万元。

【中国工程物理研究院技术转移中心（中物院孵化器）】　中物院孵化器成立于2012年7月，孵化面积1.5万平方米，性质为企业化运行的综合性孵化器。2017年，入孵企业35家，集中于节能环保等领域。该孵化器是西部唯一以国防科技的专业孵化器。由中物院技术转移中心负责孵化器的运作及管理。孵化器以中物院综合资源为支撑，探索以成绵为大本营、宁波为重心、威海为重点的发展线路，初步建成宁波中物科技园、威海中物科技广场等异地技术转移平台。

【四川大型科学仪器共享平台】　2017年1月，四川省科技厅和绵阳市人民政府联合共建全国首个以融合发展为特色的“四川大型科学仪器共享平台”。平台按照“协同发展、共建共享、市场运营、价值服务”的总体定位，由绵阳市科知局遴选市场化运营公司——四川中科融创科技有限公司作为平台建设投入的企业主体和市场化运营单位。平台基于“互联网+”思维，线上和线下相结合，以需求为导向，以共享为核心，推动大型仪器资源开放共享，引导优势民营经济服务装备制造，实现互联互动、共享共赢，促进跨行业、跨区域的协同创新，搭建涵盖仪器共享、仪器金融、仪器研发、仪器首发、报告溯源、认证培训等服务为一体的一站式平台。平台办公地址位于创新中心1号楼2楼，办公面积500平方米，2017年1月12日举行揭牌仪式。平台整合以中国工程物理研究院为代表的30余家院所、以中国电子科技集团为代表的50余家融合发展企业、以重大科研基础设施和大型科研仪器国家网络管理平台、四川省分析测试服务中心为代表的20余家服务平台的物质和人才资源，聚集总价值超40亿元、15大类的特色仪器4968台（套），以胡仁宇、胡思得、彭先觉3位院士为代表的各类仪器服务专家215人，拥有1万多项指标的检测能力。至2017年12月，平台在遂宁市建立首个异地工作站，平台异地服务网络建设正式开启。（蒋 莉 李 霞）

国家两用技术交易中心

【概况】 2010年，科技部授予绵阳科技城建设国家两用技术交易中心（以下简称交易中心）。2015年年底，在科技部、省科技厅等相关部门的支持下，绵阳市全面启动交易中心建设。2016年5月26日，交易中心在绵阳科技城创新中心二期4号楼揭牌运营，被评为“2016四川十大改革转型发展案例”，并入选工信部首批“融合发展科技服务机构推荐名录”。

交易中心通过整合科技资源，构建互动转化平台，完善交易服务功能，促进技术转移转化，实现企业深度融合。是以政府主导、社会参与、市场化运营的方式，构建线上线下相结合，形成技术评估、拍卖、交易、服务等为一体的专业化交易平台。

交易中心构建线上“优科服”信息平台，围绕技术信息在线对接、在线交易、大数据分析服务等，开展成果分类、成果定向推广工作；围绕技术转移转化业务流程，构建科技成果库、企业库、专家库、评估评价师、技术经纪人、创新需求库、大型仪器设备库等七大核心数据库和企业融合综合服务、知识产权服务、金融服务、两用技术交易服务、国际合作服务、融合创业服务等七大融合服务平台。

2017年3月，入选工信部“首批融合发展科技服务机构”。交易中心通过整合大型国有企业科研院所科技资源，构建互动转化平台，完善交易服务功能，促进技术转移转化，实现企业深度融合。是以政府主导、社会参与、市场化运营的方式，构建线上线下相结合，集技术评估、拍卖、交易、服务等为一体的专业化交易平台。2017年，交易中心组织完成中国（绵阳）科技城科技成果发布与金融对接会；联合河北省政府举办河北省两用技术科技成果发布对接会；组织企业参展第五届科博会；参加由自贡市人民政府主办的融合发展大会。建立国家两用技术交易中心河北省分中心，并在服务体系、成果共享、资源对接等方面取得明显成效。加强技术交易体系建设，面向市场重点提供技术交易、需求对接服务业务，先后为500余家企业提供技术需求对接，为300家企业提供培训服务，实现技术合同交易额8.8亿元，提供10家10证服务。聚集科技资源，收录成果20152项、企业11122家、评估评价师400人、技术经纪人111人、专家407位、设备仪器2376个、创新需求553项。打造交易中心品牌，参加第五届科博会、中国（绵阳）科技城科技成果发布与金融对接会、自贡市企业融合发展大会，宣传交易中心运行模式，集中展示交易中心的优质技术成果。

【技术交易服务】 2016年，交易中心按高精尖进行集中，科技城、国内、国际进行布局，对高新两用先进技术进行展示，征集涵盖航空航天、新材料新能源、电子信息等领域的展品370余件，为200余家企业提供技术需求对接服务，累计实现交易30项。

2017年，交易中心在技术交易服务方面，主要工作为：讨论制定交易规则、科技成果挂牌交易流程、科技成果交易公示流程、需求对接流程、评估评价流程等，聚焦业务，面向市场重点提供技术交易、需求对接、评估评价等服务。2017年，交易中心对高新两用先进技术进行展示，累计征集展品487套；组织专家亲临企业一线，开展技术需求挖掘活动，编制《科技成果汇编册》，为500余家企业提供需求对接服务，挖掘技术需求553项，并在中国（绵阳）科技城国际科技博览会科技成果和专利技术发布与交易专场进行需求发布，参加省科技厅组织的“四川省重大科技成果发布对接会”并集中进行需求发布。签订7家10项

国家两用技术交易中心展厅

创新中心2号楼

认证服务合同，其中5家企业获得特种装备质量管理体系认证证书。

【"优科服"线上平台服务】 2017年，交易中心服务融合"互联网+"理念，建设线上平台"优科服"，以七大数据库为基础，提供两用技术信息、资源、交易、金融、管理等服务。截至年底，交易中心收录各类成果10104项，相关企业8093家，征集企业技术创新需求164项，整合开放各类仪器资源超过1050套，吸纳评估评价师及各类专家超过700余人。

【创新创业服务】 2016年，交易中心建成省内首个融合创客空间，吸引入驻创客团队25个，签约服务于创客的专业服务机构11家，创业导师32人，成功帮助6个项目团队组建企业。

2017年，交易中心新引进项目团队15个，创客空间入驻团队总数达42个；新引入创业导师11人，创业导师及专家总人数达43人。组织创客沙龙、创业讲堂活动8场、专家辅导22次。实现6个项目团队组建企业，帮助3家企业申请成为绵阳市融合发展企业，3个项目团队实现融资750万元，协助入驻项目团队完成工商、税务、财务、法务等方面的创新创业服务。

【科技政务服务】 2017年，交易中心综合服务提供融合政策咨询、科技项目申报、科技成果鉴定、技术合同登记、其他科技服务咨询等服务，全年提供各类政策咨询3000余人次、科技项目申报服务450余项、科技成果鉴定21项。

【科技金融和知识产权服务】 2017年，交易中心引进工行绵阳分行、华西证券等24家科技金融服务机构和四川九鼎、四川超凡等20家知识产权服务机构。建成集金融信息查询与服务、融资推介、融资路演、投融资项目发布、对接交易、培训等多功能于一体的金融服务大厅。同时依托平台聚集一批专利服务机构，开展专利政务服务、专利信息服务、国防专利解密、专利运营。

【对外合作】 2017年，交易中心为推动两用技术资源共享共用，交易中心探索在全国开展分中心、工作站、业务点三个层次分支机构建设工作。2017年，交易中心与河北石家庄、山东青岛开展业务对接，与河北省石家庄市签署合作协议，建立国家两用技术交易中心河北分中心，走访对接北京市、河北省相关机构、企业30余家，召开座谈会近30次，掌握转型需求、融资需求10余项；与山东青岛达成战略合作协议。截至2017年年底，交易中心接待参观考察团队580余个，参观人员近万人次。

【数据库建设】 2017年，交易中心为实现信息渠道的畅通，推动科技成果及资源的高效互动，与国家科技成果网、中国兵器工业集团新技术推广研究中心、清华大学新能源研究院、西南石油大学等30余所高校或科研院所建立技术成果共享渠道。全年新增成果10048项、企业3031家、专家200人、技术经纪人125人、科技评估评价人员100人、仪器1326台、需求389个。 （严　俊）

中科创新育成中心

【概况】 绵阳科技城中科创新育成中心（以下简称中科育成中心）是中科院成都分院和绵阳市人民政府共同组建的民办非企业单位，实行理事会领导下的中心主任负责制，于2013年12月26日运行，位于科技城创新中心一期C区4楼。中心定位为：中科院系统与绵阳市开展区域科技创新和技术交流的桥梁、纽带；实施技术转移和成果转化的公共服务平台；推动区域产业结构升级、促进高新技术和战略性新兴产业发展的动力引擎。

【环保项目转移转化】 2016年，中科院直属中科实业集团与绵阳水务集团共建中科绵投环保循环经济产业园，完成投资4.5亿元，建筑主体基本完工。中科院兰州化学物理研究所和江油建诚化工公司签订技术专利转让合同，共建聚甲氧基二甲醚（DMMn）项目，完成场平、安评、能评、环评、基建和设备制造等工作。

2017年7月，中科院直属中科实业集团与绵阳水务集团共建中科绵投环保循环经济产业园正式点火投产，日处理垃圾1000吨，日产电量43万千瓦时，截至2017年底实现收入3076万元。中科院兰州化学物理研究所和江油建诚化工公司共建的江油鑫达聚甲氧基二甲醚项目完成4亿元投资；绵阳麦思威尔科技有限公司与中科院宁波材料技术与工程研究所共建的石墨烯水性涂料研发中心项目，预计可实现经济效益1000万元；四川豪特实业集团与中科院成都山地灾害与环境研究所共建的环保污水处理设施设备、黑臭水体与河道治理和清洁流域建设的技术研发和工艺改进项目，规划在平武豆叩实施。

【天津力神西南地区动力电池生产基地建设】 2016年，中科院微电子所、电工所、物联网中心等作为技术支撑，引进天津力神在绵阳建设西南地区动力电池生产基地，计划总投资20亿元。第一阶段年产1亿Ah电池PACK装配能力生产线建成投产，西南基地建设前期准备工作平衡推进。

2017年，天津力神西南动力电池生产基地项目第一阶段PACK生产线实现正式量产，并具备年产5亿瓦特小时圆形兼具方型动力电池系统的生产能力，建成1条小型电池组装测试生产线，满足项目对特种电池的需求。工业用地450亩获省上批复，第二阶段项目《可行性研究报告》编制工作完成。

【高效生态农业项目转移转化】 2016年，中科院研究所与绵阳市相关单位联合开展的免疫诱导农药减施增效病虫防控集成技术研究与示范项目、涪城麦冬种植技术研发与示范项目、现代生态农业示范基地项目、四川盐亭水土保持科技示范园区项目均顺利推进。

2017年，绵阳雄丰种业有限公司与中科院成都生物研究所合作小麦良种“川育26”推广项目，合同总价6万元，预计2018年销售该品种小麦1000吨；由平武县康昕生态食品集团有限公司与中科院成都生物研究所合作的聚谷氨酸（γ-PGA）高效有机肥制备技术研发与示范项目，完成场平；中科院成都生物研究所、成都山地灾害与环境研究所3个STS高效生态农业项

绵阳力神生产车间

目平稳推进。

【智慧城乡项目建设】 2016年，中科育成中心、中科院物联网研发中心与中国电信等单位共同推进的智慧城乡示范项目、智慧农村与智慧农业项目，在平武县多地建成试点，申报国家专利17项（通过16项），完成系统设计、可研专家评审、县—乡（镇）—村—社四级示范工程，面向全国推广“平武模式”，与全国近20多个地区达成合作意向。

2017年，中科育成中心基于大数据共建共享的智慧城乡项目获得专利17项，其中“基于共建共享城乡物联网的智慧社区解决方案”获得“2017年智慧家庭及社区优秀应用案例”称号；无锡中科富农物联科技有限公司、北京沃野神州科技有限公司、平武县人民政府共同推进的平武县智慧农旅项目，签约金额3300万元，预计于2018年3月完成系统的上线准备工作。

【科技企业孵化器建设】 2016年，中科育成中心发挥科技合作与服务功能，推进孵化器建设，被四川省经信委批准为省级中小企业公共服务示范平台（全市仅1家）。培育合作企业50余家，获得涪城区人才项目立项资助5万元。

2017年，中科育成中心发挥科技合作与服务功能，推进孵化器建设，在已有合作企业的基础之上，新增绵阳麦思威尔科技有限公司、绵阳市星宇电子技术有限公司等10余家合作企业。被四川省经信委批准为省级中小企业公共服务示范平台，完成申报四川省技术转移示范机构答辩工作。

【技术交流与创新平台】 2016年，中科育成中心承办中国科学院与绵阳市科技成果对接会，15个科技合作项目集中签约，签约总金额达24亿元。协助承办全国农资科技博览会暨第四届农民合作社与农资供应商、农产品采购商对接会，参与筹建绵阳市创新创业孵化发展联盟、绵阳市农业创新联盟及现代生态循环农业学会。

2017年，育成中心与中科院工程研究所共建成果转化平台，在科技成果转化、人才培养、技术支撑等方面建立长效合作机制；长虹电子、中科院互联网研究发展中心与绵阳科创园区共建智慧城市研究院，拟成立四川中科新型智慧城市技术服务有限公司，预计年度销售收入2000万元，主体税收纳税总额不低于100万元；协调中科院宁波材料技术与工程研究所与西南科技大学及相关企业合作，在绵建立公共技术服务平台及分析测试中心。

【院企专题对接】 2016年，中科育成中心组织中科院电工所、微电子所等六院所与在绵阳新能源车企及相关部门开展专题对接会和现场考察，并组织21场院企小组交流会。邀请中科院物联网中心代表团对平武进行“平武厚朴资源综合开发巡诊”考察，促进平武中药材资源综合开发利用。

2017年，中科育成中心组织相关企业拜访中科院微电子研究所、西安光学精密机械研究所、长春光学精密机械与物理研究所等数十家院所；先后联系中科院相关院所企业到绵与绵阳本地企业单位洽谈合作近30次。

【科技智库建设】 2016年，中科育成中心发挥绵阳科技智库优势，为科技城建设提供智力支持。开展联合办学。组织中科院系统资源，分别与西南科技大学、绵阳师范学院开展联合办学，协调中科院研究所选派专家到西南科技大学兼职学院院长，推动中国科学院大学对口支援绵阳师范学院，与绵阳部分优秀中学建立优质生源基地，着力为科技城培养更多研究型、实用性人才。与中科院有关单位联合开展《数据融合发展绵阳市大数据产业》《基于智慧路灯建设智慧平武物联网基础平台的可行性研究报告》等多个课题研究，对科技城发展战略性新兴产业、实现产业转型升级提供决策咨询。协助成都分院组织中科院专家对中国科技城科技博览会参展项目进行评审把关。2016年，中科院展团组织40余家单位参展，涉及机器人、智能制造、生物医药、节能环保和“互联网+”领域。

2017年，中心按照市级相关部门规划要求，完成办公场地的搬迁以及各功能区规划、分区，成果展示厅建设；整合中科院系统的人才资源，建立以院士牵头的绵阳科技城中科智库，通过院地重大产业化项目的实施和科技产业创新平台建设，汇聚中科院系统以及国内外知名院所、高校的专家、学者和科技创新人才，建设院地创新人才集聚区，建立50人专家库。

【生物科技】 2017年，四川利尔作物科学有限公司与中科院大连化学物理研究所合作微胶囊农药制剂工程化技术项目，预计可实现经济效益600万元；中科院成都生物研究所与四川宇康中药材科技开发有限公司合作的厚朴资源开发项目，与平武县蜜之源蜂业有限公司合作的中药材蜜源花粉对蜂蜜品质影响项目均顺利推进。

【高科技产业】 2017年，四川宝天智控系统有限公司与中科院沈阳自动化研究所合作无人机技术合作项目，预计可实现经济效益1000万元；绵阳市星宇电子技术有限公司与中科院声学研究所合作水下探测用高频声呐成像系统项目，共同开发高频单波束前视声呐系统和高频声波束侧扫声呐系统两款产品，计划一年内出产；网络变压器自动绕线工艺自动化设计项目签订合作协议，由育成中心引入荷兰先进的FMI工业自动化公司，帮助绵阳高新区经纬达科技有限公司解决生产制造过程中的技术难题；中科院微电子研究所与四川省豆萁科技股份有限公司合作高端闪型存储芯片设计研发及测试项目，完成投资超过2000万元。

（张永兴　何　璇）

科技城工业技术研究院

【概况】 2012年11月成立，中国（绵阳）科技城工业技术研究院，是绵阳市委、市政府为推进科技成果产品化、商品化和产业化而专门成立的事业单位，

科技城工业技术研究院

是中国科技城科技创新公共服务平台的重要组成部分，隶属于科技城管委会。工研院实行理事会领导下的院长负责制，以工研院发展专项资金为引导，以产业发展、项目孵化为核心，组建控股公司2家、行业协会1个、10余个企业的主导产业化推进平台。工研院以发展高新技术产业和战略性新兴产业为目标，承担公共技术、技术研发、成果转移交易、创新创业、投融资、成果发布与企业宣传等公益服务。先后打造出四川省两用技术再研发中心、国家两用技术交易中心、中国（绵阳）科技城融合发展高技术产业联盟、北斗开放实验室·中国（绵阳）科技城分实验室等创新孵化平台，北斗安全监控、微波暗室等实验室。省人社厅、市委组织部于该院分别建有“四川省专家服务基地”和“院士专家工作站”。

【国家两用技术交易中心建设】 2016年，工研院以集成科技创新公共服务、成果展示交易、知识产权、科技金融、国际合作、创新创业辅导等服务要素为抓手，按政府主导、社会参与、市场化运营的思路，完成交易流程设计、交易中心核心区域布局建设、展品征集、七大数据库设计与数据采集、运营团队组建等工作。中心先后征集涵盖航空航天、新材料新能源、电子信息等领域展品361件，收录整理入库成果9104项，收录入库企业6093家、专家500人、评估评价师400人、技术经纪人101人、设备仪器1050台（套），聚集金融服务机构24家、知识产权服务机构20家。两用技术交易服务能力基本形成。2017年3月，入选工信部“首批融合发展科技服务机构”。

【创新创业平台建设】 2016年，工研院在科技创新资源富集的中物院海天大厦建立集创新与创业于一体的创客空间，并与省级融合孵化器联动，构成成链的产业培育体系。创客空间全天候免费开放，既具有完备的公司化办公、创新展示、创意交流、创业培训等创业条件，也具备基础研发和创意实现等创新条件。创客空间拥有30位创业辅导导师、300多位专家支撑团队，集聚25个团队开展创新创业，并通过国家级创客空间备案。

与中国航天科工集团第三研究院第三一〇研究所共建的“融合发展成果转化基地（四川）”挂牌成立，基地的设立对推动绵阳全面创新改革试验工作的实践探索，加速推动科技城融合发展产业向纵深发展。中物院十二所与在孵企业四川优炫软件有限公司成功签约，共同推动融合发展成果转化。中科院微电子研究所、昆吾九鼎投资管理有限公司均落户园区。

2017年，研究院利用九洲、中物院等绵阳优势资源，引入更多的融合类企业落户并入驻创新中心。其中九洲集团新设立的九洲无人机防控已入驻孵化器；签约九泰科技，协助引进科学城内成型并已产业化的融合性企业已达到10余家。

截至年底，全区新认定“融合性企业”数量为15家，其中9家为在孵企业，占总数60%。

【企业孵化和产业发展】 2016年，工研院利用园区资源和孵化器服务资源，新孵化成立21家企业。利用成果发布平台帮助企业走向市场，全年组织14场成果发布，向社会推出产品成果32项。组织专家指导企业创新发展，全年辅导17家企业申报项目25项，其中有13项列入支持，其中工研院参与的嘉泰工业设计、杰邦工业设计获得省级中心授牌，推动企业申请专利28项。引导企业参加各类创新创业大赛，增强社会知晓度。推动优秀成果与社会资本对接，加速创新成果产业化，推动拥有生物质汽化与热电联产技术的绵阳通美能源科技与四川省能源投资集团有限责任公司合作。推进投资扶持企业发展，其中宇峰科技实现经营规模翻番，武道数码实现Q版挂牌。

推进孵化企业产业化发展，弥补企业资金缺口，完善孵化器投融资服务功能，探索“持股孵化”的创新模式，设立“科创区双创孵化投资基金”，对孵化器内成长性好的科技企业进行股权投资，首期基金规模为1000万元。制定《孵化投资基金使用管理办法》《项目投资流程》等，对投资项目进行考察审核及决策制定，实现风险管控。四川互慧软件有限公司、绵阳市星宇电子技术有限公司、四川奇石缘科技股份有限公司等15家已入库。已投资750万元，涉及7家在孵企业。

2017年，工研院有20余家风投机构、券商等，参与创新中心投资运营，累计资金1.2亿元。

针对年度纳税额较大的企业，专人对接，强化生产要素保障，协助企业市场开拓、技术升级等服务，尽量满足办公场地的需求，同时为有生产需求的企业提供标准厂房。绵阳宝威科技有限公司缴税额度从2016年14.7万元增长到2017年的120万元；四川博凯石化有限公司全年税收超过1100万元；四川汇邦环保科技公司全年纳税额预计为120万元，较2016年大幅增加；四川互慧软件有限公司全年纳税额预计为173万元。

通过评审专家对企业的产品、市场及发展前景进行评估，较好的对企业税收进行引导，绵阳东实石油公司入驻一个月缴税80余万元。

【再研发体系建设】 2016年，工研院利用政策资源，以市场需求为牵引，以社会投入为主体，先后与科技部战略研究院、同济大学、川汽等合作打造中国（绵阳）科技城智能制造工程技术研究中心、中国（绵阳）科技城电气安全工程中心等5个研发平台。组织走访涪城、游仙等地的500家企业，收集企业技术需求，为再研发的实施打下需求基础。2017年，工研院与新能源汽车产业联盟、西科大实施T70新能源汽车升级研究。参与公安部、省质量监督局组织行业标准制订工作，先后制订《甚低频电场探测技术要求》等两个行业标准。

【创新创业生态环境建设】 2016年，工研院响应“大众创业、万众创新”的号召，营造浓厚的创新创业氛围。针对在绵阳高校中有创新创业梦想的大学生，举办8次创新创业大讲堂培训活动，提供创新创业指导；针对社会创新创业需求，组织5场专业的培训交流活动；按市场化模式主办中国科技论坛与创新创业大会，吸引来自全国的领导、专家、学者、创客、企业家161人；承办全国（绵阳赛区）创新挑战赛活动，针对10家企业需求，征集到50余项需求解决方案。2017年，组织创新创业培训15场、专家辅导52次；培训人才500余人次；举办第三届科技城大学生毕业设计大赛。帮助菲纳理科技3个项目获得融资730万元，“生物质能纯氧气化成套装置”等3个项目获第六届创新创业大赛优胜奖。

产业发展

Industrial Development

概 述

【概况】 2006年1月，经国家发改委审核后，科创区被批准为“四川绵阳工业园区”，核准面积8.1平方千米。2011年，国务院批准《绵阳科技城“十二五”发展规划》（以下简称《发展规划》），《发展规划》中的“一城三区”发展战略确定以科创区（绵阳工业园）为主导，建设科教创新区；同年，市委又提出“做科技城创新驱动发展的领跑者”的要求，以及科技城集中发展区制定的“一核三区多园”发展规划，全区经济发展方式发生重大转变，主要发展创新创业、科技成果孵化转化。

“十二五”期间，全区经济转型发展取得较大进展，由发展大规模制造业向发展科技服务、电子商务等现代服务业转型，创新创业体系初步建成。“十三五”期间，根据市政府的统一规划，全区发展的主导产业是电子信息产业、高端装备制造产业，主攻方向是高端软件和新型信息技术服务、卫星应用，重点领域是信息安全、大数据、云计算、电子商务服务，以及北斗卫星导航芯片、终端、平台、软件系统等。全区经过十几年的发展，形成以电子信息、高端装备制造为主导的产业集群。

2017年，科创区1亿元以上企业5家（四川九洲光电科技有限公司、四川九州电子科技股份有限公司、四川迪佳通电子有限公司、绵阳美能材料科技有限公司、绵阳流能粉体设备有限公司），规模以上工业企业14家，规模以上工业企业总产值27.82亿元，同比增长9.57%；规模以上工业企业主营业务收入13.99亿元，同比增长7.1%；规模以上工业企业利润总额0.43亿元；技术改造投资3.26亿元，同比下降11.6%。全区电子信息类企业完成规模以上工业总产值22.1亿元，同比增长7.2%；高端装备制造类企业完成规模

2017 年科创区突出贡献企业一览表

表 1

序号	企业名称
1	华润置地（绵阳）有限公司
2	绵阳科技城产业投资基金（有限合伙）
3	九洲千城置业有限责任公司
4	四川长虹佳华信息产品有限责任公司
5	绵阳科技城发展投资（集团）有限公司
6	四川九洲电器集团有限责任公司
7	四川辰兴房地产发展有限公司
8	新希望六和股份有限公司
9	四川长虹网络科技有限责任公司
10	四川九洲空管科技有限责任公司

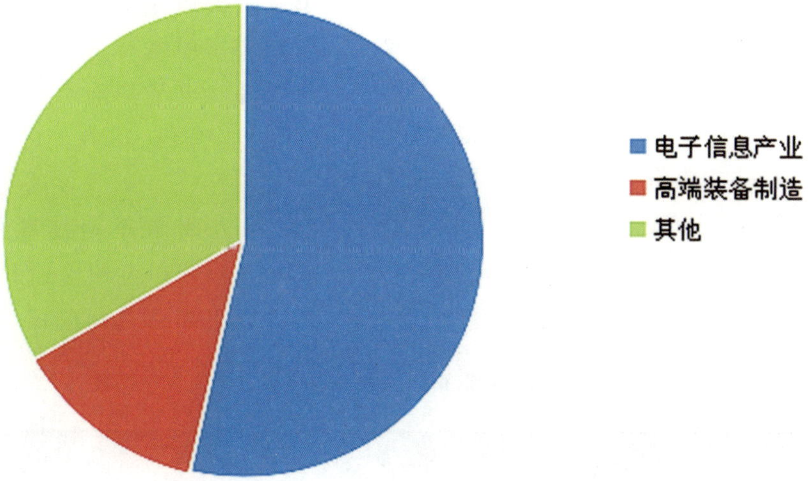

2017 年科创区规模以上企业产业结构图

以上工业总产值4.4亿元，同比增长14.2%；两大产业占全区工业总产值比例达到95.25%。

【企业培育】 2017年，科创区围绕“苗圃+孵化器+加速器+产业集群”培育链条为主线，制定相关政策，完善人才体系，筑牢发展根基。建成创业苗圃4个、孵化器10个，聚集科技型中小企业1400余家，在孵企业500余家。引进清华大学、北京交通大学等5个国家重点工程实验室和产学研基地，建立全国首个两用技术交易中心和中国国际人才市场科技城分市场，形成集科技创新、企业孵化、技术交易、成果转化和产业化等功能为一体的开放创新共享平台。园区政策支持优惠，对标北上广深和成都高新区，制定出台《关于激励企业成长的八项优惠政策》和《对外开放合作的十项优惠政策》，设有2000万元的创业发展基金和3000万元的产业扶持资金，从各方面多维度支持园区企业发展。

【工业和技改投资】 2017年，科创区完成工业投资3.26亿元，同比下降11.6%，完成技改投资7.6亿元，同比下降3.6%。全区在库工业项目17个，有12个项目属于电子信息产业，占比为70.59%；23个技改项目中，有12个项目属于电子信息产业，占比为52.17%。全年全区竣工的工业技改项目8个。其中3个项目属四川九州电子科技股份有限公司项目，竣工项目新增产值5.03亿元。

（汪震宇　郑雅心）

电子信息产业

【概况】 电子信息产业是绵阳科技城高新技术产业集聚发展的重点之一，也是全区战略定位的支柱产业。科创区立足城市新中心的核心定位，坚持“科教并举、产城相融，打造科技城中央创新产业园区”发展思路，将电子信息和高端装备制造作为园区发展主导产业。两大产业占全区工业总产值比例达95.25%。

2017年，科创区电子信息产业规模以上企业共计9家，实现工业总产值22.1亿元，同比增长7.17%；形成以四川九州电子科技股份有限公司、四川迪佳通电子有限公司等电子信息企业为主导，重点发展家用电器、电子产品、通信设备及器件、电子基础元器件、新型显示器件等产业集群。

【四川九州电子科技股份有限公司】 2000年，四川九州电子科技股份有限公司（以下简称九州公司）成立，由四川

2017年科创区电子信息产业规模以上企业一览表

表2

序号	企业名称
1	四川九州电子科技股份有限公司
2	四川迪佳通电子有限公司
3	绵阳立德电子股份有限公司
4	绵阳新亚科技有限公司
5	四川奇石缘科技股份有限公司
6	四川光发科技有限公司
7	绵阳市耐特电子实业有限责任公司

九洲电器集团有限公司控股，注册资本40965万元，是国内产销规模较大、技术水平先进的有线电视宽带网络和数字电视设备专业制造商和系统集成商，是科创园区内规模以上企业。公司的“九洲”商标是中国驰名商标。九州公司拥有31年广播电视和15年数字电视领域的技术积累和运营经验，CATV产品市场占有率自1986年以来一直居国内同行业首位，数字机顶盒市场占有率位居行业前三，连续6年被评为“中国机顶盒市场最具竞争力品牌”“中国机顶盒市场最具影响力品牌”。九州公司是国家“村村通”卫星直播试验平台（CBTV）、国家卫星远程教育平台（CETV）、CCTV互动电视传输平台定点设备供应商，中国广播电视工业协会有线电视分会理事长单位，“中国数字电视产业联盟”“中国数据广播联盟”和“AVS产业联盟”成员单位。公司拥有绵阳本部的四川省级企业技术中心和北京研发分中心，300余名专业技术开发人员，在数字技术、光通信技术、软件技术及信息处理等高新技术方面积累丰富的技术经验，是多项国家数字电视终端设备标准起草和制定者之一。在下一代广播电视网、IPTV（网络电视）、机顶盒、光网络、家庭多媒体中心、互联网业务等方面形成拳头产品，同时承担“家庭数字多媒体益智娱乐终端”“面向移动终端的多媒体通用平台软件”“交互式数字电视前端系统的研发及产业化”等多项国家智能家庭重大科技攻关和产业化项目。公司具有完整的贴片、插件、组装、测试、老化等全套工艺和大规模批量生产电子产品的生产能力，拥有各类精密加工及检测设备500余台（套），仪器仪表1500余台（套），可实现年产1000万台家庭数字终端设备、110万台（套）以数字电视前端系统设备为主的宽带网络系统设备。九州公司在全国设有50个分公司、300多个特约维修服务站，业务范围遍及全国各地及南亚、东南亚、中东地区。截至2017年12月31日，公司总资产180753.12万元，净资产为85858.59万元，负债94894.53万元，资产负债率为52.50%。2017年，实现销售收入103458.95万元，利润总额-6013.48万元，上缴税金3443.52万元。公司经营业绩突出，资信状况良好，是工商银行AA级信用企业。

【四川九洲光电科技股份有限公司】 四川九洲光电科技股份有限公司（以下简称九洲光电）是中国电子信息百强企业四川九洲电器集团的控股子公司，是科创园区内规模以上企业。注册资本1.74亿元，总资产8.45亿元，净资产2.11亿元。2014年8月，在全国中小企业股份转让系统挂牌。公司致力于高效节能LED产业的发展，为客户提供LED照明显示整体解决方案。主要产品包括市政景观亮化、LED户内与户外照明、LED显示及封装器件等。产品通过ISO 9001：2008国际质量体系认证和ISO1 4001环境体系等认证。并于2012年被纳入节能产品政府采购清单和广东省标杆体系，获得四川省名牌、中照照明奖、全球半导体照明示范工程100佳等多项殊荣，被评为2013年四川省地方名优产品推荐目录、2013世界照明灯饰行业年度领军品牌、LED行业最具创新性品牌、2015年中国LED照明灯饰行业100强、中国LED照明企业国际竞争力TOP10等多个社会荣誉。

公司有绵阳和深圳两大运营基地，下辖深圳九洲光电公司、四川九洲半导体照明工程公司、天津九洲光电公司、九洲格瑞普（香港）有限公司等4家全资子公司。公司拥有深圳5万平方米、四川1.2万平方米的超洁净、防静电厂房，建有全系列LED应用产品生产线，具备世界一流水平的全自动半导体产品生产设备，在两大基地建均有专业照明实验室和先进的实验仪器和光学、热学等仿真程序。公司是中国半导体照明工程研发和产业联盟理事单位、广东省半导体照明产业联合创新中心理事单位、中国半导体照明/LED产业与应用联盟常务理事单位、中国半导体照明技术标准工作组成员单位、中国照明电器协会团体会员单位、中国照明学会团体会员单位。

公司是国家级高新技术企业，建有省级企业技术中心，有专业研发人员100余人，承担4项“中国高技术研究发展计划”（国家“863”计划）课题、1项国家科技支撑计划项目，有核心专利共97项，其中发明专利17项。掌握LED行业产业链上多项核心关键技术，形成以半导体照明、显示应用等为核心的产品研发体系。

公司承担国家半导体照明产品规格接口课题，牵头组织射灯、筒灯产品的规格接口标准制定，参与平面灯、球泡灯产品规格接口标准制定。公司是全世界顶级的LED生产商组成的联盟协会——Zhaga的成员单位，参与相关技术项目的研究。此外，公司作为核心成员参与科技部“十城万盏”半导体照明应用工程成都和绵阳LED示范城建设，在部分地震灾区实施城镇LED照明工程等。

公司在海内外50余地区建立销售网点，产品远销欧洲、美洲、非洲及中东、东南亚地区。国内客户有成都双流机场、香港地铁、广汽本田、香港地铁、成都宽窄巷子、横店影视城等。截至2017年年底，公司资产总额79950.97万元，净资产21315.21万元。

【四川迪佳通电子有限公司】 四川迪佳通电子有限公司（以下简称迪佳通）是四川九洲电器集团有限责任公司下属子公司，是科创园区内规模以上企业。成立于2001年1月17日，注册资本300万美元，其中深圳市九洲电器有限公司出资225万美元，占75%的股权；香港九洲多媒体有限公司出资75万美元，占25%的股权。公司致力于卫星接收产品、移动通信产品、数字电视机顶盒研发与生产，是最早进行DVB等相关技术开发的厂家之一，是数字接收终端产品的主要制造商之一，处于行业领先地位。产品远销欧洲、北美、南美、非洲、东南亚、中东等70余个国家和地区。公司现有员工251人，研发技术人员196人。2017年，公司实现主营业收入41620万元，利润1006万元；工业总产值46008万元，出口创汇3979万元，上缴税金281.14元。公司通过ISO 9001：2008质量管理体系认证，具有年产1000万台数字机顶盒的生产能力，产品开箱合格率为99.65%，直通率达到99%。

【绵阳立德电子股份有限公司】 绵阳立德电子股份有限公司是一家集医用射频消融器械、医用高频设备连接对目标组织进行凝血切割的手术电极等医疗器械产品的研发、生产与销售企业，也是一家兼具软件产品、软件技术的双软企业。

公司组建由6位博导组成的顾问团，建成公司自己的技术研发中心，与第三军医大学西南医院、西安交大一院等多家院所建立紧密的学术交流和技术合作关系。公司产品包含两个大射频消融系统，其中首创自适应脉冲输出控制技术、能量适配器、主机设备电路拓扑结构在实现肿瘤病灶消融上取得较好效果。均已获得国家知识产权发明专利。公司生产出第一台国产消化疾病治疗用射频治疗仪、中国第一台国产肝肿瘤治疗用射频消融仪、国产首家外科手术切除凝血的射频凝血切割器。目前公司技术产品已取得十余项专利，2013年取得国家级创新基金，2015年公司成功挂牌上市。2017年，公司实现产值6340万元，税收678.5万元。

【四川光发科技有限公司】 四川光发科技有限公司成立于2011年，注册资本10100万元，是科创园区内规模以上企业。主要从事光电子产品、通信设备、网络产品及设备的生产、销售及相关技术服务，仪器仪表销售、网络工程设计、施工、维护等业务。2013年，被认定为科技型中小企业；2014年，获得“国家高新技术企业”认定证书；2016年，被认定为绵阳市融合发展企业。主要产品有光发射机、光接收机、光放大器、光电探测器、接收组件、激光器、光纤阵列、PLC光分路器、FBT光分路器、PDL光分路器、波分复用器、光纤活动连接器、光交接箱、终端盒、接续盒、ODF配线架、机柜、FA、VG等各种光通信产品，提供FTTx配线设备整体解决方案。公司产品受控于ISO 9001质量体系，产品获得国家广电总局入网许可等证书，并获得国家多项专利证书。产品广泛应用于广电、电力、三大电信营运商等领域。2017年，公司实现产值2837.6万元，税收280.7万元。

（覃　莉）

高端装备制造产业

【概况】 科创区是科技城高端装备制造产业基地之一，形成以绵阳美能材料科技有限公司、绵阳流能粉体设备有限公司为代表的高端装备制造龙头企业。2017年，全区高端装备制造类企业完成规模以上工业总产值4.4亿元，同比增长14.2%。

【绵阳美能材料科技有限公司】 公司由新加坡美能出资，2007年2月8日经绵阳市工商行政管理局批准设立，并领取营业执照，法定代表人为葛海霖。股东出资方式为货币出资。注册资产1500万美元。绵阳美能材料科技有限公司于2008年5月正式投产，厂区面积65554平方米，生产车间面积1.2万平方米，拥有500万平方米NIPS和300万平方米TIPS的聚偏氟乙烯（PVDF）中空纤维膜组件生产线，是绵阳市膜制造中心主要的生产基地。2017年实现产值33168万元，入库税收1291万元。

【绵阳流能粉体设备有限公司】 公司成立于2006年，注册资本6800万元。主要从事超细粉碎、分级技术与设备的开发与研制。公司成立流能技术研究所，基于空气动力学及气固两相流理论为基础，整合教授、研究员、博士为主体的研究队伍20余人，主要研究各种气流粉碎、气流分级、机械粉碎和除尘等超细加工技术及设备。研究所自成立以来共承担国家“863”计划项目、省科技厅重点攻关项目等国家级和省部级科研项目22项，获省科技进步奖7项，获国家专利16项，在国内外学术期刊上发表相关学术论文200余篇。2017年，公司实现产值1.1亿元，入库税收223万元。

【四川奇石缘科技股份有限公司】 2003年，四川奇石缘科技股份有限公司成立，注册资本1186.4万元，前身为绵阳市奇石缘科技有限公司，是科创园区内规模以上企业。主要从事石英式动态称重系统、土木工程健康监测系统及标准件制程监控系统成套设备（含软件）、应变和压电传感器、自动化测试系统的研发、生产与销售，是经认定的高新技术企业，于2015年9月新三板挂牌上市。公司拥有30余项国家专利，承担国家级项目4项，省级项目6项，先后通过ISO 9001质量体系认证、国家级高新技术企业认证、国家级“双软”企业认证。先后成为中国衡器协会理事单位、中国电子元件行业协会会员单位、中国物联网产业联盟副理事长单位等，荣获各级政府“四川省诚信守法示范企业”“AAA级信用企业”“先进企业”“优秀高新技术企业”“绵阳市科技型企业‘涌泉计划’”等荣誉20余项。2017年，公司实现产值6452万元，入库税收601.9万元。

【四川福润得数码科技有限责任公司】 2004年1月，四川福润得数码科技有限责任公司成立，注册资本2000万元，为中外合资企业，由九洲数码科技有限公司、天津德力电子仪器公司、香港汉海国际有限公司及自然人共同出资，采用股份制组建的高新技术企业。公司位于绵阳市科创园区九洲大道259号九洲工业软件园内。公司总资产5500万元、生产厂房面积3500平方米、员工120人。主要从事高频技术和高频器件的科研开发、生产经营、国际市场拓展及技术服务等业务。公司数字调谐器、RF调制器系列产品，是数字卫星接收机、有线电视机顶盒、卫星定位系统等信息传输终端产品的关键配套器件。产品出口欧洲、拉美和南亚地区。截至2017年9月，公司销售收入7900万元，利润200万元，上缴税金100万元。

【四川恒泰环境技术有限责任公司】 2000年11月，四川恒泰环境技术有限责任公司成立，由中国工程物理研究院、四川大学和四川省环境科学研究院等科研院所投资组建，注册资本4480.5万元。公司被评为高新技术环保企业、中国环境保护产业骨干企业、中国环保产业协会常务理事单位，公司是国家烟气脱硫工程技术研究中心、国家水污染防治和治理工程技术研究中心的依托单位。公司主要从事燃煤烟气脱硫、脱硝、除尘、工业废气治理、工业及生活废水处理的技术开发、工程设计、系统集成和工程总承包。公司拥有环境工程（废气、废水和固体废弃物）专项设计乙级证书及环保工程专业承包一级证书及安全生产许可证、质量、环境和职业健康三体系认证；拥有环境污染治理等级证书甲级资质和环境污染设施运营等级证书甲级资质。公司拥有自主开发的电子束氨法烟气脱硫脱硝技术、脉冲放电等离子体烟气脱硫脱硝技术、活性炭吸附法烟气脱硫技术、软锰矿法烟气脱硫技术、城市生活污水处理、垃圾填埋场渗滤液处理、高含盐废水处理、高浓度有机废水处理、VOC治理及焦化废水处理等技术。2017年，公司实现产值7000.1万元，入库税收122.89万元。

【绵阳市京果电子科技有限公司】 2012年，绵阳市京果电子科技有限公司成立，公司是西南地区领先的激光工艺及集成方案提供商。公司拥有激光微细加工及封装工艺中心，为用户提供针对玻璃、陶瓷、蓝宝石、硅、铜、不锈钢以及各种合金材料和薄膜材料提供精细钻孔、切割、刻蚀加工等微细加工以及气密封激光封装服务。与苏州德龙激光股份有限公司联合设立西南地区首家激光工艺应用研发及服务中心，与电子科大、西南交通大学以及西南科技大学建立产学研协同创新团队，并在省部共建的四川省非金属材料国家重点实验室设立联合研发中心。同时为提升产品工艺及质量等级，公司在鼎鑫集团所属田奥科技产业园建立封装及工艺中心。主要产品有薄膜电路、薄膜电阻器、薄膜衰减器、陶瓷支撑片及热层片以及阻容网络和无源集成器件。2017年，公司实现产值2550万元，入库税收13.2万元。

【绵阳宝威科技有限公司】 2015年7月，绵阳宝威科技有限公司成立，注册资本50万元，设立于四川省绵阳市科创区创新中心二期1号楼417号，有职工22人。是一家专业从事工业生产设备装配的公司，旨在为客户提供最专业的产品装配服务。2017年，公司实现产值2612万元，入库税收65万元。

【四川帝威能源技术有限公司】 2004年，四川帝威能源技术有限公司成立，注册资本2199万元，是科创园区内规模以上企业。专业从事新能源电动汽车智能电控系统、GZGW智能交流配电管理系统、GT特种电源、DW新能源汽车充电智能管理系统、节能电机系统和进口弧光保护设备及其软硬件配套产品的研发、生产、销售、安装和服务，是经认定的高新技术企业。公司承担并完成多项国家及省市科技课题，取得数十项国家专利及软件著作版权。公司与重庆大学电气工程学院产学研紧密结合，联合研制DW新能源汽车智能充电、控制管理系统和配电变压器中线电流治理补偿系统及其软硬件配套产品；与国家城市污水与资源化工程技术研究中心联合攻关，开发的节能环保领域（污水处理、生活垃圾焚烧发电与综合处理等）用电气自动化控制与工厂管理系统已在多个工程得到应用。公司以中物院、重庆大学、西南科技大学为依托，秉承专家引领，产学研一体理念，聚集科技精英。公司专家委员会有教授（研究员）10名，研发团队30余人，其中有博士3名、硕士6名。作为中国电源学会会员，公司通过GJB国军标体系、CCC、ISO质量体系认证，获得国家产品型号使用证书及国家继电器检测中心形式实验证书，公司产品通过中国工程物理研究院测试。2017年，公司实现产值3882.6万元，入库税收107.94万元。（覃　莉）

节能环保产业

【概况】　节能环保产业是园区主要支柱产业，以绵阳新亚科技有限公司、新加坡美能材料科技有限公司等为代表的规模以上节能环保产业企业。2017年，恒泰环境作为节能环保产业累计完成工业总产值7000万元，同比增长35.8%，占全区工业总产值2.52%。

【绵阳新亚科技有限公司】　2003年，绵阳新亚科技有限公司成立，注册资本300万元，是科创园区内规模以上企业。主要从事磁性材料、磁性测试仪器研发、生产，注塑产品、精密机械制造及模具、LED灯及开关插座的开发、生产，致力于为国内外知名厂家提供电子元器件代理。公司先后获得“绵阳市知名商标”“四川省名牌产品”“绵阳市科创园区先进企业”“绵阳市科创园区纳税大户”“科技型中小企业”等殊荣，产品通过ISO 9001：2008质量管理体系认证、欧共体的CE认证、美国联邦通讯委员会的FCC认证、日本的PSE、欧盟的ROHS绿色产品认证、CCC认证。公司生产铁三硼磁粉，年产量可达800吨。公司开发LED日光灯、LED球泡灯、LED面板灯及高档墙壁开关、插座等系列产品。2017年，公司实现产值5001.7万元，入库税收116.8万元。

美能材料科技有限公司

【新加坡美能材料科技有限公司】　新加坡美能材料科技有限公司（Memstar Technology Ltd.）是专业从事中空纤维膜及其应用产品的研究、开发及制造的高科技公司。公司拥有中国广州及绵阳制造基地。公司建有中空纤维膜和膜组件生产线，拥有年生产能力500万平方米聚偏氟乙烯（PVDF）和聚醚砜（PES）材质的微滤/超滤膜及年生产能力20万台的家用水处理设备生产线。产品在工业、民用及商业领域广泛应用。工业应用产品包括压力式中空纤维膜组件和浸入式膜组件，可应用于给水/污水处理、水回用、海水淡化、食品、制药、石油、化工、电力、生物分离及其他分离过程。家用/商用净水设备包括膜净水器或集成水净化系统，适用于家庭、商用楼、小企业、酒店、学校、医院等。2017年，公司实现产值13667万元，入库税收2323万元。

【四川汇邦环保科技有限公司】　四川汇邦环保科技有限公司成立于2012年，注册资金100万元，是一家专注于有机废水及纯水深度净化处理的环保企业。公司拥有四川省环境污染防治工程治理证书，是四川省环境保护产业协会会员单位，绵阳市科技型中小企业，获得省科技创新基金奖。

至2017年年底，公司已申报科技创新基金1项，申请国家发明专利2项，实用新型专利6项。

根据公司未来三年的发展规划中，汇邦环保专注于污水治理产业及无害化治理，通过在欧洲设立研发中心把公司先进的污水处理技术引入到欧洲市场，同时可以把欧洲的粪污资源化利用的经验技术及设备带回到中国市场。通过与大型的农牧集团战略合作，能确保汇邦环保在农牧行业的污水治理有市场领先地位。同时，汇邦环保打造基于物联网的智能控制系统，实现一个控制平台可以手机或者电脑管控所有的工程项目，让业主的操作更加简单化。2017年，公司实现产值2745.61万元，税收115.75万元。

（覃　莉）

教育产业
Education Industry

教育园区建设

【概况】 2017年，教育园区由绵阳市教育投资发展（集团）有限公司实施建设，建设项目累计54个，施工总产值17620万元。其中四川医专人行天桥等市政建设项目5个，施工总产值3600万元；春晖花园建设项目，施工总产值8700万元；完成绵中实验、南山实验、外国语实验三校提档升级项目48个，施工总产值5300万元。教投集团还完成教育园区2.87公顷和5公顷两宗用地的前期方案设计，9号道路建设，1号路等园区次支路网完善一期项目用地拆迁等工作。

教育园区入驻绵中实验、南山实验、绵阳外国语实验、四川医专、四川幼专、绵阳电大、绵阳农校、民族初级中学8所学校，共入驻学生4万余人，教职工3344人。其中绵中实验在校生近1万人、南山实验在校生近1万人、绵阳外国语实验在校生约5500人、四川医专（教育园区南、北校区）在校生1.2万余人、四川幼专（绵阳校区）学前一系2600余人、绵阳电大（教育园区校区）在校生1571人、绵阳农校在校生300余人，绵阳紫荆民族中学在校生2000余人，由教投集团投资举办的3所实验学校（绵阳中学实验学校、南山中学实验学校、绵阳外国语实验学校）运转有序，效益良好。2017年高考，绵阳中学实验学校参考4560人，本一上线2555人，上线率56.03%，本二上线4156人，上线率91.14%；南山中学实验学校参考4917人，本一上线3037人，上线率61.77%，本二上线4623人，上线率94.02%。2017年中考，绵阳外国语实验学校参考880人，A1类硬上线250人，上线率28.41%；A2类硬上线778人，上线率88.41%。

【春晖花园项目】 春晖花园项目占地面积3.1公顷，开发面积7.8万平方米，总投资约2亿元。该项目于2016年4月开工建设。截至2016年12月31日，项目住宅501套售罄，2号、3号楼交付业主使用。

【国际足球学校项目】 2017年，绵阳今尚教育体育发展有限责任公司推进国际学校项目，并于2017年11月竞得绵阳市国土局挂牌出让的（绵国土资公告〔2017〕192号）国有建设用地使用权并签订土地出让合同。该宗土地13公顷，位于教育园区，毗邻园区内多所知名高校、中学和小学，周边环境安静安全，有着浓厚的学习氛围和较好的活动环境。今尚公司计划在该地块建设国际足球学校，并启动前期筹备工作。2017年暑假，绵阳今尚教育体育发展有限责任公司与绵阳外国语实验学校幼小衔接班教室改造工程竣工落成，并于秋季招生，有在校生40余名。

【幼教集团项目】 2017年，四川幼专春晖学前教育管理有限责任公司实现在全市范围内的12所幼儿园布点工作（教育园区西园幼儿园1所），已开园的红星、西园幼儿园启动报名招生工作。此外，仙海第一幼儿园、三台上东街幼儿园等正处于装修阶段。（冯　霞）

高等教育

【概况】 绵阳科教创业园区是绵阳市高等学校的集中地，园区现有高等院校5所，其中全日制本科院校1所（西南财经大学天府学院），全日制专科院校4所（四川幼儿师范高等专科学校、四川中医药高等专科学校、四川九洲技师学院、绵阳电大），截至2017年年底，在校高校生约2.5万人。

【西南财经大学天府学院】 西南财经大学天府学院2006年4月由教育部（教发函〔2006〕81号文）批准设立的独立学院，设有本科、专科层次的学历教育，共涉及本科专业31个、专科专业24个。西南财大在成都、绵阳两地共有3个校区，其中绵阳校区为本科教学区，成都校区（东区）为专科教学区，成都校区（西区）为大学生创业实训基地。2017年，西南财经大学天府学院成立转设评估工作领导小组，正式独立学院启动转设工作，形成《天府学院转设可行性论证报告》和《天府学院关于依法办学规范管理情况的报告》，并提交四川省教育厅。

2017年，学校在新修订的2016版人才培养方案和新制定的2017版人才培养方案中，学校各专业将第一课堂和第二课堂完全打通，初步建立“2+N”协同育人机制。3月，为推进应用型课程建设，启动第一批校级应用型课程建设项目共7项，包括《人机工程学》等应用型课程；7月，启动第二批校级应用型课程建设项目的申报工作，共立项20余项。

2017年，学校从关注“一堂课”的现场教学效果转向“一门课”的整体教学效果，从着重考察教师在课堂上的教学技巧转向考察教师对一门课程教学进度的设计与把控。在2016—2017学年第2学期举办教学方案设计大赛，共有127门课程参赛。学校选聘专业负责人、课程负责人、骨干教师、往届教学大赛获奖教师等15人组成评审委员会，每5人一组，分3组分别对教学大纲、教案、多媒体课件进行评审和打分。最终评选出一等奖5名、二等奖10名、三等奖15名。

2017年，学校推动四川省民办高校重点特色专业质量提升计划，会计学实行分类培养模式，初步形成“基础层+综合层+创新层”的实践教学体系；艺术设计专业申请成立西财天府康养产业艺术研究中心，申请到国家艺术基金“老年宜居环境高级设计人才培养”项目；老年服务与管理专业与万科幸福家、朗力养老服务中心等9家企事业单位签订实训基地。2017年，学校共批准成立4个研究中心，分别是康养产业艺术研究中心、文献信息服务与创新发展研究中心、应用语言学研究中心、珠绣唐卡文化创意研究中心。

2017年，学校自主研发的数据中心平台正式上线，该平台主要由数据采集平台、数据标准平台、质量探测平台、API服务平台组成。“信息化+教育”方面，教务处与树维公司紧密合作，于2017年下半年正式启用新教务系统。改革升级全新的毕业论文指导系统，对毕业论文的写作和指导进行流程再造。“信息化+生活服务”方面，由学校自住研发的TFinfo在2017年新生招生录取期间正式投入使用，共计完成在线注册3500余人。

2017年，学校与相关企业共同开发职业资格标准、开发实验课程、编写实训教材、制定考核评价指标，形成完善的实践教学标准。同时，合作开发专业教学软件、仿真实训软件，建立网络化实习实训教学平台。主要包括：金融学专业与平安金融集团四川分公司开设的《金融产品营销实训》课程，帮助金融专业毕业生掌握实战营销技能；农村区域经济专业的“天府有机农庄”实践教学项目，建设电子商务平台，通过农产品实际流通的现代化操作模式来锻炼学生的创业思维及管理能力。

2017年4月，学校成立康养专业集群建设协同创新中心，建成解剖实验室、病理实验室等11个专业教学实验室，共计2300平方米。该中心与11家医院（5家三级甲等医院、1家三级乙等医院）签署临床教学基地协议，与4家社会养老机构、3家社会服务机构签署养老实训实习基地，与35家社会养老服务单位共建实践活动基地。4月，基于康养和教育等行业的基本需求，学校成立智能应用（财经）专业集群建设协同创新中心，与达内集团共建320余平方米的多功能创新实验室，完成人才培养所需的基础条件。

2017年，学校共注册学生社团86个，注册社员15974人；共注册学生企业22家，注册员工276人；共开展社会活动745次，累计参与113404人次。学校在暑期“三下乡”社会实践中，共组织60支学生队伍，共计387人参与，以支教、经济调研、扶贫、社会调查等形式深入到基层。2017年，学校参与“筑梦计划”进入国家行政机关及企事业单位实习的学生近1000人，参加职业探索性假期社会实践项目累计2万人。

2017年，学校易班学生工作站根据时间节点及学生关注的热点问题，全年开展近30项活动。2017年下半年，学校荣获四川省易班共建高校特色公众号，寝室易秀秀、易网薪兑换活动获得教育部易班首页展示，四川省易班发展中心每周将全川109所高校的活跃指数进行排名，在全年38份简报中，学校排名前15的次数共计13次。

2017年，学校开展“5·25心理健康活动日”系列活动，绵阳校区举办有“用心灵之声，伴健康同行”的首届大学生心理技能大赛，成都东区举办有“成长的烦恼”征集活动。下半年，全校以“逆流仍向上，健行常在心”为主题举办心理班会，各个年级根据不同的情况以及各班的发展方向，选择不同的班会主题，绵阳校区共有3个年级、152个班、共8898人参加，成都东区共有2个年级、128个班、共6100人参加。

学校完善“双创”孵化平台建设，制定《西南财经大学天府学院大学生创新创业俱乐部实施方案》，正式成立大学生创新创业俱乐部，并提供专门活动场所。2017年，学校组织动员师生参与各级创新创业竞赛，同时加大创新创业培训与宣传动员力度，扩大师生参与面。联合绵阳市电子商务协会开展电商领域专题培训600余人次，联合绵阳市电子商务协会开展“绵阳造”农特产品线上运营与销售。

2017年，在本科招生计划大幅增加、专科招生计划略有增加的情况下，学校的招生录取分数保持稳定。2017年，学校普通本科招生3974人，普通专科招生2943人。在专科录取工作中，首次创新性采取“录取过程中实时调整专业计划”的策略，大幅降低学生进校后的转专业比例，提升专科报到率。2017年，学校共组织大中型双选会2场，专场招聘会80余场，与企业签订校企合作协议106份，累计发布招聘单位信息1600余条，提供有效用人岗位5.31万个，共组织学生1.3万余人次参加各类聘会。

2017年，学校中英双文凭实验班招生人数为99人，中法双文凭实验班招生人数为67人，中澳双文凭实验班招生人数为26人，中美双文凭实验班招生人数为13人，硕士预科班招生人数为54人。在国际班教学质量方面，开展内部评教，优化SPR学生过程管理制度，打造优秀国际项目品牌。2017年，学校在各校区先后举办海外合作大学宣传展，共有25所海外高校和教育机构参展，近400名学生与家长参加。

2017年4月，未来大学联盟成立大会在校举办，共有7所民办高校加入，包括西南财经大学天府学院、西安培华学院、北京工业大学耿丹学院、广东财经大学华商学院、厦门工学院、武汉工商学院、云南经济管理学院。西南财经大学天府学院作为未来大学联盟的副理事长单位和秘书长单位，协调各成员单位，努力推动相关领域的工作。

2017年5月，学校接受省学位办和省教育厅的专家组检查。专家组认定学校26项二级指标为A级、4项二级指标为B级，学校完成学士学位授予单位及18个专业的学士学位授予权复审，社会工作和资产评估2个专业批准新增为学士学位授权专业。

2017年11月，学校正式通过省教育厅的评估，获得“良好”的评定意见。

【四川九洲技师学院】 1979年，成立绵阳203技工学校，主办单位为九洲电器集团。1995年，四川省劳动厅批准独立建制，学校改为四川九洲电器集团有限责任公司技工学校，隶属于绵阳市人社局，为国有公办技工学校。后更名为九洲高级技工学校。2007年被评为四川省尊师重教先进集体，2010年被评为全国职工教育培训优秀示范点，2011年被确定为国家重点技工院校，2013年被评为四川省高技能人才培训基地、四川省技能人才培育突出贡献奖，2015年被授予国家高技能人才培训基地、四川省教育工作先进集体，2016年被授予四川省产业高技能人才培训基地。建校近40年来，为企业、社会培养高素质技能人才3.6万余名，年均为企业培训高技能人才约5000人次。

2011年11月11日，学院灾后重建搬迁至科创园区九盛路9号，占地面积221亩，常设电子技术应用、数控加工、机械设备装配与自动控制、计算机应用与维修、汽车维修5个专业。

2016年7月7日，四川省人民政府批准四川九洲高级技工学校晋升为四川九洲技师学院。学院在册学生3400余人，教职工200余名。拥有教学实习设施设备2000余台（套）。学院开设有电子技术应用、数控加工、机械设备装配与自动控制、汽车运用与维修、幼儿教育等30余个专业，其中电子、数控是四川省重点专业。

2017年3月17日，在绵阳市第二届在校大学生创业计划书大赛决赛中，学院选送的“芯电感应行无疆”项目获一等奖，“博通开发可回收快速包装”项目获二等奖。4月7日，学院承办“绵阳市人才服务走进九洲技师学院”系列活动，创下绵阳职教鉴定史上“三个之最”：集中鉴定规模创人次最多纪录、第一次采取以赛代考方式举行鉴定、第一次全部采用“互联网+在线考试”。5月8日，阿坝州首批跨市州就业培训“扶贫专班”在学院开班。来自阿坝州建档立卡贫困家庭的19名学生在学院免费接受为期3个月的幼儿教育专业培训，全部结业并取得职业资格鉴定证书。6月5日至16日，学院首次承办绵阳市机关事业单位工人技术等级考试培训工作，共开设13个工种，培训学员646名。首次参展第五届中国（绵阳）科技城国际科技博览会，是技能成果展区唯一的技工院校参展单位。9月20日，按照人社部《关于在全国技工院校开展2017年秋季学期开学第一课活动的通知》要求，学院首次举办秋季开学典礼暨开学第一课，院长庞志刚讲授主题为《培育工匠精神、涵养大师气质》的第一课。在全省就业扶贫推进会上，学院与阿坝州壤塘县签订“四川省深度贫困县就业扶贫攻坚技能培训‘一帮一’对口承接合作协议”，为该县培训有就业愿望的贫困劳动力。10月16日，学院承办全省首个信息安全管理培训，共计50人参加培训并顺利结业。市人社局主办、学院承办的2017年大学生SYB创业培训。绵阳师院共计160名大学生参加培训并取得合格证书。11月14—16日，首届“四川工匠杯”职业技能大赛在眉山市举行，学院参赛选手郑章辉斩获工具钳工项目冠军。学院被列为绵阳市人才培养主体单位，并获得政府支持的人才培养专项资金80万元。

【四川幼儿师范高等专科学校】 2003年3月成立；2015年与绵阳工业技师学院整合。学校在绵阳、江油设3个校区，其中绵阳校区位于市教育园区教育西路16号，东校区、西校区均位于江油。2017年，学校深化教育教学改革，修订《四川幼儿师范高等专科学校学分制学生学籍管理办法》《四川幼儿师范高等专科学校学生实习管理办法》。优化人才培养方案，进一步凝练“飞行模式”“一体两翼双引擎”“四同育人”人才培养模式，构建“UGSS”四位一体人才培养新机制。启动实施“一流专业”建设项目。学校教师张庆敏代表四川省高职院校参加体育教师说课全国总决赛中荣获二等奖。学校教师董旭代表四川省参加第十三届全国学生运动会科学论文报告会荣获二等奖。学前教育专业获省教育厅批准转型为省级“骨干专业”建设项目；“老年教育与服务实训基地”获省教育厅批立项；“创新创业指导”获省教育厅批准立项，该课程同时作为省级“精品在线开放课程”项目。修订学校《科研经费管理办法》和《科研奖励办法》。共申报各级各类科研项目103项，其中获准立项省教厅科研项目15项，省级重点社科研究基地项目14项，绵阳市社科联项目3项，绵阳职业教育研究中心项目13项，完成7项四川省教育厅项目结题验收工作。发表核心期刊论文6篇，外文期刊论文2篇，本科学报论文7篇，专科学报及其他期刊论文共计100余篇。共编辑出版4期学报，刊用稿件近100篇。

11月18日，建校百年之际，在东校区举行建校100周年人才培养研讨会。绵阳市副市长蒋丽英、江油市市长柳江，学校领导闵永祥、王向东、赵波、郭汉祥、邓大河、廖智勇、方波、秦莉红，四川幼专老领导、退休教师及部分干部师生代表与来自北京、天津、重庆、广东、甘肃、河南、陕西、西藏和省内各地的校友出席。优秀校友代表、湖北大学教授石岩、全国教书育人楷模任维鼎、成都大学教授卢伟、绵阳花园实验幼儿园园长何云竹、重庆市公安警卫局师长周波、北京泰和顺文化传媒有限公司总经理周怡峰等结合自身学习成长实践，围绕教师专业成长、创新创业等作主题分享。

2017年，学校引进硕士研究生5人，招聘辅导员11人。共完成49名新进专业技术人员转正、初定职称的申报。选派青年和骨干教师到西南大学、浙江大学进修学习107人次。2名教师参加国内访问学者交流和国外进修学习。开展干部管理能力提升专题学习。结合学校实际，对学校《学生违纪管理办法》《学生申诉处理办法》等规章制度进行修订并报省教育厅备案。加强学生常规管理，落实“七个一”教育理念，开展“一系一品”学生工作特色创建活动。做好心理健康教育和学生奖、勤、助、贷工作。新进专职辅导员11人，改善辅导员队伍结构。133名大学生通过SYB大学生创业培训获得合格证书，16项大学生创新创业训练计划项目被省教育厅立项，学校的《创新创业指导》被遴选为省级创新创业教育示范课程，并作为省级精品在线开放课程进行建设。团队作品《设计大师》获四川省教育厅主办的第三届四川省“互联网+”大学生创新创业大赛比赛铜奖，学校学生在绵阳市第二届在校大学生“创业计划书”大赛荣获优胜奖。完成BT项目审计、消防验收、环保验收等工作。二期PPP项目稳步推进，江油西校区新建4号学生公寓楼，文化广场、围墙项目、琴房及舞蹈服改造完成并投入使用。

2017年，自考、成教、网教三大学历继续教育，招收新生848人，毕业学生888人，学历继续教育保有在籍学生2708人。实施“国培2016”园长省内培训、园长任职培训、教师访名校培训三个国培项目，培训全省各地的幼儿园园长及骨干教师449人。面向1023名大学毕业生开展“春雨工程”电子商务专项职业能力免费培训，助力802名毕业生获得职业能力证书。为2544人次提供国家职业技能鉴定服务，为2923人次提供全国计算机等级考试服务。

2017年6月，绵阳市教育和体育局指导，绵阳市幼教联盟主办，四川幼专、绵阳市机关幼儿园承办的绵阳市幼教联盟首届年会在绵阳市举行，会上中外专家对绵阳学前教育提出更为优质的远大发展目标。11月6—7日，绵阳市第四届幼儿教师职业技能大赛在四川幼专绵阳校区举行，大赛展示出全市幼儿教师教学风采，促进幼教队伍朝着更加专业化、规范化发展。11月11—13日，由绵阳日报社主办，四川幼儿师范高等专科学校、绵阳市幼教联盟协办的“学前教育发展大会暨学前教育产业博览会”举行，博览会为四川及周边地区的学前教育领域构建学术交流、项目合作的幼教行业生态圈提供机会。组织组织干部前往江油市旱坪山村、旺苍县水帘村、美姑县、苍溪县、九寨沟县、稻城县开展精准扶贫和慰问帮扶工作，累计投入21万元。学校与美国、澳大利亚、泰国、马来西亚、法国5个国家建立交流与合作关系，其中分别与美国加州浸会大学、澳大利亚昆士兰TAFE职业技术学院、泰国商会大学、马来西亚英迪国际大学、巴黎艺术学院签订《合作备忘录》。赴泰国商会大学、法国巴黎艺术文化两个自组团的交流项目，共派出2批5人次因公出访。向韩国国立江源大学共派出专升本留学生19名。与成都现代制造职业技术学校、成都市礼仪职业中学签订《“3+2”合作办学协议》《“3+3”中高职衔接合作协议》；与成都市青苏职业中专学校签订《学前教育五年制一贯制合作办学协议》。

【四川中医药高等专科学校】 学校前身为成立于1958年的绵阳卫生学校和成立于1960年的绵阳中医学校，2000年，两校合并组建后，成为国家级重点中专绵阳医科学校。2017年，学校有教职员工570人，其中专任教师412人，副高以上职称174人。学校普通专科毕业生2124人，毕业生人数较2016年增加150人，有全日制大专在校生9683人。学校持续推行学分制学籍管理，完善制度建设，创新举办学徒制男护士班，新增国控专业预防医学在内的3个专业。参编教师136人次，占专业教师总数的41.8%；参编教材62类科目，占中医药规划教材的

75%。学校成为全国专科院校研究生招生考试考点，申报成为全国职业医师资格考试基地等高级别社会化考试基地建设。投入资金800万元用于改善校内实训条件，并根据学校实践教学和实习实训的需要调整部分实习基地，截至12月底，学校的实习单位155家，其中医院117家、企业38家。2017年学校调档线位居四川省高职高专综合排名第一,各专业录取分数超过省控二本分数线考生1294人，连续两年超过50%。普通专科毕业生2124人，毕业生人数较2016年增加150人，一次性就业率为96.20%，较2016年毕业生就业率增加一个百分点，连续两年超过95%。其中对口就业率为73.44%，连续两年超过70%。学校通过公开招聘新进7名硕士研究生，2名博士研究生，调入3名教师，教职工攻读硕士、博士学位6人，进修5人，短期培训115人次。教师参加全国赛事2人获奖，参加省级赛事5人次获奖，其中3人获一等奖；学生2人获国家级竞赛特等奖，1人获一等奖、1人获二等奖。全年各级各类校外课题共立项17项，其中四川省科技计划项目立项2项、四川省中医药管理局中医药科研专项项目立项5项，四川省教育厅项目立项3项、校级科研项目结题验收14项，授权专利6项。完成学校南北校区间人行天桥架设，推动实施“兴水龙110千伏安高压输电线路”的迁改；完成永兴校区建筑物拆除，通过项目竣工验收。举办2017年度省级中医药继教项目“药物经济学在中医药领域的应用培训班”。承担四川中医药管理局“2017年四川省中医医院健康服务技能人才培训班”，来自全省21个地市州95家医院的108名在职从业人员参加培训。

【绵阳广播电视大学】 绵阳广播电视大学（以下简称绵阳电大）创建于1979年。学校以培养社会经济发展急需的应用型、技能型专门人才为办学宗旨，致力于构建全民终身学习平台，建设绵阳终身教育体系，为各类求学者提供继续学习和终身学习的机会。开办有大学本科、专科、中专层次的学历教育，涉及30多个专业；广泛开展社区教育、岗位培训、教师继续教育等各种非学历教育。依托绵阳广播电视大学挂牌成立绵阳市中小学教师培训中心、绵阳社区大学、国家奥鹏远程教育绵阳学习中心、绵阳市普通话培训与测试中心等教育基地。2013年4月28日，经绵阳市人民政府批复同意绵阳市机械电气工业学校整体并入绵阳广播电视大学。至此，形成绵阳电大“一套班子、四块牌子”格局，成为绵阳市一所很有影响力的综合性学校。

学校拥有御营坝校区、原机电校区、教育园区校区3个校区，占地7.73公顷，建筑面积94236平方米，固定资产约3亿元。全校网络升级改造后，实现主干全万兆、千兆到桌面，全校园无线覆盖。拥有完善的远程教育教学设施设备、职业教育实训设施设备、社区教育功能室设备等，仅各项实训设施设备就有1065万元。

2017年，全系统共招开放教育、成人大专学生2741人，超额完成省电大下达的2600人目标任务。奥鹏学习中心校本部共招生并确认缴费学员共1153人，招收中专学生870人，全年学历教育招生共计4764人。2017年底，全系统在籍学历教育学生总数为16293人。学生就业率达100%。

2017年，学校教职工在各类学术期刊上公开发表论文18篇，市厅级、校级课题立项共有5项，其中市厅级结题2项，姚卫担任课题负责人的绵阳市哲学社会科学研究规划课题《绵阳市职教技术士兵人才培养模式构建》和绵阳市哲学社会科学研究规划课题《绵阳市社区教育发展中政府职能及其实现策略研究》顺利结题。学校选送的微电影《最美角色》荣获四川省第十二届校园电视评选活动“校园微电影类”二等奖，选送的论文《谈校园微电影〈最美角色〉》荣获四川省第十二届校园电视评选活动“论文类”优秀奖。（冯　霞）

基础教育

【概况】　2017年，科创区有各级各类学校26所，其中高校1所，高中2所，技工学校1所，十二年一贯制学校1所，九年一贯制学校2所，小学1所，幼儿园18所。全区在校学生2.7万余人，其中高校7000余人、高中5000余人、中小学1.2万余人、幼儿园3502人。全区共有教职工2800余人，其中高校500余人、高中250余人、中小学1200余人、幼儿园799人。

2017年，以“七五”普法为契机，在全区中小学范围内开展争创法治示范校，在全区广泛开展“学宪法讲宪法”“法制宣讲第一课”“12·4”国家宪法日宣传、全国法治宣传日暨“法治绵阳”宣传周系列活动、参与“全国青少年学生法治知识网络大赛”，覆盖全区25所学校近2.7万余人。

【教师队伍建设】　2017年，科创区公开选调9名教师，1名免费师范生，共补充10名教师。优化教师学科和年龄结构。组织学校93名教师参加省、市组织的校长、骨干教师师资培训。2017年科创区有4名教师申报中级职称评定，2名教师申报高级职称评定。召开教师节表彰大会，对先进集体和先进个人进行表彰。

【学校安全管理】　2017年,全区未发生较大及以上安全事故和安全责任事故。在春季及秋季开学之际，教育、食药、工商、消防等多部门联合对学校校园内及周边进行专项安全大检查，现场纠正不规范经营行为250余户次，发放责令改正书100余份，并与辖区内各学校签订2017年学校安全承诺书。在做好安全日常管理工作的同时，全区教育部门协同交通、消防、卫生等部门，举办安全知识讲座，发放安全知识手册，开展防恐防暴、防震、消防逃生等安全应急疏散演练；要求学校开齐开足《生活生命与安全》课程，在教学中和班会课上对学生进行防溺水、禁毒、防艾、自救逃生等主题教育。

【德育素质教育】　2017年，科创区组织开展未成年人思想道德建设和文明校园创建活动，开展“社会主义核心价值观教育”“中华经典诵读比赛”“美德少年评选”“我们的节日”“庆六一”等一系列主题教育活动。组织开展学雷锋、网上祭英烈、“三关爱”等志愿服务活动，提升全体师生的德育素养。全年共选派3名优秀德育干部参加市级培训，推荐表彰市级“三好”学生5名、优干生5名、先进班集体4个。

【教育对外交流】 2017年，科创区为做好对口支教和援藏工作，选派博雅学校1名教师赴壤塘县完成为期两年的“三区”人才支持计划。9月10日为壤塘县城关小学送去价值10万元的教学设备，为促进壤塘县城关小学的教育发展提供帮助。11月13日，阿坝州壤塘县教育局局长侯治刚一行到科创区参观交流。12月底，壤塘县教育局选派59名师生到科创区开展为期1周的研学活动。科创区博雅学校与北川黄江义校结成帮扶学校，多次组织博雅学校优秀教师到黄江义校进行送教，并邀请黄江义校老师到科创区学校进行观摩、交流、学习。

【师德师风暨法律知识培训大会】 2017年9月1日，科创区与全体教师签订师德师风承诺书，并在学期中利用教研活动、教职工大会在教师中开展师德师风系列培训活动。12月底，科创区上报82名教师全员参加绵阳市师德师风在线培训，将教师法律知识学习常态化，要求教师每月进行法律学习，并撰写学习笔记，学习内容包括《中华人民共和国教师法》《绵阳教师十不准》等内容。4月28日，科创区博雅学校作为绵阳市唯一的学校代表迎接省司法厅对“法律进校园”工作地调研和指导，并被四川省依法治省领导小组办公室、省司法厅命名为省级“法律进校园示范点”。

【教学教研】 2017年，除开展常规性教研活动和推门听课活动外，科创区通过与其他学校联合教研和邀请专家到校指导的方式推动教师成长。5月11日，邀请四川省特级教师、绵阳市实验小学副校长、绵阳市小学语文骨干教师导师、绵阳市小学语文协会副会长黎琼到科创区博雅学校指导工作。7月7日，邀请国家二级心理咨询师、中华家庭教育高级讲师、四川省心理咨询师协会未成年人心理咨询专委会主任、绵阳市家庭教育学校张春辅导团队一行为科创区教师进行团队辅导。7月10日，开展教师书法大赛。8月25日，开展新教师集中培训活动，将科创区学校管理理念、办学特色、教学六认真、高效课堂理念等传达给新老师。

【张正华调研博雅教育工作】 2017年3月2日，四川省教育厅副处长一行5人到科创区检查指导博雅学校开学工作。市教体局基教科科长李长春，园区党工委委员杨启卫以及社发局局长高建等相关领导陪同检查。督查组一行听取科创区关于春季开学工作的汇报，参观校园环境，了解学生到校、食品安全等情况，对科创区开学工作及安全工作给予高度评价。

【教育惠民工程】 2017年，科创区分别在“六一”儿童节、春节及其他节日期间走访慰问学校部分困难学生，发放慰问金及慰问物品共计2.8万余元；减免学校6名困难学生生活费共计0.78万元。

【学前教育】 2017年，全区有幼儿园18所（其中普惠性幼儿园3所），在园幼儿3502人，教职工799人。根据绵阳市政府出台的《关于进一步加快学前教育发展的实施意见》文件精神，科创区制定《普惠性幼儿园认定管理实施办法》，提升普惠性民办幼儿园数量。根据上级文件精神实施第三期学前教育行动计划，投资1000余万元，在科创区八角社区新建总建筑2499平方米的科创区公立幼儿园（科创区园兴幼儿园），设置5个教学班，可容纳约150名幼儿入学。

【义务教育】 2017年，全区有义务教育学校3所，在校学生1.2万余人，教职工1200余人。重视进城务工人员随迁子女、贫困学生与留守儿童入学工作。扩大全区教育资源，简化入学手续，确保所有符合招生规定条件的随迁子女公平接受义务教育；注重学籍管理工作，对于因家庭困难无法继续就读的学生及留守儿童，科创区根据学生的实际家庭情况，对其给予生活费补助。

【健康教育】 2017年，全区按照相关法规开展学校卫生防疫、传染病防控、健康教育工作。科创区教育、卫生监督人员在春秋季开学、重大节日前对学校卫生防疫、传染病防控、食品饮水安全等进行检查，对发现的问题及时整改。加强健康教育，重点开展毒品预防教育、艾滋病预防教育、包虫病预防教育和结核等传染病预防教育。2017年3月、9月两次开展学校“卫生宣传活动月”相关活动。

【国防教育】 2017年，全区持续推进学生军训改革试点工作，配合好征兵宣传、征集对象学历审查等工作。并要求学校利用主题队会、班会、国旗下讲话在师生中进行爱国主义宣传，倡导师生认真践行社会主义核心价值观。

【学校后勤服务】 2017年，全区加强对后勤岗位的管理，区内学校根据实际需要合理设置后勤岗位并明确岗位职责，与每个岗位工作人员签订岗位责任书。认真落实教育保险工作，特别是校方责任险的投保工作，推进学生平安保险工作，参保学生数2.7万余人，参保学校25所。

【绵阳市科创区博雅学校】 2011年9月创办，是1所九年一贯制公办义务教育城市学校。学校占地34035平方米，其中建筑面积14014平方米，拥有一流的校园环境和教学设备，是绵阳市办学条件最好的学校之一。2017年，学校有39个教学班，小学部学生1468人，初中部学生159人，共计学生1627人；教职工93人，其中高级教师6人、一级教师30人、二级教师57人。学校秉承“博学、雅行”的内涵，始终坚持“先育学生做厚德之人，后导学生走博学之路”的办学理念，以“培养具有民族文化根基和国际视野的现代中国人”为目标，以“释放优势潜能，着眼终身发展，为明天准备民族素质”

为核心，致力于为每一位学生创建一个安全和谐、充满爱心、相互尊重的学习环境，促进每一位学生充分发挥自己的潜能，为民族可持续发展和国家社会进步输送“品行雅正”“知识广博”具有中华传统美德的现代中国人。在教育教学活动中，学校以“美育教育”和“高效课堂”为主线，以“国学文化”和“科教创新”为特色,实施分层教学，开展多元评价，全面实施素质教育，努力办好人民满意教育。学校教师共获得各级奖励344人次，其中国家级奖10人次、省级奖13人次、市级奖254人次。学校先后获得“绵阳市未成年人思想道德建设工作先进单位”“绵阳市优秀少先队集体”“绵阳市五四红旗团支部”“绵阳市工会‘双亮’‘六有六化’示范单位”“绵阳市法制教育基地”“绵阳市特色学校少年宫（球类）”“绵阳市文明单位”“绵阳市先进基层党组织”“绵阳市委、市政府首批法治学校”“绵阳市教育教学信息化大赛活动最佳组织奖”“绵阳市中小学现代教育技术示范学校”“绵阳市2017年义务教育质量先进学校”等荣誉。

【四川省绵阳南山中学双语学校】 四川省绵阳南山中学双语学校创建于2002年，是四川省首批国家级示范性高中四川省绵阳南山中学全程管理的一所集小学、初中、高中一体化、现代化的寄宿制、股份制学校，是绵阳市教育和体育局直属学校。学校秉承南山中学“让学生做成长的主人，为学生终身发展奠基”的办学理念。坚持以“大爱教育”为育人主线，以“五心学子”为抓手，以“五好学生”培养为目标，全面实施素质教育；落实“面向全体、降低重心、夯实基础、分层推进、整体提高”的教学特色；彰显“双语教学、科技创新、艺体教育”的学校特色。学校现有来自省内外中、小学名、优、特教师500余名，在校小学生2700余名，初中生3700余名，高中生1400余名，146个教学班。学校先后被评为“中国西部名校”“全国十大名牌双语学校”“全国科技体育传统校”“中国少年科学院科普基地”“全国艺术教育特色单位”“四川省绿化模范单位”“四川省食品卫生信誉A级单位”“绵阳市示范小学”“绵阳市示范初中”“绵阳市特级校风示范学校”“绵阳市示范性学生公寓”“中国中学生体育协会网球分会会员单位”“四川省青少年网球训练基地”。学校的教育教学成绩显著，连续多年的教育教学质量综合评估均荣获绵阳市最高奖。

【绵阳外国语实验学校】 绵阳外国语实验学校创建于2010年，地处绵阳教育园区内，占地15.87公顷，集小学和初中为一体。2017年，有教学班123个，在校小学生2495人、初中学生3199人，教职工406人、专任教师363人。学校投资近3亿元按国家一流标准建设校舍、配置教学设施设备，拥有庭院式教学楼、多功能科技馆、未来工程师实验室、青少年活动中心、艺术中心、图书馆、400米标准跑道操场、网球场、游泳池、带空调和独立卫生间的标准学生公寓、花园式学生餐厅等。学校是全国外国语学校工作研究会会员单位，全国百佳艺术教育学校、全国特色教育名校、全国根基教育西部地区基地学校、国家教师科研基金‘十二五’规划重点教育科研单位、绵阳市示范小学、绵阳市示范初中、四川省科技教育示范学校、法国亚眠市罗贝尔中学友好学校、俄罗斯新西伯利亚市名誉学校。学校牢固树立为学生全面发展奠基，着眼于学生未来发展的理念，构建“以外语教育为主体，以艺体教育和科技教育为两翼”的特色教育体系，凸显外语、艺体、科技三大鲜明办学特色，开设法语、日语、德语、俄语、西班牙等小语种课程和舞蹈、啦啦操、武术、跆拳道、击剑、书法、3D打印技术、现代农业、少年军事等选修课程。学校先后向市内外国家重点高中学校输送近万名初中优秀毕业生，是绵阳优质教育名校之一。

【绵阳南山中学实验学校】 2010年3月建立，位于绵阳市教育园区教育南路62号，占地20余公顷。2017年，有教学班170个，在校学生1万余人。在校教职工546人，其中高级教师60人、中级教师254人。南山中学实验学校秉承“让学生学会承担责任，为学生终身幸福奠基”的办学理念。学校先后获评“绵阳市首批德育特色学校”“绵阳市素质教育优秀学校”“四川省第一批教育信息化试点学校”“四川省信息学奥林匹克竞赛委员会单位”“四川省五四红旗团委”“四川省新课程改革样板学校”“四川省首批阳光体育示范学校”“全国拔尖创新人才培养基地试点学校”“中国最具升学竞争力中学”“中国百强特色学校”“中国创新教育示范中学”“教育部心理教育示范学校”“全国教育科研先进单位”等众多荣誉。 （潘　昕）

民办教育

【概况】 2017年，全区有民办学校25所，其中中小学4所、职业学校1所、高中2所、幼儿园18所。各级各类学校在校生2.5万余人，其中高校7000余人、高中5000余人、中小学1万余人、幼儿园3502人。各级各类学校教职工共有教职工2600余人，其中高校500余人、高中250余人、中小学1100余人、幼儿园799人。

2017年6月，完成全区民办教育学校及各类教育机构的年检工作。9月，经批复新建成的绵阳市科艺小学正式开始招生。

【绵阳市科艺小学】 绵阳市科艺小学是绵阳市少年宫打造的全日制小学，于2017年9月成立。学校位于绵阳科创区园艺东街11号。2017年，在校学生104人，教职工32人，其中教师24人。学校以科学和艺术教育为特色，全新的办学理念，卓越的教育教学品质，人文的管理和服务，深受学生、家长和社会各界高度认同。

【绵阳东辰国际学校】 2000年创办，四川省一级示范性普通高中，是一所集学前、小学（一部、二部）、初中、高中、出国预备教育于一体的全日制寄宿制民办学校。学校占地32公顷，有师生员工1.7万余人。学校秉承“崇尚科学、弘扬人文、发展个性、创造卓越”教育理念，坚持“培养有中国灵魂有世界眼光的现代人”的办学目标，以人为本，立德树人，坚持“双高”质量标准，全面推行核心素养教育和以人为本素质教育为核心的“七位一体”的教育创新模式，实行管理模式创新、学校德育模式创新、学校课程模式创新、课堂教学模式创新、高质量发展模式创新、学生学习模式创新、教师发展模式创新。学校获评中国最具影响力艺术教育名校、全国十佳科技教育创新学校、四川省一级示范性普通高中、四川小学课改联盟发起学校、全国示范初中、全国优质品牌学校、绵阳市教育工作先进集体。连续11年荣获“绵阳市普通高中教育质量综合评估特等奖”。学校是北京大学、清华大学等60余所校长实名推荐学校和自主招生学校，北京大学四川首批3所校长实名推荐制学校；人民大学、复旦大学等60余所高校的优质生源基地校；同济大学苗圃计划实验基地、工业4.0——智能教学科研基地，南方科技大学英才计划试点中学。

（潘　昕）

招商引资与商贸
Investment Promotion and Trade

概　述

【概况】　2017年，科创区服务业增加值增长率12.2%；社会消费品零售总额全年完成50.64亿元，同比增长11.3%；国内省外到位资金23.20亿元；电子商务交易额446亿元；网络零售额8.7亿元；外贸进出口额36亿元；外商投资实际到位资金200万美元；新增规模以上服务业企业入库3家；跟踪、洽谈、推进重点项目54个，储备、包装、推出项目50个；投资额5亿元以上项目1个；引进“一号工程”项目40个。

【招商平台建设】　2017年，科创区相继出台《科创区对外开放合作的十项优惠政策（试行）》《科创区关于激励企业成长的八项优惠政策（试行）》《科创区招商引资引荐奖励办法》等优惠政策。分别与中科院微电子所、千帆资本有限公司在合作建设产业化平台项目，着重打造“园区政府+科研院所+投资基金+产业集群”的发展合作新模式。九泰科技利用其深厚的资源，着力引进中物院注册经营的融合性企业和服务业企业落户园区，搭建园区与中物院深化合作的桥梁。航天科工第三研究院三一〇所在科创区建设“航天科工航天融合成果转化基地（四川）”和“航天融合发展成果转化平台”项目，对接航天科工集团知识产权、转化项目和服务，立足绵阳科创区，面向西南地区，为政府和企业提供服务。

【招商机制完善】　2017年，科创区新成立投资促进委员会和项目推进办，形成从项目引进到落地服务的全方位整合机制，拓展全区项目信息来源，加速推进签约项目的落地。根据市投促局驻外分局布点情况，新增厦门、沈阳、成渝3个驻外招商办事处，拓展全区项目信息来源和项目落地成果。　（杨松瀚）

重点项目促进

【概况】 2017年，摩拜科技、恒泰环境、四川靓固科技、长虹电子系统、上海东方等企业相继在科创区落户，项目涉及技术服务、企业运营结算中心、企业技术检测、机器人设备研发、制冷设备生产与研发等，引进项目40个，完成投资3.26亿元。

【融合性产业项目引资】 2017年3月，区管委会与深大通就合作建设融合性产业基金项目合作达成一致。深圳惠佳科技有限公司在科创区投资3000万元，建设两用材料，装备材料、安全防护产品项目。

【“两新”产业项目引资】 2017年，摩拜科技在绵阳和川西地区单车的运营、结算、增值业务与服务的本地化，以及网约车、电助力单车、智能停车系统等延伸性新业务的运营、结算。

恒泰环境总部项目。公司以咨询和技术服务业务带动治理业务，以治理业务带动环保装备和材料业务的业务发展模式，拓展国内、外环保市场，项目已落地。

四川靓固科技集团总部项目。集团在科创区搭建以结算中心、运营中心等为主体的靓固科技集团总部，打造全国领先的海绵城市、智慧管廊服务商。

长虹电子系统公司总部项目。四川长虹电子系统有限公司整体迁移至科创区，以科创区为公司总部驻地，开展运营、结算、投资合作等相关业务，并联合中国科学院物联网研究发展中心共同建设“绵阳科技城智慧城市研究院”项目。

东方磁卡项目。上海东方磁卡工程有限公司在科创区成立四川奥斯奥自动化科技有限公司，主要从事非标自动化专用设备、机器视觉检测设备、智能仓储设备、全自动化非标流水线的研发、生产、销售。

PCB线路板、机器人零部件研发生产项目。深圳恒立泰科技有限公司在科创区投资总额5000万元建设两条生产线，主要从事PCB线路板及机器人零部件的研发与生产。

工业制冷装备制造研发项目。青岛三维制冷科技有限公司专业从事工业制冷装备研发、制造、销售，在科创区投资5000万元建设工业制冷装备制造研发项目。

特种橡胶生产研发项目。福建省安源橡胶科技有限公司在科创区投资额5000万元，建设特种橡胶生产研发项目。

【现代服务业项目引资】 2017年，博鳌纵横西南总部项目广州博鳌纵横网络科技有限公司投资5000万元，在园区建设博鳌纵横西南总部（博鳌纵横西南总部辐射区域至少覆盖重庆、四川、贵州、云南等省、直辖市），主要致力于绵阳本地乃至西南地区知识产权注册申请服务、知识产权交易运营、知识产权论坛、知识产权金融、人才培养等，建设绵阳科技城知识产权研究院。

瑞戈医院投资平台项目。瑞戈医院投资管理有限公司作为联影医疗的资方合作伙伴，投资2亿元，在绵阳建设医院投资管理平台，从事第三方医疗投资服务，整合绵阳市的医疗设备资源，适时落地精准医学中心、大数据中心、云影像平台、结算中心等项目。

人力资源产业园项目。博尔捷管理咨询（上海）有限公司专注于为政府、开发区和企业提供人力资源相关领域的管理咨询、人才测评及O2O培训、人力资源产业园运营等服务。该公司与科创区达成初步一致合作，在绵阳建设科技城人力资源产业园。

【“华地恒通·乐荟城”项目】 乐荟城是通威集团与四川华地圣远投资有限公司共同打造，该项目位于剑南路西段与园艺东街交会处，2013年6月立项，同年年底投入施工建设的大型商业综合体，物业形态包含商业综合体、写字楼、精装SOHO。2017年1月20日，乐荟城开业，投入商业运营。乐荟城总建筑面积达81617.63平方米。其中商业建筑面积42173.08平方米、写字楼建筑面积16032.17平方米、车位及其他配套23412.38平方米，总宗地面积20964.96平方米，设有地下停车位553套，商业区已入驻商家100户，完成招商面积35927.15平方米，完成率85.19%。其中餐饮类17户，建筑面积4473.23平方米，占12.5%；饮品小吃类16户，建筑面积1251.43平方米，占3.4%；服饰类8户，建筑面积679.64平方米，占1.9%；孕婴类5户，建筑面积753.74平方米，占2.1%；教育培训类6户，建筑面积4021.26平方米，占11.2%；配套生活及其他共48户（影院、超市、健身、美容、家居等），建筑面积24747.85平方米，占68.9%。引进永辉超市、万达影城、汉堡王、屈臣氏、欧佳牛排、奇迹健身等知名品牌。

【电子商务和“物联网+”产业项目】 装潢网行业平台项目。装潢网项目是青海融宝科技旗下装饰行业门户网站。4月，项目在园区注册落地，投资8000万元，在科创区建设装潢网行业平台，服务于装修公司、设计师团队、建材商和亿万业主。

“呼我出行”网约车平台项目。重庆呼我出行网络科技有限公司授权在科创区成立绵阳海牛新能源科技有限公司。

福建大道之行网络科技教育项目。专研教育大数据，以全球领先的富媒体技术和独创的数据匹配引擎核心科技为利器（简称DME），为升学市场注入强大引擎，提供升学解决方案、教育平台共享与服务，是中国领先的教育升学平台及服务提供商。

中国西南总部及旅游景区市场服务平台建设项目。中国西南总部及旅游景区市场服务平台（中国西南总部及旅游景区市场服务平台辐射区域至少覆盖重庆、四川、贵州、云南等省、直辖市），主要致力于整合绵阳本地乃至西南地区酒店资源，并通过自建平台为游客提供更舒适的旅途环境服务。

【院校地合作项目】 正顺科技院士工作站项目。四川正顺科技有限公司致力于先进微波技术研发与应用，公司利用现有资源，在科创区建设院士工作站，开展微波处理核电废物技术和装置的研发以及先进光源装置的研制等。

“众智科学产业（绵阳）创新中心”项目。众智科学产业（绵阳）创新中心项目于1月4日正式签约。4月27日电子商务交易技术国家工程实验室绵阳研究院及众智科学产业（绵阳）创新中心揭牌。

长春理工大学西南研究中心项目。4月，区管委会与长春理工大学光电测控技术研究所达成合作，并与其授权的四川天月光电科技有限公司（以下简称天月光电）共建西南研究中心。

微电子所科技成果转化及创投基金项目。中国科学院微电子所在科创区合作建设微电子所科技成果转化产业化发展平台项目，孵化转化微电子所的成熟的科研项目，并联合昆吾九鼎投资管理有限公司合作成立创投基金。（杨松瀚）

招商引资推介活动

【概况】 2017年，科创区党政主要负责人先后赴北京、上海、深圳、杭州、厦门、重庆、成都等地区开展招商引资活动24次，组织区内外知名企业参加科博会、电子商务发展峰会活动，协办科博会科技成果和专利技术发布与交易专场会、通用航空产业发展高峰论坛等相关活动。并参与“四川—境外世界500强企业对接会”“2017年川商返乡发展大会”等大型招商引资活动，总共签约项目3个，协议引资6亿元。成功引进欧盟项目创新中心—科技城分中心等海外项目，并以此为依托，在法国、英国等国家和地区，召开多场绵阳科技城及科创区招商引资专场推介会；同时，在深圳组织召开了近250家企业参加的科创区专场推介会，并与腾讯、恒立泰等10余家企业现场签约。5月11日，欧盟项目创新中心—科技城分中心在绵阳科创区科技城国际孵化器正式揭牌。17日，科创区隆重举行跨境电商（绵阳）产业研究推进中心开园仪式，标志着绵阳科创区与清华大学相关领域的交流合作进入高速发展阶段。

【欧盟项目创新中心·科技城分中心系列活动】 2017年3月22—23日，欧盟项目创新中心·科技城分中心策划组织“欧盟科技官员绵阳行项目推介会暨绵阳优势产业推介会”“奥地利驻华大使馆科技参赞到绵访谈”“德国宇航中心交通研究所项目对接会”“蒙彼利埃地中海大区专题品鉴会”4场专题活动。22日下午，奥地利驻华大使馆科技参赞一行到访绵阳，参观科技城成就展馆，了解绵阳科技城的市情概况、规划布局、建设成果及发展。与市科知局、科创区进行座谈，市科知局机关党委书记陈光明介绍绵阳科技城科技创新的整体概况，科创区管委会副主任李炜作科创区招商推介，奥地利驻华大使馆科技参赞Mr. Philipp Agathonos作专题发言。23日上午，德国宇航中心交通研究所项目对接会在创新中心召开，科创区管委会副主任李炜作科创区招商推介，市交通局介绍绵阳市交通建设现状和发展规划，德国宇航中心交通系统研究所项目主任介绍《德国交通环境检测系统创新技术在华推广项目》（以下简称 GIP2 China 项目），该项目计划在中国选取大中小型共四个城市开展试点工作，引导当地城市通过可能的资金贷款，建设更加关注环境的现代智能交通系统。会后，Alexander Sohr 主任一行还赴飞天联合系统技术有限公司和城市停车管理有限公司进行实地考察。23 日下午，欧盟科技官员绵阳行项目推介会暨绵阳优势产业推介会在科技城创新中心国际企业孵化器召开，市委常委、科技城党工委副书记、管委会常务副主任、市国资委党委书记元方，科创区党工委书记周钰出席会议。法国 ENGIE 集团、法国驻成都总领事馆商务投资处投资专员分别就企业的发展规划、合作领域做阐述。绵阳优势项目推介会召开的同时，蒙彼利埃地中海葡萄酒推广平台绵阳品鉴会召开。会上，葡萄酒推广平台主任 Cindy Bellemin 对平台的服务内容作推广介绍，艾米莲酒庄、圣约翰酒庄、圣茱莉亚酒庄、易兰德酒庄等法国酒庄进行新品发布和品鉴活动。

【安琪儿妇女儿童医院项目签约】 2017 年 6 月 16 日，安琪儿妇女儿童医院项目签约仪式在创新中心二期一号会议室举行。区党工委副书记、管委会主任李哲与西藏天使医疗投资有限公司董事总经理蒋林进行现场签约。西藏天使医疗投资有限公司在科创区投资 6 亿元建设、运营、管理以妇科、产科、儿科、生殖医学科等服务川西北地区的高端妇女儿童专科医院，计划 2019 年建成使用。

【“海洋公园”项目签约】 2017 年 6 月 30 日，“海洋公园”项目签约仪式在创新中心举行，这是科创区与重庆两江海洋文化发展公司联合打造绵阳市首个海洋公园，也是川西北最大、全省第二个海洋主题公园。该海洋公园总占地面积 5.07 公顷，拟投资 3 亿元，按照国家 AAAA 级旅游景区标准文化旅游区的打造，具体项目包括海洋科普水族馆、欢乐海豚剧场、科创园青少年活动中心、欢乐水世界游乐园及海洋风情街等。

【绵阳科创区投资推介会暨项目签约仪式在深圳举行】 2017 年 10 月 25 日，绵阳科创区投资推介会暨项目签约仪式在深圳举行，四川省驻广州办事处副主任谷雅文，经济合作三处处长何世文、副处长杨德蓉，绵阳市人民政府副秘书长龙佳林出席推介会，来自腾讯、欧菲光、怡亚通、摩拜科技等深圳、香港地区 230 余家企业相关负责人和嘉宾参加相关活动。

【对外交流活动】 3 月 1—3 日，科创区党工委副书记、管委会主任李哲带领区投促局赴北京航天科工 310 所以及上海红星美凯龙、新城控股等企事业单位进行实地考察。5 月 24—27 日，党工委副书记雍波带领区招商小分队赴杭州、上海等地开展招商引资活动，推进杭州华智软件、上海东方磁卡等项目进程。8 月 10 日，党工委委员、管委会副主任李炜赴成都开展招商引资活动。在四川大学，双方就平台建设、成果转化、人才培养合作模式等方面进行交流。8 月 23—25

日，区党工委书记周钰随同市委考察团赴上海、重庆学习考察人力资源服务产业园建设情况。考察期间，考察团先后前往中国上海人力资源服务产业园、浦东国际人才城、虹口国际人才港、重庆人力资源服务产业园。8月28日至9月3日，管委会主任李哲率领区招商引资小分队一行赴重庆、广东、福建、湖南等地开展投资促进活动，考察重庆博恩科技集团、广东国鸿氢能科技有限公司、深圳爱美罗电子科技有限公司、深圳惠佳复合材料有限公司、福建芯联芯网络科技有限公司、福建大道之行教育科技有限公司、长沙同飞信息科技有限公司。9月26—28日，区党工委、管委会主要领导赴成都考察四川金强集团、成都盘古互动、成都云卫康、成都维森凯睿等多家优质企业。11月27日至12月1日，区党工委书记周钰率队赴广东开展招商引资活动。12月1日，科创区与广州博鳌纵横网络科技有限公司就“博鳌纵横西南总部项目”举行正式签约仪式。12月13日，区党工委委员、管委会副主任李炜带队赴德阳招商引资。在德阳，李炜副主任分别考察融合发展企业科雷特机电和迪弗精工科技。12月25—29日，科创区管委会主任李哲带领区招商小分队赴北京、沈阳哈尔滨、成都等地，对喀斯玛控股有限公司、长虹佳华信息产品有限公司、中德新松教育科技集团、哈工大机器人集团及四川金强集团等企业进行实地考察。（杨松瀚）

党务·政务·人民团体

Party Affairs, Government Affairs and people's Organizations

党的建设

【概况】 2017年，科创区党工委以实施基层党建“3+2”书记项目为契机，严格落实全面从严治党主体责任，推进“两学一做”学习教育常态化制度化，进一步落实党建工作责任制，从严抓实思想教育、选任干部、改进作风、制度建设、人才培训等工作，为科创区打造西部科技协同创新示范区，助推中国科技城和西部现代化强市提供强有力的组织保证。科创区党工委有街道党委、机关党委、非公有制经济和社会组织党工委等52个党组织，共有党员1128人，其中街道党委（党员797人）共有6个村改居社区党支部、3个城市社区党支部、1个城市小区党支部；机关党委共有党支部17个（党员178人）；非公有制经济党委共有非公有制企业党支部23个（党员102人），覆盖132家小微企业，其中单建19个党支部、联建4个党支部；博雅学校党总支共有党支部2个（党员51人）。2017年，全区新发展党员14人，培养入党积极分子44人。

【各级领导班子思想政治建设】 2017年，全区深入学习宣传贯彻中共十九大和省第十一次党代会、省委十一届二次全会精神、市委七届二次全会精神，开展习近平总书记系列重要讲话学习贯彻活动，组织党员干部开展大讨论。成立由区党工委书记周钰任组长的园区学习贯彻中共十九大精神领导小组。中共十九大精神宣讲团（宣讲队）赴机关、社区、企业进行宣讲，宣讲报告会20余次，覆盖党员干部群众1000余人；邀请市级领导和党校专家分别到科创区作贯彻学习中共十九大精神的宣讲报告会，共计1200余人次参会，购买2000余册中共十九大学习读本，300册《习近平谈治国理政（第二卷）》，供全区全体党员和机关企事业单位干部作学习之用。制定《关于认真学习宣传贯彻党的十九大精神的通知》（绵科创区委办发〔2017〕89号）、《科创区学习宣传贯彻党的十九大精神宣传工作方案》（绵科创区党群发〔2017〕103号）、《科创区近期重点工作宣传报道方案》（绵科创区党群发〔2017〕104号）等文件，对园区学习宣传贯彻中共十九大精神进行安排部署。

【基层党组织建设】 2017年，区党工委把握全面从严治党这条主线，完成全区9个社区党组织换届工作，选举出党组织班子成员35名，其中女性干部9人，占25.71%；班子成员平均年龄为43.63岁，比上届下降2.72岁，45岁及以下19人，占54.29%；高中及以上文化23人，占65.71%。换届后，街道对社区干部基本报酬补助标准进行调整和补发，并着手研究离职干部关爱措施。7月21日，举办2017年社区基层干部培训大会，对换届后的120名新任社区“两委”干部、党小组长、居民小组长和社区监委会成员进行专题辅导，新一届社区提高干部履职能力。制订《关于加强社区后备干部人才库建设的实施方案》，成立街道后备干部人才库建设领导小组，并从各社区选定年轻人才进行街道进行规范管理，强化培养，量才使用。

【基层党建“3+2”书记项目】 2017年，全区压实各级党组织书记“第一责任”，全区各级党组织层层签订“党建工作目标责任书”，同时区党工委和各基层党组织书记公开承诺党建工作“第一责任人”职责，接受各方面监督。年终开展书记抓党建述职评议，现场点评各基层党（工）委书记抓党建情况。及时对上级党组织反馈意见制定整改方案和清单。定期研究基层党建工作，全年共研究基层党建工作8次。

成立由区党工委主要负责人、分管负责人任组长、副组长的科创区基层党建“3+2”书记项目领导小组，区党工委书记3次主持召开党工委会议专题研究部署基层党建“3+2”书记项目工作和推动“两学一做”学习教育常态化制度化工作，并整合各级部门负责人聚力攻坚。5月26日召开基层党建“3+2”书记项目动员会，邀请市委组织部副部长、市委非公有制经济和社会组织工委书记卿官亮就基层党建“3+2”作专题辅导和动员讲话，区党工委书记周钰对科创区基层党建“3+2”工作进行安排部署，进一步明确党建项目、明确领导牵头、明确部门负责，确保园区基层党建“3+2”书记项目顺利推进。召开科创区基层党建“3+2”书记项目培训会，组织园区基层党委（党工委、党总支）书记、绵阳师范学院马克思主义学院调研组负责人、非公有制企业党组织书记代表、社区党支部书记代表及党务干部一行30人，赴涪城区富临集团、万江眼科医院、迎宾路社区学习基层党建“3+2”书记项目工作。创业园街道党委组织社区书记及相关党务工作人员一行赴涪城区城厢街道办事处红星街社区、游仙区徐家镇、梓潼县石牛镇金牛街社区进行学习调研。先后组织召开基层党建“3+2”书记项目示范点专题座谈会2次，确定打造市级党建示范点4个（元通社区党支部、华奥社区党支部、四川邦辰信息科技有限公司党支部、华奥社区华润中央公园小区）、区级示范点2个（劳保中心机关第十四党支部、博雅学校党总支），并明确各示范点打造方向。确定好党员示范户，通过街道社区报送并层层审定，在市委组织部备案市级示范户邱兴福、蒲键钟、秦加富3户、在区党群工作部备案区级党员示范户赵洪秀、林德贵、赵兴云等21户。选树先进模范示范典型，以“选树、宣传、培养、关爱”为抓手，开展“培树身边典型、学习身边榜样、做好身边事情”活动。在科创区召开纪念中国共产党建党96周年暨“七一”表彰大会上，区党工委表扬先进基层党组织12个，优秀共产党员30名，优秀党务工作者25名。

【企业党的建设】 2017年，全区落实基层党建工作经费85万元，其中专项用于非公有制企业、社会组织党建20余万元，探索实施星级评定、差异化补贴机制。印发《2017年科创区党的建设工作要点》《关于进一步加强非公有制企业党建工作经费保障的通知》《关于成立科创区非公有制经济组织党建领导小组的通知》《2017年科创区党建工作计划》等相关文件，对集中推进非公有制企业和社会组织“两个覆盖”工作进行安排部署。继续完善非公有制企业“三化同步保障体系”，对全区非公有制企业党组织进行星级管理，在全区非公有制企业党员党费全返、每年党支部党建工作经费列入财政保障的基础上，2017年按照星级评定考核结果对非公有制经济党组织书记、委员发放工作补贴共计7.9万元，引领企业发展成为非公有制党组织业主共识。园区涌现出四川邦辰信息科技有限公司党支部等非公有制企业先进党组织。

（肖劲夫）

宣传思想工作

【概况】 2017年，科创区宣传思想工作紧紧围绕中心、服务大局，弘扬主旋律，充分发挥宣传思想文化工作的思想引领作用、舆论推动作用、精神激励作用和文化支撑作用，引导广大干部群众凝心聚力共建共享精神家园，为加快建设“科技城中央创新产业园区”提供思想保证、精神力量和文化滋养。

做好中共十九大、省第十一次党代会和省第十一次党代会精神的学习宣传贯彻工作，掀起中共十九大学习热潮，制作、悬挂60余幅党代会精神宣传条幅，邀请绵阳师范学院副教授韩晓娟就省党代会精神作宣传报告。10月31日，科创区召开2017年第十次区党工委中心组学习会暨传达学习中共十九大精神专题会，集中学习中共十九大精神，区党工委书记就中共十九大精神进行宣讲，区副科级以上领导干部、市级派驻部门主要负责人，机关各党支部书记、各社区书记和企业党支部书记等共70余人参加学习。11月3日上午,科创区纪工委组织召开2017年第10次会议，专题传达学习中共十九大精神。11月27日和12月7日，市委宣讲团第三分团市纪委监察局局长任斌和市委党校市情咨询室主任王仕军分别到科创区作贯彻学习中共十九大精神的宣讲报告会，共计1200余人次参会。创业园街道党委组织各科室党员干部30余人集中学习《中国共产党第十九届中央委员会第一次全体会议公报》及习近平总书记在中国共产党第十九次全国代表大会闭幕式上的讲话精神。科创区机关16个党支部、社区9个党支部和企业22个党支部召开学习中共十九大精神专题会议，学习中共十九大提出的新思想、新论断、新提法、新举措，覆盖党员1000余名。其中，上马社区党支部与武引局党委联合开展学习中共十九大精神学习专题会；华奥社区采取老党员讲党课的形式深入领悟学习中共十九大精神内涵。同时，购买2000余册《党的十九大学习读本》，《习近平谈治国理政（第二卷）》300册，供全区全体党员和机关企事业单位干部作学习之用。

加强意识形态工作和领导班子思想政治建设，出台《科创区贯彻落实党委（党组）意识形态工作责任制实施办法》《科创区加强领导班子思想政治建设工作方案》。加强领导干部理论武装和思想政治建设，牢固树立看齐意识，召开12次区党工委中心组学习会和7期《科创大讲堂》，为更好地服务于国家科技城建设，把科创区建设成为创新创业、科学发展、文明和谐的模范园区打下坚实基础。

【中心组专题理论学习】 2017年，全区创新载体，开展党委（党组）中心组学习，全年组织党工委中心组学习12次，通过集中学习研讨、专题讲座、观看视频等方式，突出学习实效，其中2次与领导干部读书班同步进行，2次为专题学习讨论，专题学习习近平新时代中国特色社会主义思想、中共十九大精神、四川省第十一次党代会精神和市委七届二次全会精神和马克思主义基本原理和方法论、党章党规、社会主义核心价值观、全面建成小康社会、全面深化改革、全面从严治党等内容；邀请全国知名专家和学者，分别以“我国安全环境与国际安全战略”“产业链产业集群招商策略”“推进创新创业加快产业转型”等为主题，为园区广大党员干部职工作专题学习辅导报告；组织观看《反腐枪声》《守梦者》等反腐题材电影和《家规家风》系列专题片。

【重大宣传活动】 2017年，科创区组织参加第五届中国（绵阳）科技城国际科技博览会、2017中国（四川）电子商务发展峰会，承办2017年“城市大脑”战略研讨会、“2017年科创区首届创客节”、第六届中国创新创业大赛军转民大赛等国家、省、市重大活动，通过邀请国家、省、市主流媒体、制作LED、展示大型广告牌、标语、宣传橱窗和电子阅报栏等，加大对外宣传，提高科创区的知名度。

【新闻媒体宣传】 2017年，全区建强宣传阵地，加强媒体合作，与《绵阳日报》《绵阳党政手机报》签订“战略合作协议”，建立常态化战略合作机制。同时争取和协调《四川日报》《四川经济日报》《绵阳晚报》和绵阳电视台等平面媒体和电视媒介以及通过网络、手机报等方式和渠道，加强对科创区的宣传。2017年，在国家、省、市主流媒体对外宣传100余次，特别是在科博会、电商峰会和园区承办的军转民大赛、高校毕业生创新创业大赛期间集中宣传报道科创区20余次，展现科创区创新创业、电商基地建设等工作取得的成效。其中，在中央新闻媒体刊播稿件3篇。8月30日，新华网等中央媒体报道园区承办的军转民大赛决赛；9月30日，《中国日报》用半个版的篇幅专题报道科创区科技创新和经济发展。同时编发手机报信息250余条，民生宣传信息在市级及以上新闻媒体刊播稿件80余篇，传播科创区，扩大科创区影响力。

【科创大讲堂】 2017年，区党工委、管委会要求举办科创大讲堂，邀请领导、专家学者为园区全体党员干部和创业者作专题辅导，全年共举办科创大讲堂7期。以《大数据是产业智能化发展的源动力》为主题进行授课，增强广大党员干部“立党为公，执政为民”的政治责任感和干事创业热情，提升创业者的能力和水平。

【未成年人思想道德建设】 2017年，全区建立健全学校、社会、家庭“三位一体”工作格局，净化社会文化环境，加强社区青少年活动中心建设。为博雅学校少年宫拨付3万元运行经费，用于改善未成年人活动场所，协调街道、社区、学校采取多种措施成立10个未成年人活动室，定时定点开放组织未成年人学习各种宣传活动、文体竞赛，有1000余人次在未成年人活动室参加各类学习活动。开展中华经典诵读、洒扫应对、认星争优、做美德少年，日行一善、“网上祭英烈”“学习雷锋、做美德少年”“向国旗敬礼”、庆“六一”文艺演出暨争做美德少年主题实践等各类主题实践活动。在辖区张贴未成年人思想道德建设宣传海报500余张。博雅学校被评为2017年度四川省文明校园及绵阳市文明校园，博雅学校韩依岑同学被评为2017年度绵阳市美德少年，博雅学校老师左荟靖、董艳玲作品获得2017年绵阳市优秀童谣二等奖，博雅学校廖艺菲儿童画《欢天喜地》作品获得绵阳市“我们的节日——春节元宵节”主题文化创意作品三等奖。

【弘扬社会文明新风尚】 2017年，全区加强宣传教育，组织召开文明城市建设工作推进会和相关知识培训会18次；组织机关和社区党员干部志愿者2000余人次，到街道、社区、小区、企事业单位、学校宣传以社会主义核心价值观为主题的文明城市建设知识，教育引导广大居民群众投身文明城市建设，共享文明创建成果。更换文明城市建设宣传栏50余块，制作社会主义核心价值观、遵德守礼提示牌400余块，安放于九洲大道、创业大道、剑南路、元通路、创新中心、人工湖周边及辖区道路路口，制作文明城市建设户外大型公益广告牌10个、社会主义核心价值观宣传海报5万余张、社会主义核心价值观宣传画2万余张、宣传横幅600余条、社会主义核心价值观宣传环保袋3000个、宣传扇2000把，为喜迎中共十九大胜利召开，制作宣传横幅100余条。制作张贴环境保护宣传海报1万余张，文明旅游宣传海报2000余张。制作文明餐桌提示牌1500余个，文明餐桌宣传画1500余张，禁烟标识2000余张。发动群众，做好问卷调查，组织500余名机关志愿者、网格员、社区志愿者及党员“双报到”志愿者，分组包片，进社区、小区入户到每户家庭开展模拟入户问卷调查800余次，共1万余户；做好社区、小区迎检预案和入户调查示意图，加强对社区、小区和窗口单位相关人员的培训，并组织机关、社区500余名志愿者每周至少3次的随机街访和问卷知识宣传。

【学雷锋志愿服务】 2017年，全区结合“千名干部进社区”和党员“双报到”活动，加强志愿者队伍建设，全区共有注册志愿者2600余人；并依据各志愿者专长，分类注册，不定期组织各类志愿者队伍进行培训。全区2000余人次志愿者开展“暖冬”慰问、学雷锋·清洁家园、义务植树、中元节文明劝导、夏季送清凉、关爱留守儿童、端午送温暖、“暖春献爱心”义诊、清明节缅怀革命先烈、环境清理、文明交通劝导等主题志愿服务活动20余次。在辖区重要路口、公交车站组织150余名志愿者开展文明交通劝导志愿服务活动。打造阳光家长学校，成立华奥商家志愿服务队，上马社区“大学生志愿服务队”，元通、科园、八角、华奥日间照料中心等特色项目，投入打造八角社区“孝德文化大讲堂”和科虹社区“孔子学堂”等新一批特色志愿服务项目。

【道德教育实践活动】 2017年，全区在开展学习宣传道德模范的同时，开展道德讲堂讲先进和“我推荐、我评议身边好人”等活动。设立两块科创区好人榜，每月收集1人的好人好事，组织单位人员前往“好人榜”参观、学习，提高“身边好人”的知晓度。在社区设立“道德的力量”好人栏20余块，鼓励社区居民学习宣传，争当身边好人。邀请四川省道德模范游洪建、四川好人王晓燕开展道德模范与身边好人现场交流活动。为园区干部职工和社区居民群众、博雅学校师生近300人作“道德模范在身边”专题报告。举办科创区道德模范评选活动，将身边先进人物和感人事迹推选出来，评选园区道德模范10名。

【群众性精神文明创建活动】 2017年，全区推进文明单位、文明家庭、文明市民等文明细胞创建工作，组织开展区级文明单位、优秀志愿者、道德模范、创建先进集体、先进个人等评选活动。在全区评选表彰区级文明单位1个，优秀志愿者20名，道德模范10名，文明城市建设先进集体21个，文明城市建设先进个人40名；开展“文明家庭”评选活动，通过群众推荐、个人自荐、组织推选、考察公示等方式，评选出15户“五好文明家庭”。在“我们的节日”期间，开展春节·元宵节主题活动，举办2017年迎新春文艺会演，开展丰富多彩的“迎新春．闹元宵”系列文化活动、清明节祭扫红军墓活动、端午节慰问活动、“迎中秋庆国庆”系列主题活动、喜迎十九大·激情大家唱文艺晚会等10余场主题活动。

科创区精神文明建设总结表彰暨文明城市建设工作会议召开

【群众文化生活】 2017年，科创区利用学校运动场、社区文化广场、社区书屋等阵地，开展广场舞大赛、群众文化体育活动、全民健身活动、志愿者服务活动等。组织全区干部职工、街道、学校、社区开展“舞动健康　魅力街道”广场舞大赛、“张灯结彩迎新年，法治文化谱新篇”新春法治走基层宣传活动、庆“五一”男子篮球赛、“迎新春”街道—社区全民健身活动、“闹元宵·迎新春”游园活动、“情暖三八、关爱妇女、关注妇女儿童合法权益”志愿服务活动等，吸引万余人参与，丰富群众的文化生活。

【迎春职工文艺演出活动】 2017年1月24日，科创区在创新中心二期举行科创区2017年迎新春文艺会演，全区700余名干部职工参加活动。由综合办、党群部、财政局、科技局、住建局、街道办等14个部门选送的《奔跑》《鼓动天地，凤迎春》《白蛇前传》《阿拉木汗》《招商引资欢乐多（2）》《抢红包》等14个原创节目获得全场观众的肯定。1月18日，2017中国（绵阳）科技城网络春晚暨科创区企业迎新文艺会演在科技城创新中心二期举行，通过全市网络平台征集、后期评选脱颖而出的15个节目闪亮登场并通过多家网络平台进行直播。1月10日起，科创区机关工会组织开展园区2017年迎新年趣味活动，活动项目丰富有趣，有篮球、乒乓球、俯卧撑、跳绳等比赛，园区职工积极参与。各社区还分别举办迎新春文艺会演，演出内容以歌曲、舞蹈、戏曲联唱等方式精彩呈现，以多种形式歌颂幸福美好的生活。此外，科创区还举办全民健身运动会、首届家庭教育论坛等10余场丰富多彩的文体活动，辖区内企业员工、机关工作人员、社区居民等近万人参与。

【开展网络文明建设】 2017年，全区6个市级文明单位，都分别组建网络文明传播志愿者队伍，共计有30余人加入行列中，开展文明传播活动。截至年底，共传播文明信息2000余条，发表评论文章100余篇。 （王 波）

纪检与监察

【概况】 2017年，区党工委、管委会深入学习贯彻中共十八届六中全会精神、十八届中纪委七次全会精神、中共十九大精神、十九届中纪委一次全会精神、习近平总书记系列重要讲话精神和中央、省委、市委关于党风廉政建设部署要求，自觉全面担当从严治党政治责任，加强和规范党内政治生活，持之以恒纠“四风”转作风，严肃整治群众身边的不正之风和腐败问题，进一步深化巩固园区风清气正的良好政治生态，为园区科学发展、加快发展提供坚强保障。

【党风廉政建设】 2017年，区党工委始终树立“不抓党风廉政建设和反腐败工作就是失职”的理念，把党风廉政建设作为必须履行的政治担当，发挥领导核心和政治堡垒作用，区纪工委认真履行监督职能，依纪依规监督执纪问责。“两个责任”的落实有效推动园区党风廉政建设和反腐败工作进一步深入发展。

【廉政宣传教育】 2017年，区纪工委、监察局组织开展“廉洁亲情寄语”活动、“学党纪、谈体会、争做守纪科创人”主题学习教育活动、“纪律教育学习月”活动、“学党章强党性 讲规矩守纪律”

科创区“纪律教育学习月”党章党规党纪知识测试

党章党规党纪知识竞赛等一系列党风廉政教育活动，组织园区党员干部1000余人次观看《迟来的忏悔（三）》《被围猎的权力》等廉政警示教育影片，组织观看《家规家风家国情怀》系列宣传片，引导党员干部引以为戒，警钟长鸣。其中，为期1个月的“纪律教育学习月”活动，全区52个基层党组织、1000余名党员干部全部参与。

【巡察整改】 2017年，科创区成立区党工委书记任组长的巡察整改工作领导小组，统筹部署和推进整改工作，制订《关于整改落实市委第三巡察组反馈意见的工作方案》《市委第三巡察组巡察科创区反馈意见整改实施方案》和《市委第三巡察组向科创区党工委反馈意见整改清单》，对市委巡察组反馈意见逐条认真研究梳理，分解为7类问题，明确28项整改任务，逐一确定9名责任人、9个牵头单位和20余个责任单位，各牵头单位围绕责任内容，明确责任领导、整改要求和整改时限，列出问题清单，分门别类建立整改台账，逐条逐项进行整改。28项整改任务已完成25项，另外3项也基本完成,完成和基本完成率达98%。市委第三巡察组移交的16件问题线索，已调查处理15件，其余1件正在调查处理中。总计谈话函询7次、初核16件，组织处理4人，立案6件，党纪政纪处分4人，移送司法1人，挽回经济损失28万余元。

【廉政风险点排查】 2017年，区纪工委、监察局组织开展全区范围内的廉政风险点排查，对19个区级部门（单位）、300余名员工的岗位风险点及风险等级进行了排查，总计排查部门（单位）风险点80余个、岗位风险点500余个，为形成权责明晰、制度完善、程序规范、监督有力的科学管理体系，强化权力制约，加快构建不敢腐、不能腐、不想腐的制度机制夯实基础。

【问题线索处置】 2017年，区纪检监察机关对问题线索实行集中管理、动态更新、定期汇总核对，提出分办意见，逐件编号登记、建立管理台账。线索管理处置各环节均由经手人员签名，全程登记备查。全年全区共收到群众信访举报4件（次）（与2016年同期相比减少50%），其中群众来访3次、来电1次，上级转办5件（市纪委4件、区党工委管委会1件）、同级转办1件。全年收到案件线索10件，对案件线索进行梳理分析，对指向明确的问题线索进行调查处理。

【监督执纪问责】 2017年，区纪检监察机关共立案11件，其中科级干部3人次、机关干部1人，社区党员干部6人、社区普通党员1人。立案数超额完成年初市纪委部署的纪律审查目标任务，较2016年增长22.2%。依纪依规对11名党员干部进行处理，其中给予开除党籍处分2人、党内严重警告处分2人、党内警告处分4人、行政警告处分1人（2人为2016年立案2017年办结，另有1件已立案的案件目前正在调查处理中），通过违纪案件查处，有效惩治不正之风和腐败问题。

【整治群众身边的不正之风和腐败问题】2017年7—9月，全区针对发生在群众身边的腐败问题和不正之风，开展为期3个月的专项整治活动。专项整治期间，共收到关于发生群众身边的不正之风和腐败问题线索6件，根据问题线索和调查核实情况，共立案3起，1人被给予党内严重警告处分、2人被给予党内警告处分，并对3起2016年1月1日以来发生的基层“微腐败”典型件案例进行点名道姓的公开曝光。针对社区财务公开问题进行专题调研，并形成《浅析社区财务公开存在问题与对策》调研报告，对社区财务公开存在的问题、产生原因及对策进行深入分析探讨，为进一步规范社区财务公开，加强社区财务管理提供重要参考。

【社区换届风气监督】 2017年，全区社区“两委”换届期间，区纪检监察机关共收到关于拉票贿选等问题举报7起涉及8人，核实有5人在换届中存在拉票搞非组织活动的行为。宣布1名当选小组长选举无效、取消3名候选小组长资格并对其中1名党员党纪立案，对1名上届当选小组长进行警示谈话。 （郝　明）

政务服务

【概况】 2017年，科创区管委会按照市政府《关于印发绵阳市建设服务型政府行动方案的通知》（绵府办函〔2017〕131号）等文件精神，落实工作责任，探索创新行政审批运行体制和机制，从带有根本性的制度建设入手，形成“小政府、大服务”的运行模式。推行“一站式”服务，减材料、减环节、减前置，在规范审批标准上下功夫。全面开展“最多跑一次，群众最满意”活动，打通服务群众办事的“最后一公里”，真正做到“服务真心、群众放心”。不断完善“一体化”政务服务平台，建立“互联网+政务服务”常规工作平台。加快推进行政权力依法规范公开运行，按照市上要求做好行政许可和行政处罚“双公示”工作，严格坚持“公开为常态、不公开为例外”和“谁产生、谁公示、谁负责”的原则。成立事中事后监管工作领导小组，由区党工委委员、分管领导任组长，区工商、社发、劳保等12个部门为成员单位。建立事中事后监管联席会议制度，重点加强统筹协调，研究解决事中事后监管中的重大事项和新情况、新问题。按照市上要求开展“减证便民”行动，组织党群部、街道办、社发局、劳保中心、公安分局等部门进行集中清理，共保留村（社区）证明事项13项、取消村（社区）证明事项51项，并在园区官方网站上公布事项清单，最大限度减少证明事项的数量，切实解决群众办证难、办事难的问题。印发《科创区建设服务型政府行动方案》，开展人性化服务，开通全程代办、预约办理、上门服务、延时服务、绿色通道等服务渠道，实现政务服务事项精准化供给。开展“一社区一律师”的法治政务专区建设工作。全年全区共受理法律援助事项168件，超额完成全年目标任务，宣传咨询716人次。整合财政、税务、金融信息资源，深化为企业减负改革，同时严格执行税收优惠政策，确保应免不征。2017年，共受理书记、市长信箱交办件138件，办结138件，办结率达100%；受理“12345”市长热线792件，办结792件，办结率达100%。

【《科创区建设服务型政府工作方案》出台】 2017年，科创区管委会印发《科创区建设服务型政府工作方案》（绵科创区管办发〔2017〕63号），方案的出台，以提升政务协同能力和构建一体化公共服务体系为重点，围绕服务群众、服务企业、深入推进放管服改革，加快推动信息共享，优化政务服务流程，提供政务服务效率，推动全区经济社会持续健康发展提供坚实支撑。

【《延时服务实施方案（试行）》出台】 2017年，科创区管委会印发《关于印发〈科创区各级政务服务实体大厅延时服务实施方案（试行）〉的通知》（绵科创区管发〔2017〕61号），方案覆盖区住建局、劳保中心、城北分局、国税、地税等办事大厅（窗口）和街道便民服务中心、社区便民服务室。自12月1日开始执行，全年，周六提供延时服务办件42件，法定工作日提供延时服务办件5件，群众反映良好。

【“先照后证”实施办法出台】 2017年，科创区根据《科创区落实“先照后证”改革决定加强事中事后监管工作的实施办法》（以下简称《实施办法》），按照“谁审批、谁监管，谁主管、谁监管”的原则，明确工商登记制度改革后各部门的市场监管职责，通过推动“先证后照”为“先照后证”，理顺市场主体准入环节，推动工商注册便利化，促使市场主体更便利、更快捷进入市场，进一步激发市场活力，增强经济发展动力。

【《放宽企业住所（经营场所）登记实施细则》出台】 2017年，科创区参照省、市人民政府关于放开企业住所的相关政策，结合区实际，印发《绵阳市科创区放宽企业住所（经营场所）登记实施细则》（绵科创区管发〔2017〕22号）。《实施细则》的出台缓解全区商业用房紧张的矛盾，解决个体工商户从事服务业没有经营场所的问题。同时严格执行税收优惠政策，确保应免不征。

【《企业集群注册登记管理暂行规定（试行）》出台】 2017年2月13日，管委会正式印发实施《绵阳市科创区企业集群注册登记管理暂行规定（试行）》（绵科创区管发〔2017〕13号），开展企业集群注册登记试点工作，为企业发展搭建平台，实现企业创建“零边际成本”。全年，核准6家拥有集群企业住所托管服务经营范围的孵化企业，共托管科技企业、电商企业等小微企业309家。

【专题研究政务大厅建设工作会议】 2017年10月17日，区管委会主任李哲主持召开专题会议，会议听取政务服务工作汇报并重点研究全区“政务服务中心实体大厅”建设相关事宜。会议要求力争2018年12月底前建成综合性的政务服务集约运行中心，并早日实现一窗受理、后台办理、一窗出证。大厅标准化建设拟采用孵化大楼B区1楼及“1716”咖啡场地合并改建的方式，由区综合办牵头组织协调，区创业服务中心组织企业搬迁，区住建局进行大厅方案设计，科投公司负责大厅建设工作，财政局负责大厅办公设备招标采购工作。　（白永淑）

政务服务信息公开

【概况】　2017年，科创区围绕党中央、国务院，省委、省政府，市委、市政府的决策部署，贯彻落实《政府信息公开条例》《绵阳市人民政府办公室关于印发绵阳市2017年政务公开工作要点的通知》（绵府办函〔2017〕75号）精神，全面推进决策、执行、管理、服务、结果“五公开”，深化公开内容，加强解读回应，扩大公众参与，增强公开实效，服务稳增长、促改革、调结构、惠民生和防风险工作大局，把网站建设和政府信息公开作为构建服务型政府的一项重要工作来抓，精心组织，扎实推进，依法、及时在园区网站公开相关信息，主动接受社会公众、企业和各类组织的监督，保障企业、广大群众的知情权、参与权和监督权。通过政府网站的信息公开，进一步增强机关干部依法行政的意识和自觉性，促进园区的建设和发展。

【政府网站建设】　2017年，科创区按照国务院办公厅《关于印发政府网站发展指引的通知》（国办发〔2017〕47号）文件规定的《网页设计规范》，对政府网站的系统结构进行技术调整，使网站得到有效运行，合理设置页面布局，突出栏目规划、信息分类。扩展智能查询、数据自动采集功能等有效功能，保障网站在信息发布、网上政务服务工作正常、及时的运行，更好体现网站各方面的功能作用。截至年底，科创区2017年门户网站公开信息数量为2335条，其中开设重点信息公开专栏数量20个；总浏览数277862次。其中在网站公开的信息中，概况类信息883条，占总体的比例为83%；通知公告信息88条，占总数的8%；政务公开信息905条，占总数的90%；公众服务信息111条，占总数的11%；党的群众

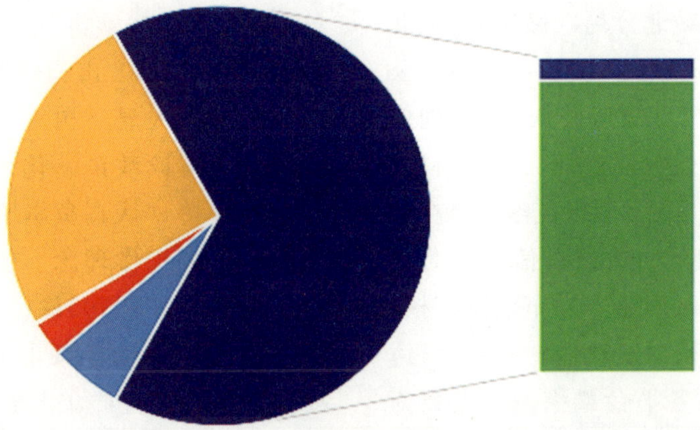

科创区网站建设情况图

路线信息123条，占总数的12%；依法治区信息17条，占总数的1%；企业之窗信息43条，占总数的4%；民生工程信息41条，占总数的4%；视频新闻信息36条，占总数的3%；政务信息公开指南88条，占总数的8%；新开设专栏15个，年度政府信息公开专栏访问量为9678次。

【政务新媒体建设】 2017年，科创区微信平台建设，按照“统一规划、定制开发、快速建设”的要求，开设绵阳科技城科教创业园区微信公众号。其微信公众号主要用于对外，能实时发布园区的相关动态信息、有效拓宽服务渠道、持续增强沟通互动、更好地为广大政务人服务。通过微信公众号的建设给公众提供一个新的公共服务渠道。微信公众号设关键词自动回复，信息查询等功能，为公众提供自动化个性化的信息服务，使公众足不出户就能获得政府提供的服务。

2017年，全区已开设政务新媒体主要由两部分组成，其中微博1个、微信公众平台7个，分别为：绵阳科技城科教创业园区（微信公众号）、科创区劳保中心（微信公众号）、城北分局（微博）、城北分局（微信公众号）、科服管家（微信公众号）、科创资管（微信公众号）、创业园街道办事处（微信公众号）、绵阳科技城创新中心（微信公众号）。各平台在部门专人负责管理下，通过对信息实时更新、用户留言及时回复、发布信息审核，充分确保科创区政务新媒体的有效运行。截至年底，全区各平台累积关注人数为5000余人，更新文章2450多篇，回复100多人次用户留言。

【书记及市长信箱转办件办理】 2017年，科创区网络问政工作本着“件件有着落、事事有回音”的标准，“执政为民、以人为本”的理念，扎实有效推进工作规范化、制度化和科学化，较好地实现利用网络平台听取民意、汇聚民智、解决民困、化解矛盾和维护稳定，工作取得明显成效。全年全区共受理书记、市长信箱交办件138件，办结138件，全部信件均是严格按照市上规定的要求和时限办结完成，无一件超时办结，办结回复率达100%。从信件分类看，投诉类信件105件，占比为76.09%；求助类信件22件，占比为15.94%；咨询类信件8件，占比为5.8%；建议类信件3件，占比为2.17%；无涉法涉诉及其他类信件。从群众评价看，群众评价为很满意、满意、基本满意（含未评价）的信件回复有128件，满意率达92.75%；评价为不满意的有10件，占信件总数的7.25%。重复来信共计6件，占比为4.35%。

【“12345”热线转办件办理】 2017年，科创区“12345”市长热线办理工作围绕中心，服务大局，树立“反映民生、传达民意、解读政策、化解矛盾”的工作宗旨，坚持“认真负责、畅通高效、优质服务”的工作理念。全年，全区受理市长热线交办件792件，办结792件，办结率为100%，全部按市上规定的时限和要求办结。接听群众来电200余个，群众对来电办理满意率达100%。 （冯 筠）

司法行政

【概况】 科创区司法所于2012年正式批准建立，所内政法编制4人，临聘人员2人，6人全部为大学本科学历，其中中共党员4人、民主党派1人、群众1人，4人通过司法考试。科创区司法所围绕法治宣传、法律援助、人民调解、法律服务、外来企业投诉处理等职能工作，按照司法所规范化建设要求，建设“五位一体”的公共法律服务平台，为群众提供更方便更快捷的一站式法律服务。2017年，区司法所开展各项工作任务，全年开展集中法治宣传30余次，发放各类法治宣传资料1万余份，受众3万余人。全年累计接管社区矫正对象47人，解除矫正20人，居住地变更1人，因再犯罪被收监执行2人，给予警告处分6人次，开展训诫谈话21人次，在册社区服刑人员24人，无一人脱管漏管。共受理法律援助事项168件，服务法律援助困难群体716人。全年受理各类社会矛盾纠纷538件，成功调解458件，调解率100%，调解成功率85%。按照《司法所外观及室内标识规范》要求对司法所进行建造，申报采购一批指纹采集仪、高拍仪等设备，增设一间专门的人民调解室，对社区矫正服务中心进行规范化打造，指导各社区做好换届后人民调解组织的调整和充实。新到位政法编制1名，公开招聘工作人员2名。完成司法所规范化建设任务，被省司法厅评为“省级规范化司法所”。

【法治建设和普法】 2017年，司法所发挥法治宣传教育在依法治区中的基础作用，各级各部门全面贯彻落实“法治周周行”，在全区范围内广泛开展“法律七进”，共组织开展各类法治宣传活动30余次，发放各类法治宣传资料1万余份，举办法律咨询服务活动300余次，受教育群众达3万余人。利用园区5个法治文化广场和1个法治文化主题公园，持续开展法治文艺会演、法治微视微电影展播，全年举办各类法治文艺演出8次，播放法治电影10余部，活动范围覆盖园区九大社区。对辖区主要交通线路和大型建筑及周边，进行法治宣传户外规划，更新法治宣传标语，户外LED显示屏，道路法治宣传栏等内容，持续营造法治宣传氛围。拍摄完成法治微电影《电商大作战》，并在各大微电影节上获奖。科园社区2017年获得“全国民主法治示范社区”称号。

【社区矫正和安置帮教】 2017年，全区推进“双严三强化”（严格执法、严格管理，强化检察监督、强化制度建设、强化档案管理）工作模式，全年开展集中教育活动12次，通过邀请心理咨询专家、律师、高校老师进行专门教育，收到了良好效果。健全“多帮一”的社区服刑人员日常帮教机制，为每一名矫正人员建立“4+X”矫正小组，通过政府购买服务方式招聘社区矫正社会工作者2人专职从事社区矫正工作。

2017年，全区新增列管社区服刑人员15人，累计在册24人。全年开展法院、监狱委托的社会调查评估4件。依托全国刑满释放人员信息管理系统，录入、核查和反馈服刑人员信息，加强人员信息衔接，在监人员核查率达到100%。落实亲情帮教走访，强化无缝衔接管理，落实重点帮教对象"必接必控"措施，预防和减少社会特殊人群重新违法犯罪。全年接收刑满释放人员9人，累计在册43人，安置率和帮教率均为100%。

【法律援助】 2017年，全区着力推进法律援助便民服务和规范化信息化建设，按照省司法厅的规范化建设要求，重新规范制度标识，加强在四川省司法行政工作平台中法律援助系统的操作录入，试点在区、街道和社区三级设立公共法律服务平台建设；提升法律援助社会影响力，围绕党工委、管委会中心工作，司法所与劳保中心、住建局、社发局等相关部门协调联动，开展拖欠农民工工资、安全生产、环境保护、食品药品安全和未成年人保护的法律援助专题宣传和矛盾纠纷的摸排，提升群众的维权意识，预防矛盾纠纷的激化。全年共受理法律援助事项168件，完成全年目标任务的168%，挽回经济损失82.7万元，宣传咨询716人次，发放各类法律援助宣传资料1万余份。

【人民调解】 2017年，全区举办系列宣传、现场开展法律咨询、纠纷调解等活动，印发人民调解宣传单3000余份。利用社区换届的时机，指导各社区做好换届后人民调解组织的调整和充实及组织开展好人民调解员的培训工作。全年各级调委会受理各类社会矛盾纠纷538件，成功调解458件，调解率100%，调解成功率85%。落实《科创区人民调解员调解纠纷案件补贴办法》，发放人民调解个案补贴30220元。全年无因调解不及时出现纠纷激化和"民转刑"案件发生。

【基层法律服务】 2017年，科创区对管理的2个基层法律服务所、15名基层法律服务工作者进行年度考核，指导基层法律服务所规范化建设。组织辖区2个法律服务所主任参加市司法局举办的基层法律服务工作者培训。组织辖区法律工作者参与"12·4"全国法制宣传日等活动的宣传，使法律服务向人民日常生活中延伸。

【外来企业投诉与服务】 2017年，全区形成外来企业投诉工作司法所牵头、部门参与、社会监督、齐抓共管的工作局面。着手建立完善外来企业信息资料库，通过多途径、多渠道、多方式对外来企业进行走访摸底调查，准确掌握全区外来企业基本信息。创新模式，拓展范围，利用园区政务网、微信公众号等新媒体，开辟公共法律服务专栏，构建"精准式"法律服务助力园区企业健康发展。搭建平台，强化支撑，整合司法行政的法律资源优势，利用园区法律顾问团制度，搭建法律服务平台，实现服务对接机制，定期为区内企业开展法律义诊活动。全年走访园区企业61家，开展专项法律服务10余次，入企法律宣传8次，发放宣传资料1267份，受教育人数达1267人，解答政策、法律咨询87人次，共计为园区企业挽回经济损失292万元。 （刘大军）

机关事务管理

【概况】 2017年，科创区机关事务管理工作由区综合办全面负责，明确党工委、管委会分管领导1名、部门分管负责人1名、相关工作人员2名，内设后勤管理股，制定出台公车管理、会议接待保障、节能降耗、食堂管理等规章制度10余条，切实履行机关事务管理、服务和保障职能。

【公车管理】 2017年，科创区按照中央、省、市关于公务用车制度改革的工作要求，制定《绵阳科技城科教创业园区公务用车制度改革实施方案》，保留一般性公务用车1辆，用于保障机要通信、应急工作，对取消的公务用车，遵循公正公平、集中统一、规范透明、防止浪费的原则，通过政府采购方式确定评估机构和拍卖机构后进行统一处置。同时健全完善公务用车租赁制度，做好公务用车纪律检查和审计工作。自公务用车改革以来，全区公务车辆燃油费用、维护费用大幅下降。

【公共机构节能】 2017年，科创区成立以区主要领导为组长、分管领导为副组长、相关部门负责人为成员的公共机构节能工作领导小组，全面负责公共机构节能工作，把公共机构节能工作纳入本单位节能减排重要工作议事日程，为公共机构节能工作的开展提供资金保障，明确公共机构节能日常能耗统计及节能宣传方面工作人员，明确细化工作职责，形成“全区齐动、上下一体”的节能管理体系。

【食堂管理】 2017年，科创区将食品卫生安全、节能、菜品创新相融合，明确区综合办公室为食堂日常监督、管理部门，落实具体人员对食堂进行日常管理，并协同区社发局等相关部门定期召开机关食堂管理专题会议，从食堂安全生产、餐厅卫生管理、食品原料采购、餐（用）具洗涤、消毒管理、营养配餐等重点环节进行全面督查，营造安全放心风味的机关食堂。

【会务接待保障】 2017年，全区会务接待按照标准流程，抓好日程安排、接待礼遇、食宿安排、车辆、会议、会见、参观、考察、安全保卫、宣传报道等关键环节，对会议和接待内容、行程安排、方案制订，做到从点滴细节入手，综合考虑，努力做到严之又严、细之又细、不出纰漏。全年承办市级以上会议、重大活动40余次，其中国家级以上会议、活动2次，省级以上8次，市级以上30余次。接待22573人次，其中国家级、省部级等重大接待100余次。 （白永淑）

区工会工委

【概况】 2017年，区工会工委下属基层工会组织47个，涵盖法人企业（单位）78家，工会会员3789人，职工入会率达99.8%，其中9个社区工会、3个机关事业工会（学校、机关、派出所）、3个国企（投资公司、科服公司、资管公司）、3个行业联合工会。2017年，区工会工委获市总工会年度考核一等奖，绵阳市创新创业工作先进单位，绵阳市工会信息采集工作先进单位。

【困难职工帮扶】 2017年，区总工会开展“四季送”、医疗救助、生活救助等活动。送温暖活动中，共为77名困难职工家庭发放46200元的节日慰问金，其中给5名特别困难职工家庭发放价值500元的慰问品。2月17日，在五一广场参加“春风送岗位”和产品成果展示会，完成20名下岗职工再就业，完成率为100%。7月，开展防暑降温“送清凉活动”，为一线建筑工人和一线职工（公安、交警、城管、环卫）约700余人赠送价值1.45万元防暑降温物品。8月，向品学兼优的64名学子发放9.8万元金秋助学金，其中中央财政资助资金为1.8万元、省总资金6万元、园区自筹2万元，资助金额400~4000元不等。9月，开展助学回访活动回访6人，发放帮扶资金0.3万元。为2名困难职工发放医疗救助帮扶资金1.4万元。全区发放生活救助10人次1万元。在“六一”期间，组织以“放飞希望、绽放微笑”为主题的关爱未成年人“六一”慰问活动，向辖区内59名困难职工子女和留守儿童发放共计1.77万元的慰问金。慰问省部级劳模3人次，发放慰问金4200元。

【职工职业技能培训】 2017年，区工会工委坚持从实际出发，有计划、有层次地提升辖区职工技能，帮助他们就业、创业。以区内失地农民、下岗职工为主，依托绵阳市青年创业职业培训学校开展职业技能培训，举办3期“推动创新创业和社会就业”创业培训，培训人员90人，培训费7.2万元。

【科技型中小企业帮扶】 2017年，区工会工委开展“工会就业援助月”“阳光就业”等就业促进行动，为创业者提供必要政策指导帮助和服务，做好辖区内工会创业扶持工作。全年区工会向上级工会申报科技型中小企业帮扶项目135家，发放创业补助40.5万元（每家3000元）。

【工会会员登记及普惠制活动】 2017年，区工会工委按照中华全国总工会《中华全国总工会关于印发〈工会会员会籍管理办法〉的通知》（总工发〔2016〕35号）、绵阳市总工会《绵阳市总工会办公室关于做好全市工会会员信息采集工作的通知》（绵工办发〔2017〕27号）精神，科创区工会于12月10日完成47个工会组织和3789名工会会员实名登记录入等相关工作。完成553张会员卡制卡工作、发放等工作。

【维权法律法规普及】 2017年，区工会法律援助工作站组织开展法律专题讲座1次。组织开展“12·4”法制宣传、“尊法守法、携手筑梦”“安全知识竞赛”等法治宣传活动，发放《中华人民共和国工会法》《法律援助条例》《绵阳市法律援助程序细则》《中华人民共和国妇女权益保障法》《女职工劳动保护特别规定》《中华人民共和国未成年人权益保障法》等法治宣传资料1万余份。通过开展法律援助宣传活动，使全区广大老百姓更深入地了解法律援助制度，增强维权意识，拓展扶贫、济弱、助残法律援助渠道。

【开展工会文体活动】 2017年，科创区在创新中心二期举行以“科教并举、军地互动、产城相融，打造科技城中央创新产业园区”为主题的迎新春文艺会演。全区700余名干部职工参加活动。组织开展中国（绵阳）科技城网络春晚暨科创区企业迎新文艺会演，通过全市网络平台征集、后期评选脱颖而出的15个节目闪亮登场并通过多家网络平台进行直播。组织开展迎新年趣味活动，活动项目丰富有趣，有篮球、乒乓球、俯卧撑、跳绳等比赛，园区职工积极参与。3月25日，组织开展“幸福相约 缘聚科创”单身派对活动；5月3—11日，全区举办2017年科创区庆“五一”篮球赛活动，比赛有13支队伍。在国庆节前后，组织开展以“熔炼团队 感悟文化”为主题的趣味拓展训练活动，全区近300名职工参与，丰富机关干部职工文体生活。

（谭 秀）

妇 联

【概况】 2017年，科创区妇联坚持以服务大局、服务妇女儿童为宗旨，以五大行动为统揽，推动实施妇女儿童发展纲要，聚焦基层组织建设，完成园区三级妇联改革，全区妇女儿童事业实现质的突破，被评为全市2017年度妇女儿童综合工作一等奖、2017年度基层妇联组织建设工作先进单位。截至年底，全区有家庭23971户，女性37336人，儿童15327人。年内开展各类培训班，培训妇女300余人次，举行招聘会场，帮助200余名妇女实现再就业，缓解辖区九洲集团等重点企业用工难问题。

【基层组织建设】 2017年，科创区根据《中华全国妇女联合会章程》的相关规定，结合科创区实际，科创区原妇工委于11月开始着手筹备，组织基层妇代会选举专题培训，印发《科创区组建妇联工作方案及操作手册》，12月6日开始逐

科创区妇女第一次代表大会代表合影

市妇联为科创区妇女联合会授牌

级召开妇女代表大会，组建科创区妇女联合会（以下简称科创区妇联），选举产生各级妇联执委及领导班子。在科创区妇女第一次代表大会妇女代表中，不仅增加创业女性、社会组织负责人、女大学生、社区工作者等新型代表界别，还特别增加基层一线人员比例，更好地体现妇女组织的代表性和广泛性。截至12月底，全面完成科创区、创业园街道、华奥、阳光等9个社区妇联组建工作，产生区妇联主席及专兼职副主席5人，执委25人；街道妇联主席及专兼职副主席5人，执委25人；9个社区妇联主席及专兼职副主席共27人，执委109人。杨琼英当选为科创区第一届妇联主席。

【妇女儿童基地建设】 2017年，科创区共建成7个“妇女儿童之家”，分别位于科园社区、上马社区、元通社区、八角社区、兴隆社区、华奥社区、阳光社区，为妇女儿童提供学习阅读、亲子互动、邻里互助、社区联谊的活动平台。各级妇联分别组织快乐“六一”、快乐买卖、亲子共读、生活中的化学等14次主题活动，开展“家有两宝、如何构建和谐家庭”“为人父母与家庭公约”“孩子我该如何来爱你”等家庭课堂23次。同时，社区的“妇女儿童之家”也是妇联为留守儿童营造的温暖之家。未成年活动室定时定点开放，有1000余人次在未成年活动室参加各类学习、娱乐活动。

【妇幼权益保护】 2017年，区妇联加强维权中心建设，构建一体化妇儿维权帮扶体系，建成集咨询、投诉、救助、维权、监督“五位一体”的妇女儿童维权服务站9个，与司法所建立联动平台5个。着力推进妇女群众利益表达、婚姻家庭矛盾纠纷调处、家庭暴力预防制止、妇女舆情监督回应、困难妇女救助“五个机制”建设，健全妇联系统区、街道、社区三级信访网络，发挥社区维权服务站点作用，全年定期组织专家、志愿者开展各类接访调解活动18次，受理并成功调解婚姻家庭纠纷7件。

【家庭示范教育】　2017年，区妇联围绕和谐家庭目标，打造家庭文化建设品牌，在全市树立公益家长学校的典范。阳光社区率先成立以家庭教育为主导“阳光妈妈学校”，学校将家庭文化与家长教育的科研、科教和科普工作有机结合，形成独具特色的课程体系和公益急停学校发展模式。

2017年，全区拥有30多名专家级兼职讲师团队和150余人的家庭教育志愿者团队，将家庭教育拓展到20余个小区，覆盖5000余户家庭。区妇联以阳光妈妈学校为载体，坚持“一年一主题、一年一亮点”的原则，开展各类家庭文化主题活动。先后举办书香家庭读书会，和谐家庭联谊会、文明家庭互动会等线上线下700场公益性讲座和活动，科教社工培训20余次，直接受益人群达3万余人次。在这些活动中，区妇联坚持以人为本，围绕“家”字这个中心，突出“教育”这个主题，做好“和谐”这篇文章。

【妇女组织活动】　2017年,区妇联精心组织开展纪念“三八”国际妇女节107周年系列活动，区级部门、街道社区、企业女职工代表共140余人参加各项活动。在“巾帼心向党,家和万事兴”为主题的专题宣传教育讲座上，女性职工们通过寓教于乐的互动体验，领会家庭、家教、家风的重要意义，感悟了中国梦始于家庭梦、家国情源于父母情的家庭公约，愿意从自身做起，做好家风的带头人和传承人。别开生面的“三八”俪人节家庭家风文化美德主题活动，通过专业老师现场讲解鲜花的选择与保养常识，摆放艺术与插花技艺，让女职工们在鲜花四溢的生机与浪漫中，创作出各具特色的插花作品，并将这份饱含情意的艺术品带回与家人分享。　　（覃　莉　杨琼英）

科创区纪念“三八”国际妇女节107周年系列活动

财政管理

【概况】 2017年，园区入库财政总收入12.7亿元，其中国税7.11亿元，地税3.89亿元，财政1.7亿元。一般公共预算收入完成6.01亿元，同口径增长9.07%。其中税收占比68%，超过市上下达目标的0.5%。实现财政总支出10亿元，一般公共预算支出6.35亿元，其中财政八项支出完成3.29亿元，同比增长33.06%。共聚集122家金融、类金融、投资类企业及中介服务机构，上市挂牌企业达到6家，其中A股1家（四川九洲）、港股1家（长虹佳华）、“新三板”4家（西科种业、九洲光电、奇石缘、立德电子）；天府联合股权交易中心（四板）挂牌企业46家。

【财政改革】 2017年，园区坚持以深化财政改革为载体，继续全面推进国库集中支付改革。进一步规范部门预算编制、执行、决算和监督等工作。加强债务管理，编制形成《科创区政府债务与中长期支出责任有关情况报告》；完成园区融资平台公司等债务及政府中长期支出事项专项工作；动态管理园区债务，每月按时上报债务月报，按时足额上缴债券利息及手续费；开展规范地方政府举债融资行为专项整改工作。强化业务培训，分别于3月17日和11月21日，两次组织各部门财务人员对国库改革、预算编制等进行专题培训。推进预决算、“三公”经费、债务管理公开工作，管委会本级及独立核算单位公开率达到100%。开展2017年财政支出绩效评价工作，对溪谷路、日间照料中心等5个本级预算安排项目进行绩效评价，提出整改建议。对照巡察整改任务，出台《关于进一步严格实施区级公务卡强制结算目录制度的通知》《科创区关于给予企业奖励、扶持、补贴等专项资金管理办法》《科创区财政大额资金使用管理办法》，并协调银行为园区各部门相关人员办理公务卡208张，部门覆盖率达100%、人员覆盖率达91%。对街道办、科投公司、科服公司及下属公司等各单位（部门）进行财务专项检查；对工商、街道办等单位进行票据专项检查，并形成工作报告上报管委会。加大园区“三公”经费的使用管理力度。严把经费追加（减）关，压缩一般性支出。在经费使用报销过程中，严格执行中央八项规定及省、市相关规定审核财务票据。

【政府采购监管】 2017年，园区财政以财政部87号令为重点，按照“管采分离”要求，不派人参与现场监督，注重对整个招标流程的监督管理，规避“既当运动员又当裁判员的”现象发生。坚持严格审核各单位采购执行计划，审核并合理确定政府采购方式。全年政府采购预算总额1948.91万元，实际采购总额1876.49万元，节约72.42万元，节约率3.7%。

【重大项目财政投入】 2017年，园区财政通过争取新增债券额度、鼓励企业进行融资贷款等方式，共筹集建设资金1.36亿元，推进家园盛景安置房、创新基地、公立小学等重点项目的快速建设。实施完成科创区公立小学、公立幼儿园等项目，全年教育文化事业支出达3500万元。贯彻落实园区科技型中小企业、招商优惠和知识产权等园区政策，全年兑现中小企业发展资金4000万元。增加社会保障投入，支持社会保障体系建设，全年社会保障支出1700万元。

【国有资产管理】 2017年，园区国资办根据国有企业所处的行业以及承担的工作任务和功能特点，制定《绵阳科创区国有资产保值增值考核办法》，实行分类考核。由科创区深化国有企业负责人薪酬制度改革工作领导小组制定的《关于深化区属国有企业负责人薪酬制度改革的实施意见（送审稿）》。依法公开做好对资产的处置和出租工作，督促做好新增固定资产的及时、准确录入，定期不定期对各部门资产录入情况进行检查。防止漏录、错录资产现象发生。组织科投公司对其在乐山市商业银行的6000万元融资贷款进行整改。2017年，区属国有企业多渠道筹集资金9.3亿元，实施家园盛景安置房、元通公园等产业投资项目16个，投资金额达17亿元。

【投融资体系建设】 2017年，园区推动政府和社会资本合作PPP模式项目建设，园区元通公园、创新基地两个PPP项目均已完成政府采购、转入项目执行阶段，并被纳入财政部“政府与社会资本合作”综合信息平台。争取置换债券和新增债券额度1.35亿元，主要用于公立幼儿园、创新中心二期、元通公园保障性安居工程建设。支持科投公司做大做强，为发行企业债做好准备。主动协调做好天府（四川）联合股权交易中心绵阳分中心前期筹备工作，并于6月6日正式获批。与华西证券、北京盈天科地、九州基金、昊伶军合科技、科发集团等联系，商谈其入驻园区的相关事宜。昊伶军合科技、科发股权投资基金已在园区注册成立。清理政府性基金预算结转资金和专项转

2017年科创区财政收支情况表

表3　　单位：万元

收入	执行数	支出	执行数
一般公共预算收入	60127	一般公共预算支出	63469
转移性收入	13000	转移性支出	14604
返还性收入	5872		
一般性转移支付收入	613		
专项转移支付收入	6515		
接受其他地区援助收入		援助其他地区支出	
债务转贷收入	13500	债务还本支出	10000
国债转贷收入		增设预算周转金	
国债转贷资金上年结余		拨付国债转贷资金数	
上年结余收入	5111	国债转贷资金结余	
调入预算稳定调节基金	445	补充预算稳定调节基金	1671
调入资金		调出资金	
		年终滚存结余	2439
收入总计	92183	支出总计	92183

移支付结转资金；加大结转资金执行力度，对部分尚未执行使用的部门预算结转结余资金，收回调入预算调节基金；及时清理与各部门单位的往来款，如暂存款和暂付款，盘活资金存量，增加新的资金来源。（姚　辉）

国家税务

【概况】　绵阳市国家税务局直属分局位于绵阳市长虹大道南段53号，是绵阳市国家税务局的直属机构，主要负责辖区内的中央税、中央与地方共享税的税收征管工作。2017年，分局在职职工62人，其中公务员59人、工人3人，平均年龄42岁；研究生以上学历8人、本科52人、注册税务师2人、律师1人、省级稽查能手4人；党总支现有党员51人，其中在职职工党员42人，离退休党员9人；内设科室8个：办公室、综合科、收入核算科、税源管理1~5科；现有班子成员5人。2017年，分局共有管户5836家，其中企业3860家；年纳税5000万元以上重点企业5家、入库税款100万元以上企业76家，房地产业、批发零售业、建筑业、制造业和金融业为支柱行业。

2017年，科创园区共有纳税人5400户，其中企业3672家；全年共组织入库税收收入71110万元，同比增加22368万元，同比增长45.89%，房地产业、批发和零售业和建筑业位列收入排行榜前三甲，收入比重达到60.6%。年纳税5000万元以上的重点企业5家，入库33365万元，占园区总收入的56.58%。截至年底，直属分局做好年终组织收入工作，累计组织收入75351万元，完成全年收入的105.1%。

2017年直属局科创园区税收收入情况表

表4 单位：万元

税收收入合计	71110
增值税	44779
其中：营改增	30050
企业所得税	26331

【国地税“金三”信息共享】 1月6日，直属分局全面实现国地税“金三”信息共享业务。通过金税三期操作系统，对于在地税二分局办理了税务登记的9家企业的信息传递，按照岗位分工接收并办理税务登记、主管税务科所分配以及纳税人信息变更三项业务。信息共享标志着第一阶段的国地税“新办登记推送”“地税读取国税报验登记纳税人信息”两项共享业务全面实行成功。

【重点企业高新技术优惠政策后续管理】 2017年，直属分局坚持加强重点企业税收优惠政策后续管理，建立后续管理风险指标分析识别、等级排序、回访跟踪、分类管理的闭环模式，持续提高对高新技术等后续管理的精准度，2016年度落实鼓励高新技术税收优惠5845万元，1—3月通过后续管理辅导15户重点企业自查补缴增值税1061万元，所得税131万元、弥补亏损131万元，加收滞纳金33万元，确保优惠政策“不走位”。

【推进“非接触式”办税】 2017年，直属分局按照“非接触式”办税要求，完善设施、优化流程、加快推进非接触式办税模式进程。办税服务厅设有9个自助终端设备，可实现7×24小时全天候非接触式办税。截至12月底，自助办税终端办理业务4110户次，网上办税终端办理业务42144户次，非接触式办税量占业务总量的53.92%，在全市国税系统排名前列。

【首笔无纸化“出口退税”业务完成】 2017年5月11日，四川迪佳通电子有限公司、长虹网络股份有限公司顺利完成第一笔出口退税无纸化申报，当天审核完成出口退税额1193万元，免抵税额358万元，标志着直属分局出口退税无纸化管理成功实现。

【依法治税】 2017年3月13日，直属分局按照上级关于开展税收执法大督察工作的相关要求，快速行动、统筹规划，严格按照大督察的工作要求进行安排部署，理清部门责任，细研督察流程，强化督导落实。10月19日，直属分局举办预防职务犯罪警示教育讲座，绵阳市人民检察院副检察长陈安从预防职务犯罪面临的严峻形势、增强做好预防职务犯罪工作责任心和使命感、职务犯罪的特征、立案标准、致罪原因、预防对策等六个方面进行详细讲授，重点阐述税务系统职务犯罪的表现形式、特点及产生的原因，剖析职务犯罪的主观原因和预防对策。12月4日，分局派出5人法制宣传队伍，前往仙海风景区游客中心开展“12·4”国家宪法日税收普法宣传活动，提高税收法治宣传的知晓率。全面推行税收执法权力清单制度，梳理执法程序，规范证据采集、执法依据和审批流程，推进网上审批、阳光审批，提高审批效率，确保办结时限“零超时”，确保文书规范统一。

【“税收宣传进高校　助力学子创业梦”主题活动】 2017年4月17日，直属分局举办“创新创业在高校、税收宣传进高校”主题活动，派出3名税收业务骨干组成宣传小组进驻西南科技大学开展税法宣传。宣传小组进入大学生创业中心、实验室为高校师生送政策、送信息、送服务，重点介绍促进高校毕业生就业创业相关的税收优惠、减免税和营改增等方面的惠民政策，同时为前来咨询的学生一一作详细讲解和分析，并发放小型微利企业税收优惠宣传手册、个体经营税务登记、网上办税等税法宣传资料130多份。1—6月，分局发出减税红包30227万元，取消审批事项60余项。

【“3+X”模式提升纳税人满意度】 2017年，全区开展“3+X”模式提升纳税人满意度，即以三个办税点为支撑，通过多条线合作、多渠道询问、多层次服务、多方面辅导，让纳税人享受到线上线下“办税春风”带来的实惠和便利。在全省上半年纳税人满意度调查中分局获得92.83的综合成绩，较2016年同期增长11.88%，2017年获得全市第二。

（袁　潇）

地方税务

【概况】 四川省绵阳市地方税务局第二直属税务分局于1997年9月在原绵阳市地方税务局直属分局基础上分设成立，正科级单位，编制75人，自2014年12月起负责园区地方税收和基金（附加、费）的征收管理工作。全局内设办公室、综合管理科、收入核算与财务科、管理一科、管理二科、管理三科、人事与监察科、服务征收科共七科一室。2017年，有干部职工39人（其中公务员35人、工人4人），平均年龄35.26岁，其中中共党员30人，占职工总人数的76.92%；大学本科及以上学历38人，占职工总人数的97.44%。2017年7月被绵阳市地方税务局机关党委评为“先进党支部”。

2017年，全区共有管户3858户，年纳税额100万元以上重点企业42家，年纳税（费）总额28427万元。其中年纳税额1000万元以上、500万元~1000万元、100万元~500万元管户分别为6家、9家、27家，年纳税（费）金额分别为15899万元、6646万元、5882万元。全年累计组织地方各项收入51642万元，同比增长9.61%（剔除营改增）。其中税收收入36592万元，同比增长17.20%（剔除营改增）；非税收入15050万元，其中教育两费收入2270万元，工会经费收入672万元，残疾人就业保障基金收入430万元，社会保险基金收入11671万元。2017年，全局企业所得税收入6133万元，同比下降13.65%；个人所得税收入12839万元，同比增长36.23%；城市维护建设税收入3242万元，同比增长4.28%；房产税收入1811万元，同比增长3.55%；印花税收入1540万元，同比增长1.72%；土地使用税收入1216万元，同比下降19.37%；土地增值税收入3092万元，同比增长74.50%；车船税收入118万元，同比增长156.53%，契税收入4896万元，同比增长5.38%。同时，严格落实各项税收优惠政策，累计减免各项税收87368万元，税收优惠政策的扶持作用渐趋明显。组织应对7批次1012户风控任务，补征税（费）款649.21万元，滞纳金563.46万元，风险应对率100%。

【第一期纳税人学堂开讲】 2017年2月23日，四川省绵阳市地方税务局第二直属税务分局与四川省绵阳市国家税务局直属税务分局在新世纪宾馆8楼会议室联合举办2017年第一期纳税人学堂，近400户纳税人参加培训。此次培训由国税、地税分局负责税政的工作人员以及软件专家团队主讲，培训内容包括：地税“天府e税”手机APP的培训，国税“税e办”掌上办税平台推广、讲解，网络申报培训，防伪税控开票系统培训，营改增发票查验平台、网上申请代开专用发票（网上申领发票）纳税人端操作流程以及营改增政策、业务培训。

【2017年度地税工作会议】 2017年2月28日，四川省绵阳市地方税务局第二直属税务分局在市地税大楼11楼会议室召开2017年度地税工作会议。全体干部职工参加会议。会议传达市地税局2017年度工作会议精神，同时就如何贯彻落实好“依法开展税收、强化征管质效、突出绩效考核、加强队伍建设、狠抓末端落实”的分局年度工作目标作安排部署。

【首笔外籍个人12万元所得个人所得税申报成功】 2017年3月13日，西南财经大学天府学院3名外籍教师的委托人在四川省绵阳市地方税务局第二直属税务分局办税大厅成功申报2016年度12万元所得的个人所得税，这是该局2017年度首次受理外籍个人12万元所得个人所得税申报。

【年度首笔两处以上个人所得税申报纳税成功】 2017年3月21日，西南财经大学天府学院的史某到四川省绵阳市地方税务局第二直属税务分局办税大厅成功完成2017年2月两处取得收入以及年所得12万元以上个人所得税的纳税申报，并补缴税款14434.45元。该笔业务是该局2017年度首笔两处以上个人所得税申报纳税。

【开展第26个全国税收宣传月活动】 2017年4月13日，四川省绵阳市地方税务局第二直属税务分局前往科教创业园区上马社区开展房屋出租相关税收政策宣传服务。活动中，发放税收政策资料100余份，走街串巷深入商户宣传讲解、张贴宣传画20余次，接受纳税人咨询和解答问题50余人次，引导群众扫描二维码30余次。

【开展送税法进学校活动】 2017年1—4月，四川省绵阳市地方税务局第二直属税务分局对教育行业“两高”自然人开展个人所得税宣传服务，先后约谈四川省绵阳南山中学双语学校、西南财经大学天府学院、绵阳中学实验学校、绵阳外国语实验学校、绵阳南山中学实验学校等5户学校的财务负责人、办税人员及纳税人约200余人次，走进校园进行上门宣讲2次、合计辅导300余人次，组织个人开通网报约400人次，纳税人的纳税意识得到明显提高，自查补缴个人所得税651720.01元，滞纳金4069.12元。

【举办“弘扬中华美德，传承良好家风”道德讲堂】 2017年3月16日，四川省绵阳市地方税务局第二直属税务分局主办以“弘扬中华美德，传承良好家风”为主题的道德讲堂。市地税局机关、一分局、二分局、三分局、稽查局共计60余人参加活动。本次活动向干部职工诠释诚信友爱的传统美德，引导干部职工用一颗感恩的心去生活，用实际行动去回报他人和社会，做一个有爱心有责任的地税人，传递社会正能量，营造和谐的地税新风尚。

【便民办税春风行动】 2007年3月17日，四川省绵阳市地方税务局第二直属税务分局与市区地税系统兄弟单位联合开展“便民办税春风行动”，到绵阳市长虹商贸中心为长虹系企业集中办税，接收高收入个人电子申报资料，接受企业政策咨询。

【开展网上办税系统CA认证工作】 2017年4月1—12日，四川省绵阳市地方税务局第二直属税务分局到60余家重点企业，为企业定制个性化便民服务套餐，并对纳税人进行CA数字证书的使用操作辅导。

【联合开展2016年度纳税信用等级评定】 2017年，四川省绵阳市地方税务局第二直属税务分局与市国税直属分局联合开展2016年度纳税信用等级评定工作。评定A级纳税信用企业12家（与2016年度相比，同比增长20%）、B级纳税信用企业806户（与上一年度相比，同比增长464%），按要求向社会公告A级纳税人名单，共同实施A级纳税人激励措施，推行“银税互动”，及时将企业信用等级信息推送至银行，合力提升纳税信用的含金量。

【召开财税库银横向联网知识竞赛动员大会】 2017年7月13日，四川省绵阳市地方税务局第二直属税务分局在市地税大楼七楼会议室召开财税库银横向联网知识竞赛部署动员大会。二分局分管负责人、业务相关人员及拟参赛选手参加会议。会议学习《四川省绵阳市地方税务局关于开展绵阳市财库银联网知识竞赛的通知》，为备战绵阳市财库银联网知识竞赛打下良好的基础。

【通过首次国地税办税服务联合检查】 2017年9月19日，四川省绵阳市地方税务局第二直属税务分局顺利通过国地税服务联合督查小组首次检查。此次联合检查重点查验基层单位贯彻党中央、国务院“放管服”改革的决策部署情况以及落实国地税联合办税服务举措和各项办税服务制度情况。

【获全市税库银联知识竞赛团体第一名】 2017年9月27日，绵阳市财税库银横向联网知识竞赛在市创新中心举行。四川省绵阳市地方税务局第二直属税务分局选派1名同志与系统其他4名同志组成参赛队代表市地税局参加全市税库银联知识竞赛，取得团体第一名的好成绩。

【延时服务实施】 2017年，第二直属分局根据《绵阳市人民政府办公室关于印发绵阳市建设服务型政府行动方案的通知》（绵府办函〔2017〕131号），制订《四川省绵阳市地方税务局第二直属税务分局办税服务厅延时服务实施方案（试行）》（绵地税二分发〔2017〕54号），自2017年12月1日起，办税服务厅有关业务窗口在每周六（法定节假日除外）9：00~17：00提供可受理的延时服务。进一步提高纳税服务精准化、便利化水平，满足纳税人对办税服务的需求，增强纳税人获得感。

【开展“警示教育活动周”系列活动】 2017年12月18—22日，四川省绵阳市地方税务局第二直属税务分局开展为期1周的“警示教育活动”。采取“五个一”系列配合活动，即“一次典型案例通报学习”“一次警示教育片观看”“重温一次税务工作人员‘八条严禁’”“签订一份廉洁从税承诺书”“分享一次心得”。进一步警醒全体干部要加强思想政治建设，牢筑拒腐防变的思想根基，时刻牢记使命，自觉做到对党忠诚、踏实做事、清正廉洁。

【开展水资源税改革试点培训】 2017年12月18日，四川省绵阳市地方税务局第二直属税务分局在市地税大楼七楼会议室召开水资源税改革试点培训会。会上详细讲解此次水资源税改革试点的背景意义、改革内容，四川省水资源税的计税依据、税额、申报表填报以及金三系统中的操作要领等。会议要求全体职工要高度重视，学习政策，精熟业务，做好各项宣传引导准备工作，为下一步水资源税的有序开征打下坚实的基础。

【开通地税移动办税APP“天府e税”】 分局为方便纳税人办理涉税事项，提高办税效率，切实降低征纳成本，根据《四川省地方税务局关于开通“天府e税”的通知》（川地税发〔2016〕79号）的要求，大力推广四川地税移动办税APP“天府e税”，为纳税人提供公告、互动、辅助工具和涉税查询等服务，为纳税人提供移动的纳税申报和缴税渠道，实现申报缴税一次办结。2017年，分局共辅导1000余户纳税人下载、安装、使用四川地税移动办税APP“天府e税”。

（胡　洋）

区属国有资产公司
District-level State-owned Assets Corporation

绵阳科创园投资控股有限公司

【概况】 2010年11月，绵阳科创园投资控股有限公司成立，是绵阳科技城科教创业园区管理委员会控股国有公司，公司注册资金62437万元，下属绵阳科投置业有限责任、绵阳科投园林有限责任公司、绵阳科投建设工程有限公司3个全资子公司，共有员工42人。公司主要承担园区基础设施项目、民生项目和产业发展项目的投资和建设，同时为区管委会的经济和社会事业发展筹集资金，提供良好的金融配套服务。2017年，公司完成投资约45738万元，实现收入4539.79万元；实现利润983万元，同比增加1467万元。

【第三届董事会成立与监事会改选】 2017年5月，经区管委会批准，绵阳科创园投资控股有限公司第三届董事会成立，由赖辉、刘华贤、宋斌、陈俊、蒋强任公司董事，其中赖辉任第三届董事会董事长。12月，经区管委会批准，绵阳科创园投资控股有限公司监事会进行改选，由朱旭、白桦、冯俊熙任监事，其中朱旭任专职监事会主席。

【人力资源管理创新】 2017年9月18日，经区党工委会议讨论通过《绵阳科创园投资控股有限公司组织机构设置及人员“三定”方案》，基本实现公司员工与管委会聘用人员同工同酬，明确公司可在核定工资总额内自行制定薪酬制度，并鼓励公司工作人员与在园区各部门工作的聘用人员相互流通，实现优质人力资源共享。12月，经区党工委、管委会同意，公司首次通过内部竞聘两名副总经理，打通公司员工晋升通道，让想干事、能干事、干好事的员工脱颖而出。

【科技城创新基地项目】 科技城创新基地项目位于科创区兴隆社区，主要承接创新中心孵化毕业项目和园区招商引资的产业化项目。工程规划总用地面积114253.6平方米，总建筑面积271757平方米，地上建筑面积192780.0平方米，地下建筑面积78977平方米。主要包括技术交易中心、孵化中心、办公楼及综合配套设施等。项目估算总投资12.39亿元，建安费用约7.1亿元，2017年4月项目开工。建设单位为科创园投资控股有限公司、施工单位重庆巨能建设（集团）有限公司、监理单位四川正菱建设监理咨询有限公司、设计单位信息产业电子第十一设计研究院科技工程股份有限公司、地勘单位四川正基岩土工程有限公司。

【绵阳市元通公园项目】 元通公园项目位于绵阳市科创区元通社区，项目规划总用地面积约345601平方米，总建筑面积11537.78平方米，建设绿地239809平方米、水体16865平方米、园路及铺装70277平方米、相关配套建筑面积4340平方米，包含溪谷艺廊、林间影馆、临溪茶居、半坡禅院等。项目估算总投资3.33亿元，2016年11月项目开工，2017年完成道路、绿化等设施建设。建设单位为科创园投资控股有限公司、施工单位成都建筑工程集团总公司、监理单位四川正菱建设监理咨询有限公司、设计单位信息产业电子第十一设计研究院科技工程股份有限公司、地勘单位四川正基岩土工程有限公司。

【家园盛景统建房项目】 家园盛景统建房项目位于科创区元通社区，为安置元通社区拆迁居民重要民生工程项目，可安置拆迁居民415户，共计安置1097人，项目主体建设、室内配套、室外附属工程完全按照商品房电梯公寓的品质设计

元通公园效果图

建设中的家园盛景统建房项目效果图

建设。项目规划总用地面积为55706.9平方米，净用地面积为46682.85平方米，拟建设总建筑面积为151127.6平方米。其中：地上总建筑面积为117012.45平方米，住宅建筑面积为107455.9平方米，幼儿园面积为1812.55平方米，配套设施面积为1019.3平方米，地下建筑面积为34115.15平方米。项目总投资约3.97亿元，项目于2016年4月开工建设。建设单位为科创园投资控股有限公司、施工单位陕西省中业交通建筑工程有限公司、监理单位四川正菱建设监理咨询有限公司、设计单位核工业西南勘察设计研究院有限公司、地勘单位四川正基岩土工程有限公司。

【科创园区公立小学项目】 科创园区公立小学项目位于科创区剑南路西段东侧，项目规划总用地面积约21037.57平方米，总建筑面积约为10127.87平方米，地上建筑面积为9729.53平方米，地下建筑面积为398.34平方米，主要包括教学楼、食堂、操场等。项目总投资约3900万元，项目于2016年12月开工建设，截至2017年年底项目整体工作基本完工。建设单位为科创园投资控股有限公司、施工单位四川荣慧建设（集团）有限公司、监理单位四川亿博工程项目管理有限公司、设计单位核工业西南勘察设计研究院有限公司绵阳分公司、地勘单位核工业西南勘察设计研究院有限公司。

【科创园区公立幼儿园项目】 科创园区公立幼儿园项目位于科创区八角社区，该项目规划总用地面积为3785.96平方米，地上建筑面积为2018.73平方米。项目总投资约933万元，项目于2016年11月开工建设，2017年9月竣工验收。建设单位为科创园投资控股有限公司、施工单位绵阳益龙建筑工程有限公司、监理单位四川伟业建设监理有限公司、设计单位绵阳东艺建筑设计有限公司、地勘单位四川正基岩土工程有限公司。

【八角社区公共事业用房项目】 八角社区公共事业用房项目位于科创园八角社区，该项目建设总建筑面积约2415.56平方米。总投资约700万元，项目于2016年11月开工建设，2017年年底主体工程基本完成。建设单位为科创园投资控股有限公司、施工单位四川江东建筑工程有限公司、监理单位四川伟业建设监理有限公司、设计单位绵阳东艺建筑设计有限公司、地勘单位四川正基岩土工程有限公司。

【科创区兴隆5号道路项目】 科创区兴隆5号道路项目位于科创园兴隆社区，该项目为城市支路Ⅰ级，道路路长为880米，道路宽为30米，总面积为26100平方米，其中道路排水渠为800米、砼涵洞约800米，主要包括道路、排水、绿化、照明及其他附属工程。项目总投资约5500万元，项目于2016年2月开工建设，2017年年底竣工。建设单位为科创园投资控股有限公司、施工单位宏峰建设有限公司、监理单位四川正菱建设监理咨询有限公司、地勘单位四川正基岩土工程有限公司。

【科创区兴隆6号道路项目】 科创区兴隆6号道路项目位于科创园兴隆社区，该项目道路路长为450米，道路宽为20米，总面积为8500平方米，主要包括道路、排水、绿化、照明及其他附属工程。项目总投资约2100万元，项目于2016年2月开工建设，2017年8月竣工。建设单位为科创园投资控股有限公司、施工单位四川省登威建筑工程有限责任公司、监理单位四川正菱建设监理咨询有限公司、地勘单位四川正基岩土工程有限公司。

【溪谷支路项目】 溪谷支路项目（元通1号路、温莎1、2号路）位于科创园元通社区，项目为城市支路，道路总长约为1477.96米，元通一号道路路长约720米，元通三号路路长约为230米，温莎一号路路长298.96米，温莎二号路路长229米，包括道路、排水、绿化、照明灯其他附属工程。项目总投资约为2973.49万元，于2017年12月开工建设。建设单位为科创园投资控股有限公司、施工单位四川昌泰建筑工程有限公司、监理单位四川鼎立建设项目管理有限公司、地勘单位四川正基岩土工程有限公司、设计单位核工业西南设计研究院有限公司。

【科创园区K5道路项目】 科创园区K5道路项目位于科创区八角社区，该项目道路路长约326.985米，宽30米，包括道路、排水、绿化、照明灯其他附属工程。项目总投资约963.64万元，项目于2017年12

月开工建设。建设单位为科创园投资控股有限公司、施工单位四川鲁工建设工程有限责任公司、监理单位四川伟业建设监理有限公司、地勘单位四川正基岩土工程有限公司、设计单位四川中渝城建工程设计咨询有限公司。

【高涧槽道路污水管网改造工程项目】高涧槽道路污水管网改造工程项目位于科创区高涧槽道路，项目总长约为1680米，主要作为上游片区的污水传输管道用，沿线分段对道路两侧社区的部分污水进行截流。项目估算总投资约为486万元，于2017年12月开工建设，2018年1月完工。建设单位为科创园投资控股有限公司、施工单位为绵阳东原建设工程有限公司、监理单位四川正菱建设监理咨询有限公司、设计单位四川中恒工程设计研究院有限公司。 （魏 沉 青志新）

绵阳科技城科技服务有限责任公司

【概况】 2014年5月6日，绵阳科技城科技服务有限责任公司（以下简称科服公司）由绵阳市国资委批复同意，在科创区工商分局注册成立，办公地址在科创区孵化大楼。注册资本500万元，由科创区管委会全额出资，为国有独资企业。公司经营范围为对科技项目投资、管理咨询及培训，创业服务，企业孵化服务，物业服务，房屋租赁，企业管理服务，科技推广和应用服务，科技中介服务，企业综合事务管理服务等。2017年8月，区党工委、管委会综合办发文确定科服公司定岗、定员、定薪“三定”方案编制。公司共设领导职数3名，工作岗位编制数27名，董事会成员5名，监事会成员5名。设综合部、投资财务部、服务部、活动部4个部门；12月，公司聘用人员在区党群部完成备案。2017年度区管委会向科服公司提供财政支持1707.67万元。作为向区内企业提供科技服务的平台公司，2017年度共计发生项目支出1126.14万元，其中包括组织运营成都创新基地支出租金物管费等472.81万元；作为项目牵头单位，组织开展“绵阳科技城技术转移中心综合信息服务品台”项目的研发工作，共计支出研发经费240.74万元；作为“双创孵化投资基金”的投资主体，发生对外投资349.2万元；组织区内企业开展各类培训、论坛等活动，开支发生活动费用63.39万元。

【管理制度建立】 2017年，公司根据各岗位职责，建立健全各项制度，印发出台《人力资源管理制度》《行政管理制度》《大额资金使用管理办法》《廉政风险防控管理实施方案》《OA办公自动化系统管理制度》《对外招聘制度》《考勤休假管理制度》《试用期管理办法》《差旅费报销流程》《活动费用报销流程》《物资采购流程》《资金拨付流程》等制度，明确各部门工作职责及管理范围，确保公司经营管理工作规范有序开展。

【“双创”保障服务】 2017年，公司以“双创”人才服务中心、综合信息服务平台和企业家联合会为抓手，为20余家企业提供免费的工商开办服务，为17名来访人才提供现场咨询服务，建立服务台账；先后与九洲电子股份、恒立泰、光发科技、流能粉体、四川浪潮、九洲防控、赛恩新能源、奇石缘、尚航智能等20余家园区重点企业点对点沟通，提供零距离服务；在全市率先推进“互联网+政务服务”，实现“双创”政策的在线宣传、申报、审核，截至12月，发布省、市级优惠政策67条；区党群部、经发局、投促局、科知局、工商分局等部门的42项优惠政策实现在线申报、受理和审核。共计266家次企业及人才提出在线办理申请；为300余人次“双创”人才提供实时在线咨询服务。

【“双创”人才服务中心建设】 2017年10月，为推动创新创业工作，科服公司在创新中心8号楼负一楼正式设立科技城创新创业人才服务中心，用以开展园区双创资源介绍、企业开办帮办、政策咨询解答、快速办事指引等各类服务。通过整合各涉企服务部门已有的服务内容、服务流程、服务载体，分别形成《企业服务手册》《服务工作手册》《创新创业资源地图》，供企业及人才查阅，并规范窗口服务；同步配备科技城“双创”人才服务网，为来访人才直观化讲解优惠政策、创新载体、办事指引等服务。

【成都创新基地建设】 2014年11月，科服公司与成都长虹电子科技有限责任公司签订为期5年的长虹科技大厦B座3~5层整层及6层1号、5号、6号、10号、11号房屋租赁协议，房屋建筑面积为9143.12平方米，套内使用面积为6119.54平方米。经过前期设计和装修等硬件建设等工作，2015年11月5日完成装修验收，正式投运。2017年10月起，科服公司启动对科创区成都创新基地优化转型工作，从清

“百家风投走进科技城”活动投资人合影

“百家风投走进科技城”活动

退未在科创区注册的企业、规范运营管理制度建设、总部经济（高成长性企业）入驻和招商引资等四个方面推进工作，初见成效。科创区成都创新基地转型成为服务总部经济的桥头堡，招商创税成为首要任务，原有的以服务初创企业为重点的托管式管理模式已不适应服务总部经济的需要。公司在深入调研的基础上，制订《科创区总部经济（高成长性）企业成都承接地管理暂行办法》等规范性文件，将入驻条件和标准、入驻审批流程、服务内容、企业贡献评价、退场管理等予以规范。新的管理制度聚焦招商创税，重点服务于区总部经济企业和区高成长性企业。科创区成都创新基地充分发挥成都区位优势，引进能迅速形成税收贡献的优质企业，同时为园区重点企业和高成长性企业提供业务拓展和高端人才吸纳的场地资源。截至2017年年底，科创区锋行科技公司使用桥梁孵化器的共享办公室，突破其客户西南民航管理局必须在成都地区有技术支持团队的招标门槛条件，签下“二次雷达应答器”开发和供货合同，订单金额超过217万元，11月完成交付，并签下后续地面工作站项目。

【百家风投走进科技城】 2017年8月，科技部火炬高技术开发中心、绵阳市政府共同主办的第六届中国创新创业大赛科技城大赛决赛在绵阳举行，在大赛的“百家风投走进科技城”活动中，邀请来自千帆资本、和君资本、中信建投、蓝山投资等风投机构的近百名投资人，通过资本方参与现场评审，引导科研人员不要过于迷恋技术，而应在技术上保持适当领先的同时，更加注重科技成果的转化及经营。最终，20个决赛项目共计获得意向投资17.685亿元。

【深圳主题研修班】 2017年10月22—28日，公司为学习先进地区的创新创业经验，由科创区管委会主办、科服公司承办，以全额负担的方式，组织22名企业代表及16名机关干部赴深圳大学、前海梦工厂、华为、华大基因、大疆科技等开展为期1周的“拥抱创新与突破”主题研修班研修学习。以授课结合实地参观的方式，邀请深圳大学经管学院院长、华为集团流程IT总裁办主任、和君资本高级合伙人等专家分享知识、经验和见解。本次活动促成多个项目合作，奇石缘科技和同行学员昊伶科技与深圳大学达成三方合作，拟在绵建立无人机工程实验室，为深圳多家无人机公司提供配件；耐特电子委托同行学员昊伶科技申请保密资质；奇石缘科技委托同行学员元鼎科技提供技术服务；绽放科技与6家同行学员达成合作意向；赛恩新能源与同行学员尚航智能共同探讨新的业务应用场景等。

【大数据产业研究院揭牌】 2017年5月18日，绵阳北青、长虹大数据、九洲集团等发起的大数据产业研究院揭牌成立，邀请来自国内外的政商嘉宾开展“大数据是产业智能化发展的源动力”高峰论坛。通过开展各类推介活动，引入分布在欧洲、美洲、亚洲等地区10余个国家的30多位海内外专家协同开展大数据技术研究和产业应用推广工作，支撑浪潮天元大数据、医疗仪器设备智能管理与信息共享、企业成长大数据分析、中药材与魔芋产业大数据分析等多个项目实施。截至年底，已有几十家企事业单位申请加盟研究院。 （陈芮溪）

“拥抱创新与突破”主题研修班开班仪式在深圳大学举行

绵阳创新资产经营管理有限公司

【概况】 绵阳创新资产经营管理有限公司（以下简称资管公司）成立于2013年5月27日，由股东绵阳科创园投资控股有限公司全额出资，公司注册资金200万元，注册地址为绵阳科创园区孵化大楼C区一楼，具有三级物业服务企业等级资质。资管公司于2017年2月13日被设为科创园区管委会直属国有企业，任命李代信为董事长。2017年6月15日，根据《关于绵阳创新资产管理有限公司董事会、监事会成员任职的通知》（绵科创区委发〔2017〕28号）文件，明确李代信为资管公司的董事长、邱会、李佳、杨小明、王平为董事会成员，徐莹为监事会主席，朱莉、全丽为监事会成员。2017年6月，根据《关于印发〈绵阳创新资产经营管理有限公司职能职责机构设置和人员编制规定〉的通知》（绵科创区委办发〔2017〕55号）文件，确定公司的职能职责、内设机构、人员编制及聘用等内容。公司主要经营范围涉及物业管理、市政设施管理、汽车租赁、房屋租赁、会务服务等。主要职能职责为以下四项：一是搞好国有资产经营管理，面向市场，开拓业务，提高效益，实现国有资产的保值增值；二是发挥国有物业公司平台作用，服从园区招商引资大局，为园区入驻企业提供优质物业服务，推动园区的经济建设与发展；三是实施市政公共设施及园区孵化器管理，开展日常运行维护，保障园区生产、生活的正常运转；四是实施和履行科创区管委会授权或委托的其他经营业务和职能。2017年，公司实现主营业务收入1306.46万元，盈利96万元，实现总资产收益率7.4%；完成会务服务收入52.05万元、特约保洁收入25.14万元、植物租摆收入13.05万元、汽车租赁收入28.36万元等相关收入共计136.8万元。

【机制体制创新】 2017年，公司根据绵科创区委办发〔2017〕55号文件精神，资管公司内设综合部、物业部、工程技术部、财务部、投资运营部共5个职能部门。9月8日召开董事会修订公司章程，10月16日获得科创区管委会批准同意，明确公司董事会、监事会、经营层的各自职责和议事决策权限以及公司经营范围方式、公司经营宗旨和性质等内容。11月底，完善《财务核算制度》《大额资金使用管理办法》《工程及采购项目管理制度》《物业服务管理制度》《人事劳资管理制度》《固定资产管理制度》等各项管理制度，规范公司日常经营管理行为。

【国有资产管理】 2017年，资管公司管理的国有资产种类主要包含房屋建筑、办公会议设备及系统、车辆、输变电及各类特种专业设备等。管理房屋建筑面积约22.47万平方米，其中孵化大楼约2.2万平方米、创新中心二期约14.23万平方米、兴隆统建房国有资产部分约6.04万平方米（兴隆公共租赁住房共326套）。承担管护区域内暖通、消防、中水处理、喷泉、室外泛光景观、门禁管理、会议、多媒体信息发布等系统的设施设备运行和维修维护保养工作。公司经营及业务用车共22辆，其中小型客车7辆、皮卡车1辆、巡逻车2辆、摩托车4辆、电瓶车7辆、高空作业车1辆。科学妥善管理国有资产，以盘活存量资产为抓手，强化存量资产营销工作，确保国有资产保值增值。开展科创园区兴隆统建房商业门面招商工作。承担对灵创孵化器办公楼、宾利工业园和加速器AB区厂房的租赁工作，租赁面积为2.97万平方米，用于入孵企业办公及生产。管护科创区辖区市政路灯3500余盏、路灯箱变18台，巡查维护保养市政路灯线路约60余公里，保障路灯照明率达98%。承担西山北路K15道路路面及人行道约3.2万平方米环境卫生保洁工作及起步区的市政巡逻工作。

【孵化器物业服务】　2017年，资管公司物业管理服务面积为27万平方米，管护孵化大楼、创新中心二期、灵创孵化器、加速器A区、加速器B区、康超综合楼共计6个项目。为科创园区引进的278家入孵企业及接收的326套兴隆公共租赁住房提供客服、安保、保洁、绿化等物业服务，另针对入孵企业、住户的实际需求，提供零星维修、特约保洁、植物租赁、办公家具租赁、代收联通公司光纤网络费、安保类等特色服务项目。组织客服专员每月回访入驻企业30家，保持回访满意率在98%以上。2017年，收入物业费等费用为358.4万元，办理新入孵企业70家，搬迁企业42家，对64家入驻企业装修行为进行规范，另签订特约服务52家，为园区固定资产签订托管协议7份。完成10万平方米面积的绿化管护和1700余盆租摆植物管护工作，并为各类会议及重大接待提供植物的布局摆放。

【会务接待】　2017年，资管公司承担创新中心二期、孵化大楼各项重要会议、活动接待工作，共完成会议接待258场次，其中国家级接待2次、省级接待8次、市级接待31次，收取会务服务费用共计52.05万元，并与四川聚点人力资源服务有限公司达成2018全年度在创新中心举办培训班的合作协议，实现预销售6万元。接待各机关团体、企事业单位、企业客商、学校等团体参观访问创新中心孵化成果展示厅、科技城建设成就展示馆600余个，接待近2.3万余人次。

【赞比亚政要代表团访问科技城建设成就展示馆】　2017年7月27日下午，赞比亚副总统伊农格·维纳、赞比亚驻华大使温妮·奇贝萨孔达、琼圭市市长杰弗里·楚姆布伟等一行考察团在科创区党工委副书记雍波、科创区创业服务中心主任周全、科创区资管公司董事长李代信陪同下莅临孵化大楼绵阳科技城建设成就展示馆参观考察，了解科技城建设整体情况。

【第五届中国科技城科技博览会分会场成功举办】　2017年9月6—9日，第五届中国科技城国际科技博览会在绵阳圆满举办。创新中心作为科博会分会场，举办中国人才交流服务平台建设启动仪式、科技成果发布与交易、中国知识产权金融高峰论坛、旅游业新技术应用大会、磁性材料专业论坛、通航产业专业论等6场大型会议活动，接待参观访问人数约2600余人。

（黄　尧）

文化·卫生
Culture and Health

文　化

【概况】　2017年，科创区结合文明创建和“我们的节日”活动，组织开展文体活动40余场次，包括“全民阅读”“文明城市建设进我家”“我爱志愿服务”征文比赛、“光影学雷锋”摄影大赛等系列文艺宣传活动以及趣味游园活动、趣味运动会、健步比赛体育活动等；配合市图书馆推进绵阳市主城区公共图书馆总分馆服务体系建设，全区已有7个社区完成图书编目工作，共13922册图书进入云图系统；有文化阵地专（兼）职工作人员9名，有舞蹈队、腰鼓队、太极队、合唱队等艺术团体34个、人员800余人；元通社区社区书屋改造升级为社区综合文化服务室，打造“三有”基层综合文化中心。

2017年，科创区共有网吧17家，彩票投注站6个，茶楼41家，宾馆酒店33家，酒吧3家，重点繁华地段3处（奥林春天乐荟城片区、上马新村餐饮一条街、阳光清华商业街），学校7所（大学1所，中小学6所），寺庙3座（莲花寺、千佛寺、花岩寺）。查获捕鱼赌博机40余台，行政拘留5人；取缔黑网吧1家；审批各种文娱表演16场次；无涉黄涉毒场所。科创区党群部、城北公安分局联合组织开展5次集中清查行动，对宾馆业、休闲娱乐场所、出租房屋、校园周边环境整治，开展印刷企业、图书音像市场、内部资料出版物、非法教材教辅专项治理行动和“扫黄打非”专项整治活动。共出动警力658人（次），警车109台（次），发放宣传资料4000份，张贴公告100张，清查重点场所、部位43处，查处涉黄涉赌案件2起，治安拘留2人，治安警告4人。

【群众文化】　2017年，全区以“我们的节日”和和谐文化、文明创建为主线，组织开展多个方面的传统、大型的群体文体活动40余次，先后开展“全民阅读”“文明城市建设进我家”“我爱志愿服务”征文比赛、“光影学雷锋”摄影大赛等系列文艺宣传活动以及趣味游园活动、趣味运动会、健步比赛体育活动等，吸引超1.5万人次参加。6月26日，科创区选送的舞蹈节目《争当禁毒宣传员》荣获全市禁毒群众性广场舞大赛一等奖；博雅学校经典诵读《咏梅》作为绵阳市唯一入选节目，参与四川省经典诵读会的录制。

【首届广场舞大赛】 2017年4月18日，科创区华奥社区举办“首届商行科创园区支行杯”大型广场舞比赛。共吸引6支队伍，近300余人参赛。此次活动丰富业余生活，浓厚群众文化氛围，密切了邻里关系，增强社区凝聚力。

【坝坝电影进社区】 2017年5月18—26日，科创区创业园街道组织绵阳金沙院线农村数字电影有限公司开展送坝坝电影进社区活动，共在8个社区播放10场电影，全区有2000余人观看。

【“科技孵化服务”主题征文活动获奖】 2017年8月，由四川省科技孵化载体服务联盟主办，四川省生产力促进中心承办的“科技孵化服务”主题征文活动拉开帷幕，历经4个月的层层筛选评比，创业服务中心选送的《对外合作交流新探索——科技城国际企业孵化器建设的经验》一文，在众多参赛作品中脱颖而出，获得唯一一个一等奖。

【赠书活动】 2017年9月28日，科创区创业园街道文明办组织社区志愿者30余名开展以“快乐阅读　陪伴成长”为主题的赠书活动。辖区范围内的54位儿童陆陆续续收到一份特别的礼物——课外书籍，包括孩子们钟爱的《十万个为什么》《呼啸山庄》《汤姆叔叔小屋》等，共计约250册科普读物。

【共享书屋启动仪式】 2017年9月29日，为欢庆中华人民共和国成立68周年和中秋佳节，喜迎中共十九大，打造“书香科虹”，科虹社区举办“庆国庆、迎中秋”文艺演出活动暨共享书屋启动仪式。“双报到”党员及文化志愿者共150余人参加此次活动。

【公共图书馆总分馆建设】 2017年，科创区配合市图书馆推进绵阳市主城区公共图书馆总分馆服务体系建设。让公共图书资源走出图书馆，走进社区，形成“一馆办证、多馆借书、多管还书、通借通还、资源共享”的服务模式。公共图书馆服务网络不断拓展，越来越多的阅读资源走近老百姓身边，形成浓厚的阅读氛围。截至年底，全区有7个社区完成图书编目工作，共13922册图书进入云图系统。

【“三有”基层综合文化中心】 2017年，元通社区将原有的社区书屋改造升级为社区综合文化服务室，面积从30平方米扩建到80平方米，增配电脑6台，各类图书、音像制品增加到3200余册，内容涉及党建、科普、文化等各类各行业，所有书籍统一编号、登记、上架方便居民借阅。并制作社区文化宣传光碟，在社区文化广场滚动播放，打造成为有特色、有规模、有档次的基层综合文化中心。

【文化人才队伍建设】 2017年，全区共有文化阵地专（兼）职工作人员9名，现有舞蹈队、腰鼓队、太极队、合唱队等艺术团体34个，有人员800余人。各社区结合节假日、纪念日和中心工作，利用社区文化园地，组织社区文化骨干和艺术团队，开展政策和法律法规宣传，宣传公民道德、科学知识和生活常识等社区文化活动，并积极参加各项大中型表演。

【科创区体育协会】 2015年，挂牌成立，位于科创区创新服务中心。至2017年，协会现有注册会员200余人，兼职工作人员5人，兼职足球裁判员10人，兼职足球教练员20人，其中拥有中国足协D级教练员资质15人、B级教练员资质2人、亚足联草根足球讲师1人。2017年1月，科创区足球协会组织园区职工参加绵阳市“斯搏特杯”第三届八人制足球赛，夺得该赛事最高组别冠军；10月，科创区足球协会联合园区企业星达足球俱乐部组队参加绵阳市雪宝杯业余足球超级联赛，夺得亚军；除此之外，协会为丰富群众体育运动，先后组织2017年科创区迎春杯足球比赛，参加“鸿宇杯”爱心足球冠军赛；同时，科创区足球协会积极开展足球进校园相关活动，辅助博雅学校开展校园足球培训，培养和发展青少年足球运动员，全年累计培训学员120余人，开展培训40余次为园区的青少年足球人才储备打好了坚实基础；在体育人才培养和储备上，科创区足球协会积极开展足球指导员、裁判员培训班，派送优秀足球工作者外出学习，先后培养10余人参与到群众体育和校园足球的服务当中，园区的足球水平得到了一定的提升。

【文化市场专项整治】 2017年4月28日，科创区党群部、城北公安分局（筹）和

4月28日，召开文化市场专项整治会议

消防大队召开安全管理工作会，区党群部部长杨仁平主持会议并讲话。辖区网吧和娱乐场所相关负责人等20余人参加会议。城北公安分局（筹）张国勋警官带领大家学习网吧和娱乐场所相关法律法规和条例。城北公安分局（筹）政委向昌坤强调网吧实名制上网、未成年人上网以及禁止吸烟情况。科创区消防大队大队长李翔要求网吧和娱乐场所配备质量合格、数量齐全的消防设备，并保证消防门、消防通道畅通无阻塞。

【网吧管理】 2017年，科创区党群部和城北公安分局与各网吧业主签订合法经营、安全管理责任书，明确网吧经营业主责任，深化消防安全排查，督促所有网吧完成消防安全设施改造和监控视频安装等，建立健全网吧管理工作台账，完善网吧的日常管理工作；与区社发局、区工商分局等部门沟通协调，严把网吧审批关，坚决杜绝违规审批行为；严厉打击利用网络传播淫秽物品、利用网络进行诈骗等违法犯罪行为。

【实名制上网登记】 2017年，科创区严格落实上网人员实名制登记工作，坚决杜绝未成年人上网，对依恋网吧、星宇网吧、锐欣网吧、想念你网吧4家负责人就未成年人上网进行约谈、对新天地网吧因不执行有关法律的违法行为作出罚款500元的处罚。

【文化娱乐场所管理】 2017年，城北公安分局充分发挥公安机关职能作用，全面强化娱乐服务场所治安管理工作。结合“一标三实”基础信息采集工作，由责任民警对辖区内娱乐场所的名称、地址、法人代表、证照有效期限和经营规模、范围等情况进行全面摸底，落实备案登记制度，对全区娱乐场所逐一登记造册，建立档案。严格落实每日巡查制度，督促文化娱乐场所落实安全管理措施，采取明察与暗访相结合的方式，不定时对辖区内的文化娱乐场所进行治安检查，适时开展文化娱乐场所集中清查行动，对没有落实制度规定的，一律依法依规予以严厉处罚，最大限度地确保文化娱乐场所规范经营，最大限度地压缩犯罪分子藏身空间。

【扫黄打非】 2017年，全区以规范治安管理为载体，以提高治安防范能力为重点，以保障公共安全和治安秩序平稳为目标，开展“扫黄打非”专项行动，为全区精神文明建设营造健康向上、和谐文明的发展环境。在“打黄扫非”行动中，按照《娱乐场所管理条例》《出租房屋治安管理规定》，元通派出所加强辖区休闲娱乐场所规范管理力度，与经营业主签订责任状，进一步明确合法经营项目以及违法责任追究等内容。2017年，城北公安分局举办2次大型的全区旅馆业、网吧业、娱乐场所主及从业人员法制培训。加大对旅店业、休闲娱乐场所的治安检查力度，严格依据《娱乐场所管理条例》《娱乐场所治安管理办法》规定进行规范管理，对休闲娱乐场所包厢、房间设置进行规范，从源头上遏制卖淫嫖娼违法犯罪的发生。开展系列专项整治行动，组织开展5次集中清查行动，对宾馆业、休闲娱乐场所、出租房屋、校园周边环境、音像图书制品销售店进行全面清理排查，共出动警力658人次，警车109辆次，发放宣传资料4000份，张贴公告100张，清查重点场所、部位43处，查处涉黄涉赌案件2起，治安拘留2人，治安警告4人。（王　波）

卫生与健康

【概况】　2017年，科创区按照全市卫生行政部门继续深化行政审批改革，落实“放管服”政策，保留行政许可项目10项。按照“非禁即入”原则，全面清理、取消不合理的前置审批事项和互为前置等审批环节，在法定审批时限基础上，按照提速50%的要求压缩行政审批时限，提供审批效率。全年受理、办结行政许可56件，全年新设置医疗机构6家；接待来电、来访咨询300余人次，现场办结率、按照办结率、群众满意率、提前办结率均达到100%，实现行政审批事项无差错、无超时、无违纪、全面提质增效的目标。园区无自己的社区卫生服务中心、疾控中心、妇幼保健院等专业卫生机构和人员，只有22家医疗机构，其中社区卫生服务站5个、学校医务室5家、私人诊所12家。截至年底，科创区的基本公共卫生服务、妇幼管理工作、艾滋病防治工作均采取购买服务的方式分别委托给涪城区西山社区卫生服务中心、涪城区妇幼保健院及市疾控中心具体实施。

【无偿献血活动】　2017年，科创区组织区机关、社区、企事业单位等干部职工和志愿者开展团体无偿献血活动1次，参加无偿献血人数181人，累计献血量48250毫升，完成目标任务的107.22%。辖区千人口献血率35‰，大于市级10‰的目标任务。2017年，科创区管委会被评为绵阳市年度无偿献血先进集体。

【卫生信息化管理及居民健康卡普及】
2017年，科创区成功开通基本公共卫生服务管理网络直报系统端口进行操作管理。通过召开会议、设置宣传栏、张贴标语等形式广泛宣传居民健康卡相关政策。截至年底，全区居民健康卡已基本发放到位，总计发卡19651张，该项工作完成情况排在全市前列。

【爱国卫生运动】　2017年，全区围绕“为了人民的健康——65周年的历史与展望”第29个爱国卫生月活动主题，在纪念爱国卫生运动65周年活动中，印发《科创区关于贯彻落实新时期爱国卫生工作的实施意见》《科创区关于开展爱国卫生运动65周年纪念活动的通知》《科创区关于开展爱国卫生月活动的通知》实施方案，对爱卫工作进行全面安排和部署，并把爱国卫生工作纳入年度绩效考核目标，逐项落实，确保全面完成目标任务。组织开展以“历史与展望——为了人民健康的65周年”为主题的爱国卫生月活动，活动共计印发宣传资料3000余份，横幅标语20条，义诊50余人次；组织动员街道及9个社区居委会工作人员，按照区爱卫办统一安排，在规定时间内，按照科学方法，进行病媒生物统一灭杀，做到不留死角，收到明显的效果；开展卫生单位、无吸烟单位创建活动。截至年底，全区创建市级卫生单位3家、市级无吸烟单位1家。

【基本公共卫生服务】 2017年，科创区居民电子健康档案建档率达94%，国家免疫规划疫苗报告接种率达96.2%；对辖区0~6岁儿童进行保健管理，定期进行体格检查、生长发育监测和营养指导；辖区内65岁以上老年人健康管理率达到60%；高血压患者、2型糖尿病患者健康管理达到60%以上。

【重大传染病综合防治】 2017年，全区按照市卫生和计划生育委员会的统一要求，常住地为科创区的结核病人在绵阳四〇四医院诊断治疗，后期的随访管理由西山社区卫生服务中心（委托方）纳入慢性疾病管理，全年累计管理结核病人15人。全年对新报告的14例艾滋病感染者及时进行流行病学调查，对现存活的45例艾滋病感染者和病人进行随访检测，对现存活的艾滋病感染者和病人的阴性配偶进行HIV抗体检测，对符合抗病毒治疗的进行抗病毒治疗，并做好病人随访干预、服药依从性教育工作，现存活的45例艾滋病感染者和病人中，已进行抗病毒治疗41人，全年共干预失足人群195人，进行HIV抗体检176人，干预男男性行为人群264人，进行HIV抗体检测238人。强化学校艾滋病防控工作，按照省市文件，要求辖区各学校不定期开展艾滋病防治知识宣传教育活动、讲座等方开展宣传教育，从而增强广大师生对艾滋病的认识和自我保护能力等。

【人口与计划生育】 2017年，科创区总人口27834人。其中已婚育龄妇女6627人；全年新出生人口621人，出生人口性别比为106：100。区党工委、管委会制定出台《科创区关于贯彻落实全面两孩政策改革完善计划生育服务管理的通知》，推进计划生育服务管理综合改革。全年流动人口目标人群基本公共卫生计生服务覆盖率达90%，流动人口信息采集、入库率，流动人口婚育证明查验率，重点信息提交率均达到90%以上。分别为0~6岁独生子女和计划生育特殊家庭购买了意外伤害险，投保总人数为270人，投保金额达1.914万元；扎实推进免费婚检、免费孕前优生健康检查。2017年，全区免费婚检119对，“两癌”检查195人，孕优建档45对，89人接受检查。特扶对象共计14人，资格确认准确无误，足额发放计划生育家庭特别扶助金共计10.92万元。全区计生特扶对象无一例上访。

【中国青春健康项目】 2017年6月，科创区中标中国计生协青春健康《沟通之道》家长培训项目，是四川省唯一项目点，获得国家专项资金5万元（园区按照1:1比例配套5万元，该项目资金共计10万元）。项目自7月份启动以来，共培训师资67人、志愿者97人，40个社区家庭参与第一期家长培训，1500人关注宣传平台信息，近5000人次参与收听微课。青春健康教育项目得到辖区群众的认可和赞誉，促进幸福和谐家庭建设，帮助广大青少年顺利度过青春期，健康成长。

（冯　霞）

生态环境保护·城市建设管理

Administration of Ecological Environmental Protection and Urban Construction

生态环境保护

【概况】 2017年，全区贯彻落实党中央、国务院，省委、省政府和市委、市政府环境保护和生态文明建设决策部署。园区党工委、管委会牢固树立生态发展理念，坚持经济发展与环境保护协调并重。将《中华人民共和国环境保护法》《中华人民共和国环境影响评价法》等环保法律法规和党中央、国务院《关于加快推进生态文明建设的意见》《关于生态文明体制改革总体方案》，省委《关于推进绿色发展建设美丽四川的决定》和市委《关于推进绿色发展建设美丽绵阳的决定》等文件纳入党工委、中心组会前学法内容。多次召开专题会传达学习贯彻省、市两级环保大会及环保工作会议精神，安排部署园区环保工作。注重顶层设计，将环境保护和生态文明建设纳入园区“十三五”发展规划。依法依规开展规划环评，严格执行环境准入制度，坚决不引进不合规企业。

【秸秆禁烧】 秸秆禁烧工作进入常态化，区管委会与街道办、街道办与各社区逐级签订禁烧责任书，街区禁烧办组织城管、街道和各社区加强日常检查巡查和定会引导，全年共出动巡查车辆1200余台次，巡查人员2000余人次，宣传车120余次，张贴、悬挂标语50余条，树立责任牌、禁烧标识牌100余张，全面完成禁烧目标任务。

【大气污染防治】 2017年，区住建局严格按照“六必须”“六不准”要求抓好建筑工地施工扬尘管控，全年共责令整改40余起，督促施工单位落实各项防尘措施。区城管分局和交敬四大队联合开展运渣车专项整治14次，组织开展建筑垃圾违规去办处置专项整治行动，全年共出动执法人员900余人次，专访工地

130余次，约谈工地负责人20余次，发放相关安理会资料500余份，检查车辆400余辆，规范查处抛洒滴漏等行为300余起，行政处罚74辆，罚款4350元，警示教育290余人次。积极开展挥发性有机物（VOC_S）餐饮油烟防治，督促开展喷漆业务的5家汽修企业安装吸附和分解装置，督促所有餐饮企业安装了油烟净化装置，督促1家规范较大的彩印企业安装VOC_S处理装置。公安交警部门加大汽车尾气污染治理力度，全年共淘汰黄标车32辆。开展重污染天气应急响应工作，修改完善《科创区重污染天气应急预案》，与市级同步及时启动重污染天气预警，加强建筑工地、道路扬尘及露天焚烧、露天烧烤等管控力度，增加道路冲洗频次，有效降低重污染天气对群众生产、生活的影响。

【水污染防治】 2017年，科创区积极配合市级相关部门和涪城区开展乡镇饮用水源保护地整治工作，委托市环科所开展昊池水厂水源保护地现状调查，提出整治方案。全年投资400余万元，对科园路、创业大道东延线、莲花寺路、高涧槽路约1900余米污水管道进行改造，解决科园、八角、元通片区雨污混流问题。

【土壤污染防治】 2017年，科创区按照全国土壤污染状况详查和农用地土壤污染状况详查点位核实工作有关要求，对全区土壤污染重点行业企业及其空间位置、土壤污染问题突出区域进行了逐一核实，共确定土壤污染重点行业企业2家，完成土壤污染状况详查，形成结果确认单（九洲集团、方良药业）和图件，并与企业签订土壤污染防治责任书。全区无土壤污染问题突出区域。

【环保督察】 2017年，中央环保督察期间，全区共受理中央环保督察组交办群众信访投诉3件，主要涉及自来水水质和

园兴东街

油烟扰民，均按期办结，对反映的问题进行及时整改，群众反映较好。修改完善《四川省落实中央环保督察反馈意见具体问题整改措施清单》。省环保督察组反馈的92个突出环境问题、5个专函督办的环境问题和交办的209个环境信访投诉问题，全区仅涉及1个环境信访投诉问题，已按期办结，对反映的问题进行整改，投诉人表示满意。科创区认领省环保督察组反馈意见具体问题14个，截至12月31日，已全部整改完成。

省环保督察期间，全区有9个自查突出环境问题，涉及施工扬尘、秸秆禁烧、城乡环境治理、油烟扰民、雨污混流、畜禽养殖等方面。根据市环保督察领导小组统一部署要求，全区对自查突出环境问题建立台账，细化措施，明确责任单位、责任人和整改完成时限，加强督导检查，逐一销账。自查9个突出环境问题已整改完成8个，剩余“元通4社排洪沟雨污混流”1个问题正在进行排污管道改造施工，3月底前整改完成。至年底，省大气强化督察组共向科创区移交问题案件1件，即元通公园项目未批先建、裸土未完全覆盖的问题，已督促相关责任单位整改完成。 （廖洪波）

城市管理执法

【概况】 2013年6月，按照《关于设立绵阳城市管理行政执法局区（园区）执法机构的通知》（绵编发〔2013〕9号）文件精神，科创区成立绵阳市城市管理行政执法局科创区分局和绵阳市城市管理行政执法支队八大队（两块牌子、一套班子）。2017年，分局共有干部职工35名，核定行政执法类事业编制10名，设局长（大队长）1名、副局长（副大队长）2名、股长5名、中队长3名、副中队长3名。内设综合股、政策法规股、城乡环境综合治理办、市容市政股、数字化环境管理中心、直属一、二中队和街道中队8个股室（中队）。

主要职能职责是负责市容秩序管控、违法违规建设整治、城乡环境综合治理、临时占道管理、户外广告设置管理、渣（弃）土车辆运输管理、处理“12345”“12319”等城管类信访投诉案件、环境保护工作（社会生活噪音、餐饮油烟污染治理、道路扬尘污染治理）、垃圾收运处置、公厕监管、道路环卫清扫保洁、城管领域安全生产监管，配合做好文明（卫生）城市建设、秸秆禁烧整治、防汛、食品安全、市政设施、绿化监管等工作。全年全区开展各类专项集中整治行动70余次，清理拆除广告横幅1000余处，规范跨门、占道经营宣传行为850余起。

【深化“放管服”改革】 2017年，全区深化“放管服”改革转变政府职能，分局创新监管方式，采取“审批与监管结合”的方式，对各类占道申请现场审核，对不符合占道要求的商家督促整改到位，层层把关落实审批事项。以优化服务服出便利和品质，分局对市城管局委托审批事项清单逐一简化流程，确保商家“只跑一次”办完审批事项。全年分局共办理各类占道审批74项，现场督促整改296人次，在确保“依法行政”的同时，以“监管责任”为基本指标的“政府质量”也得到根本改变。

【共享单车管理】 2017年，全区统筹规划设置共享单车停放点位29个，可容纳2000辆共享单车停放，进一步方便市民绿色出行。针对共享单车日常管理，专门落实具体工作人员做好共享单车日常管理的资料汇总及存档，按照“网格化、精细化”管理模式，执法中队主动与各共享单车管理企业联系，并建立以QQ群、微信群的通信方式，及时通知各属企业对问题单车进行调度和维修，切实维护市容环境秩序，提升共享单车管理水平。全年共开展共享单车专项整治行动23起，出动执法人员261人次，暂扣单车624辆。 （王洪敏）

城区建设与治理

【概况】 2017年，科创区以“生活噪音污染”“违规焚烧”“油烟污染”及“建筑垃圾扬尘治理”四大要点为抓手，结合辖区实际情况，分别制定《科创区城管分局生活噪音污染防治方案》《科创区城管分局违规焚烧、油烟污染防治方案》《科创区城管分局道路扬尘污染防治方案》，成立由分局局长任组长，相关分管副局长任副组长，局属各相关科室、相关单位为成员的工作小组。召开局务会、专题会及时传达学习市、区关于做好环保治理的工作部署和相关要求，确保思想认识统一，工作重点突出，方法措施有力。依照方案要求严格考核，强化问责。在治理期间对督办案件和突出环保问题整治不力的，领导小组督查办将依据分局督查考核办法严肃问责，确保环保工作有序推进。全年，共制定环保类工作方案5个，环保类工作宣传报道90余篇，处理环保类投诉195件，摸排机关、企事业单位食堂油烟污染情况登记38家，餐饮业油烟污染登记202家，印发“责令改正通知书”150余份，督促机关、企事业单位食堂，餐饮业安装油烟净化设备190户，安装比例为96.6%；按照《绵阳城区建筑垃圾处置管理办法》，开展运渣车联合专项整治14次；走访工地130余次，约谈工地负责人20余次，发放相关宣传资料500余份，检查车辆400余辆，规范查处抛洒滴漏等行为300余起，行政处罚74辆，行政处罚4350元，警示教育290余人次；查处违规焚烧行为20余起，配合控制、扑灭火情12处。

【文明城市建设】 2017年，全区城乡治办紧扣文明城市建设、国家卫生城市复审等迎检契机，狠抓城市管理常态化，细致梳排辖区主要街巷、绿化景点、广场公园市政设施缺失损坏、沿街门店乱设广告和卫生死角等问题，第一时间通报督促责任单位整改，确保辖区主要道路、重点区域畅通，市容市貌整洁干净。针对夜间城市管理的薄弱环节，实行错时管理，巩固常态管理效果，确保不留漏洞和空白点。全年累计开展各类专项集中整治行动70余次，劝导、纠正违法违规行为1800余次，完成辖区内人行道及路面修补维护约7265平方米，补植及新增绿化面积436平方米，维护及清掏雨污水管网2376立方米，修复和更换雨水篦子、雨污水井盖井圈275套，维修路灯

960余盏，新接管路灯48盏，新装或修复各类阻车栏杆380余组。

【中元节文明祭祀劝导】 2017年中元节期间，全区统一部署，提前宣传，营造文明祭祀浓厚氛围。做好文明祭祀劝导，其间共计出动执法人员140余人次，配合区管委会发动志愿者300余名，劝导祭祀市民去指定焚烧点位文明祭祀350余人次，制止违规焚烧行为87起，清除违规焚烧点位62处，清理游商违规占道贩卖祭祀用品6起。加强节后清理，分局第一时间将宣传横幅、指示牌全部清理回收，联同社区志愿者、环卫工人，出动3辆铲车进行清扫作业，彻底清除焚烧痕迹，快速恢复市容环境秩序。

【违法建设整治】 2017年，科创区调整违法建设整治及美丽绵阳综合整治工作领导小组，由区党工委副书记、管委会主任为组长，分管领导为副组长，各职能部门负责人为成员的科创区违法建设整治工作的领导小组开展工作。下设由区分管领导负责的科创区违建整治办公室，负责违法建设查处的各项日常工作，要求各职能部门积极配合各项整治工作的顺利开展。按照市委、市政府关于违法建设整治工作的总体部署，在市级相关部门和水电气等要素保障部门的支持下，科创区违建整治工作完成既定的工作目标任务。全年接群众举报、巡查发现违建案件共计280宗，处理244宗。其中依法整改72宗、美化149宗、依法进行拆除23宗（其中新增违建18宗、存量5宗），拆除面积2338.72平方米。完成存量整治1679平方米，完成目标任务1034平方米的162.38%。

【市政设施维护管理】 2017年，全区完成辖区内人行道及路面修补维护约7265平方米，补植及新增绿化面积436平方米，维护及清掏雨污水管网2376立方米，修复和更换雨水篦子、雨污水井盖井圈275套，维修路灯960余盏，新接管路灯48盏，确保市政设施完好，群众正常出行。配合园区实施市政基础工程项目34个，总投入847万余元，逐步提升改造辖区市政整体风貌。推进厕所革命。全区新建3处公厕已全部完工投入使用，分别位于东辰二小旁、园艺中街临奥林春天、创业大道与园兴东街交会处等人口流动密集区域，总投资60余万元。

【城区道路改造及亮化工程完成】 2017年，科创区为提升城区品质，提升园区环境，完成创业大道提升改造及亮化工程，补植绿化6000米，更换路灯294盏。完成剑南路西段邻乐荟城一侧沟渠及周边环境治理和园艺街与莲花寺路交会处西南方向积水池环境整治工作。共设置阻车栏杆436个，新增修补绿化带1900平方米，修复人行道2976平方米。新购买垃圾桶60个、果皮箱100个，在辖区全面覆盖。其中60个垃圾桶根据“城管+社区”模式全部投入社区使用；结合辖区实际情况，先期对园艺街、创新中心二期、园兴西街、东街等主要路段以及破损果皮箱进行更换升级。对人工湖草坪绿植及湖面进行全面清理，科学打造人工湖周边生态环境；对人工湖周

城市绿道

边市政设施进行全面修复；对银都领地垃圾房进行全面改造升级，翻新垃圾房，重新设置垃圾投放口，并协调垃圾清运公司合理安排清运时间并规范清运行为。整治共设置阻车栏杆436个，新增修补绿化带1900平方米，修复人行道2976平方米。

【城乡环卫管理】 2017年，全区坚持集中整治和常态化管理，加强错时整治、联合执法、夜间巡查，实现全时段无缝管控。全年累计开展各类专项集中整治行动70余次，清理拆除广告横幅1000余处，规范跨门、占道经营宣传行为850余起，清理“牛皮癣”小广告2000余张处。对银都领地、树高卡地亚等商住小区坐商跨门经营行为进行规范，有力维护城市市容秩序。管护单位每天对人行道进行4次普扫；对非机动车道、机动车道及道路边缘利用人工与机械相互配合的方式进行2次普扫；对适合机械作业的一类道路每天利用中型多功能洗扫车、洒水车、降尘设备进行1次清洗，1次冲洗降尘；对人行道、小广场地砖按照月份，每年10月至次年4月每月彻底清洗1次（重大活动、检查除外），其他时间利用雨天清洗不少于2次；对一类道路的机动车道、非机动车道路沿石采用人工、机械混合作业的方式每天进行1次冲洗降尘。全年，管护单位利用机械设备，对辖区140余万平方米进行管护清洗，通过国家卫生城市复审、文明城市建设等重要工作，并在市城管局每月对辖区环境卫生的考核中都获得全优成绩。

【公厕建设及管理】 2017年，全区坚持不懈推进“厕所革命”，在辖区新增3处公厕，每处各占地面积约12平方米，总投入约90余万元，辖区公厕达到8处。由分局负责日常巡查监管考核，发现问题及时与环卫保洁单位联系处理，确保公厕正常运行。

【基础设施建设】 2017年，园区按照建设总体规划目标要求，加大对基础设施建设的投入，完成“八通一平”的建设任务，即市政道路、雨水、污水、自来水、天然气、电力、电信及有线电视管线和平整土地。全年完成投资约1.9亿元，元通公园建设项目规划总用地面积约34万平方米，至年底已基本完成土方作业、自然水系施工等，完成投资约1.35亿元。完成兴隆片区市政道路建设工作，建成里程约3千米，完成投资约3500余万元。完善园区创业大道、人工湖周边道路等景观打造及照明设施，完成投资约1500余万元。对高涧槽等多处涉污排放不规范的点位进行整治，投入资金约500余万元。全区污水管网统一收集排放至塔子坝污水处理厂，主要排水管网在市政道路修建时配套完成，新建排水管网里程约3千米。

【水电燃气供应】 2017年，科创区自来水供应以园艺街为界分别由市水务集团和昊池公司供应。已建成加压站5座，沿街皆有管网，满足园区使用需求。建成110千伏园艺变电站一座,容量10万千伏安，与高水、金家林、双碑变电站互联共用。同时由园艺、双碑变电站接双电源建成1万千伏安开关站一座，解决重点项目用电可靠性。启动区片区、九洲大道、创业大道实现全电缆化供电，其余区域采用架空线路，能满足园区使用需求。燃气供应主要由天新公司供应，元通部分区域由市燃气集团供应。

【城区道路建设】 2017年，全区按照总规确定的分区道路骨架位置及走向基本不变，园区内道路自成体系、相对完整，均采用主次干道相结合的方式把整个园区连接起来。截至年底，园区建成道路里程约65.72千米，建成配套路网雨污水管道，实现雨污分流，形成以二环路、九洲大道、元通路、创业大道及南北向主干道构成“三纵两横”的方“方格式”为主的主干道系统。园区内道路段面组织为：城市快速路、主干道、次干道、支路，道路红线宽度分别为100米、50米、30米、14~30米，路网密度为6.63千米/平方千米，其中快速路长度7.94千米。主干道长度19.07千米，次干道长度15.74千米，支路长度22.97千米，完成投资额约78864万元。 （王洪敏　杨　程）

城区住房建设

【概况】 2017年，科创区辖区有华润置地（绵阳）有限公司、四川辰星房地产发展有限公司、四川东辰（集团）股份有限公司、兴绵房地产开发有限公司、四川田森房地产开发有限公司、绵阳高新建设开发有限公司、绵阳兴源环亚房地产开发有限公司等23个房地产开发企业。全区继续贯彻落实国家、四川省和绵阳市系列稳增长、促改革、调结构、惠民生的宏观政策，推动全区房地产业持续健康发展，销售情况较上年有所增长。截至年底，全区已办理商品房预售7个，商品房预售面积40.5万平方米，商品房备案24.22万平方米，成交金额171742.07万元，成交均价为7089元/平方米。全区商住小区项目约53个，物业服务企业约26个，注册地在科创区的物业服务企业6个。

【华润中央公园】 2010年，华润置地全国第三座“中央公园”落址绵阳。项目地处绵阳未来城市副中心园艺新城腹地，位于绵阳中央政务区，毗邻历史文化古迹西山风景区，规划1~7期，涵盖住宅、特色商业街区、城市绿地等。占地21.5公顷，截至年底，已完成1~3期建设，4期、5期正在建设中。

【温莎国际社区】 温莎国际社区是由绵阳兴源环亚开发有限公司建设的英伦风维多利亚风格建筑的高端住宅小区，项目位于科创园区核心地段，总占地17.26公顷，总建筑面积56万平方米，住宅总户数2894户，主要以“17+1”的小高层洋楼和“6+1”的叠墅组成，2.4的超低容积率，车位配比高达1∶1。截至年底，完成商业销售12451.94平方米，销售总价154193628元，成交均价12383元/平方米。

【长兴·星城】 长兴·星城位于科创园区九洲大道与剑南路西段交会处，项目由香港上市企业四川辰兴房地产发展有限公司携手绵阳本土龙头企业四川长兴实业（集团）有限公司建设。项目净用地面积104308.47平方米，容积率3.34，总建筑规模约45万平方米。项目整体分两期开发，规划住宅共计3054户，可容纳居住人口约9162人。其中一期共规划8栋高层住宅，共2154户，总建面298989平方米。项目一期于2015年5月1日开盘，在2017年6月30日售罄且完成交房。二期共规划约900户，总建面143619平方米。二期住宅于2017年12月30日开始销售。

（廖洪波）

城市治安管理

【概况】 2017年9月，城北公安分局成立，原是绵阳市公安局科创园区派出所。城北公安分局辖区为科教创业园区。科创区位于绵阳市区西北部，治安管辖面积23平方千米，下辖1个街道办事处、9个社区，截至2017年12月，辖区总人口为99222人。

【人口管理】 2017年，科创区常住人口31893人，总户数13641户，比上年增加3841人，增长率为13.69%。其中男性15688人，占总人数的49.19%；女性16205人，占总人数的50.81%。出生人口915人，比上年增加98人。死亡等注销人口1178人，自然减少263人。迁入人口4104人，迁出人口1024人。2017年辖区流动人口总数67329人，较2016年新增19117人。受理和办理居住证708个，办理居住证明3076个。2017年，城北公安分局把加强实有人口服务管理作为推进社会管理创新、维护社会稳定的重要举措，着力抓好常住人口、流动人口、特殊人群三个关键环节，建立多层次的人口管理网络，提升实有人口管理水平。开展“一标三实”及“双清”工作，全面摸清辖区常住人口底数，对身份清楚的普通人员，做好信息采集和一般管理；对重点人员落实管控措施，做到“来能发现、行知其踪、去明方向”；对弱势群体人员，建立定期联系和回访制度，提供必要的服务和帮助。发挥社区网格员的作用，实行流动人口信息采集社会化，及时掌握和登记社区居民点暂住人员和企业用工人员变动情况。对排查出的46名精神病人全部落实“一对一”和“多对一”管控措施，防止发生精神病人肇事肇祸案（事）件。

【户政管理】 2017年，城北公安分局以提升群众对公安工作满意度为抓手，强化服务理念，创新户籍管理工作新思路，采取多项措施做好户政窗口管理工作。在元通派出所户政窗口配齐配全便民座椅、饮水机、老花镜等服务设施，为群众提供舒适的办事环境。同时在业务办理高峰期开辟绿色通道，对老、弱、病、残、学生等群体实行优先受理、办理；坚持特事特办、急事急办，推行预约服务、上门服务、错时服务及延时服务，切实前移服务窗口，不断提高服务效率。落实警务公开，户籍室墙上张贴悬挂办证收费标准、工作制度、办事流程和监督投诉电话，在醒目位置设立警民联系箱、意见簿，方便群众深入了解相关户政管理知识，让民警自觉接受群众监督。对群众的咨询和疑问进行一次性、全方位告知和解释，不让群众跑冤枉路，节省办事时间和成本，为办事群众提供最大方便。对辖区孤寡老人、残疾病人等

城北公安分局

无户口人员，经过实地调查核实后，主动为其补办相关手续，解决他们的实际困难。

【执法规范化建设】 2017年，分局围绕公安部提出的办案场所精细化工作要求，以开展城北分局筹建工作为契机，完成分局执法办案区精细化升级改造，有效实现对人身安全检查、信息采集、讯询问、候问、辨认等办案区执法活动的可视化监督，确保办案区执法音视频的全面准确记载、保存和管理，保障违法犯罪嫌疑人在办案场所内的各项权利，也督促民警更加严格规范文明开展执法活动。开展“执法公信力、短信测评”综合评价为抓手，突出解决处警程序不清、使用法律依据不当、处警行为不规范等人民群众不满意的问题，采取部门组织培训、选送外地培训、以会代课、单独“开小灶”等形式，想方设法提高民警的执法能力和水平。同时，分局督察岗对民警执法办案和接处警情况，坚持每周一小查、每月一大查，将督察情况同民警个人年终绩效考核挂钩。通过采取系列措施，分局民警执法水平、案卷质量、网上平台使用等方面都有了很大进步。2017年，辖区共发生刑事案件539件，破案162件。其中，破杀人案1件、破放火案1件、破故意伤害案9件、破诈骗案13件、破强奸案1件、破盗窃案29件、破其他案件108件。刑事拘留17人，取保候审9人，提请逮捕13人，移送起诉12人。

【侦破“2·18”放火案】 2017年2月18日22时33分许，原科创园区派出所接到一小区居民报警称:科创园区某小区内有一业主家着火。接警后，原科创园区派出所组织民警火速赶到现场，迅速疏散楼上住户，营救出3名被困群众，将大火成功扑灭。经现场初步调查，此次火灾可能系人为放火所致。经市局刑侦支队现场勘查和原科创园区派出所民警走访摸排，锁定犯罪嫌疑人蒋某。经查，犯罪嫌疑人蒋某（女，45岁，绵阳涪城区人,无业）发案当晚与前夫熊某因琐事发生争执，一气之下，将房屋点燃。犯罪嫌疑人蒋某因私愤放火烧其住房，其行为触犯《中华人民共和国刑法》第一百一十四条，涉嫌放火罪。根据《中华人民共和国刑事诉讼法》第八十条之规定，公安机关依法对蒋某予以刑事拘留。

【侦破“5·17”故意杀人案】 2017年5月17日晚20时50分，城北分局筹备组值班室接到报警称:科创区奥林春天二期一住户有人持刀杀人。值班民警接警后迅速赶至现场，将犯罪嫌疑人秦某抓获，并组织人员将两名伤者及时送至附近医院救治。经初查，案发当晚，犯罪嫌疑人秦某（男，28岁，四川省九寨沟县人，无业）在出租房内产生幻觉，以为楼上住户要杀他，想先下手为强杀死对方，便持水果刀进入楼上张某家中，向张某老公吴某和其母亲李某猛刺数刀。公安机关根据《中华人民共和国刑事诉讼法》第八十条之规定，对涉嫌故意杀人的犯罪嫌疑人秦某予以刑事拘留。两名伤者已脱离生命危险。

【侦破“11·26”恶性伤害案】 2017年11月26日中午13时，元通派出所接一女学生报警称：其被一名男子打伤，伤情严重。案发后，城北分局成立“11·26”专案组，在市局业务部门的支持下，经过四昼夜连续作战，将犯罪嫌疑人曾某抓获。经审讯，曾某对自己犯罪事实供认不讳。10月26日12时40分，犯罪嫌疑人曾某驾驶电瓶车沿九州大道天生桥至灵创科技园路段向金家林行进时，在一路口发现被害人胡某正向小路上走，从事城市绿化工作的曾某清楚小路前面即是一片长草的空地且没有出路，遂心生邪念上前搭讪并将其击晕死便迅即逃离现场。犯罪嫌疑人曾某依法已被刑事拘留。 （孙 静）

城市消防

【概况】 2014年11月，武警绵阳科创区消防大队成立，隶属于武警绵阳市消防支队。2017年，大队围绕确保全区火灾形势稳定，确保部队高度稳定为目标，推进政治思想建设、部队行政管理，开展警民共建、消防知识宣传和消防执法监督，做好日常为民服务、火灾扑救等工作。组织开展2017年全区今冬明春火灾防控工作、夏季消防安全检查、高层建筑消防安全综合治理、中小学校消防安全专项治理工作、危险化学品消防安全综合治理等专项行动，圆满完成国庆、元旦等重大节日以及2017年全国“两会”、第五届科博会、2017中国（四川）电子商务发展峰会等消防安全保卫任务，实现社会面火灾防控和部队内部“两个稳定”。截至年底，大队获得绵阳市2016—2017年度冬季练兵考核团体第二名，5月，获得四川省公安消防总队表彰的2016年全省专职消防队伍建设先进集体。

2017年1—12月，大队共接处警190起，全区共发生火灾76起，造成直接财产损失约20万元，抢救财产价值600余万元，2017年未发生较大以上火灾事故以及其他造成重大社会影响的火灾事故，实现全年辖区“零亡人”，火灾形势总体平稳。

【部队政治思想建设】 2017年，大队开展维护核心、听从指挥主题教育活动和推进“两学一做”学习教育常态化制度化学习提炼。坚定自觉忠诚核心、拥戴核心、维护核心，铸牢坚持党对军队绝对领导这个强军之魂，拥护改革、支持改革、落实改革中彰显忠诚，把维护核心、听从指挥转化为献身强军实践的自觉行动。以严守规矩、严明责任、严作表率“三严”为抓手，以争创先进党委、争做优秀党员、争当优秀官兵“三争”为引导和《绵阳市消防部队2017年党风廉政建设工作要点》等活动要求认真开展思想政治和廉政教育。通过集中学习、观看廉政影片、写心得体会等方式扎实推进专题教育活动。开展警示教育、交心谈心等活动抓好经常性政治思想工作，增强遵纪执法的自觉性。把廉政建设的开展与日常消防工作相结合，对消防监督工作开展走访，让每一次消防监督执法都有跟踪的工作回执，确保执法工作的公正廉洁，最大限度地预防和减少违法违纪现象和行为，深入推进作风建设和反腐败斗争，树立消防部队新风正气，加强班子凝聚力。

【部队管理】 2017年，大队为进一步落实全面从严治党、依法从严治警要求，切实解决党支部和党员队伍中存在的突出问题，教育引导官兵牢固树立“四个意识”，大队开展以“严守规矩、严明责任、严作表率，争创先进党委、争做优秀党员、争当优秀官兵”为主题的“三严三争”专项教育整顿活动。开展保密自查抽查活动，通过检查全体消防官兵手机微博、微信、QQ等通信软件和抖音、快手等社交APP上是否上传表露军人身份照片和部队内部信息；重点检查公安信息网电脑中是否存在敏感涉密文件信息、是否安装游戏、聊天工具等娱乐性软件、是否在互联网上存储涉密信息的图片或资料并组织粘贴公安网计算机专用标识。

【装备物资建设】 2017年，大队按照《城市消防站建设标准》和中队官兵实有数，完成《“十三五”消防装备建设规划》中2017年装备建设车辆、装备器材购置计划，年内购买AT城市主战消防车1辆，新国标消防灭火防护服、抢险救援服、抢险救援头盔等个人防护装备。完成四川省警用地理信息系统消防子系统(PGIS)与消防接处警对接、科达会议系统升级改造。350米固定台、车载台、手持台配备率达100%，政府专职消防队耳骨式通信设备配备率50%。为进一步加强灭火药剂储备，关键时候派上用场，年内新增10吨多功能泡沫灭火剂，并与西山石油库、皂角铺石油库签订泡沫液代存储协议，以满足发生较大以上火灾时灭火药剂使用需要。

【警民共建微型站建设】 2017年，大队根据《微型消防站联勤联训工作实施方案》要求，组织辖区微型站开展区域联勤和业务交流，组织队员到临近微型站参观学习，开展区域性消防情况熟悉，中队开展“六熟悉”时，结合实际通知临近微型站参加，鼓励各微型站自行联系和开展业务交流等。建立微型站队员个人档案，对微型站队员全部培训一遍，达到“三知四会”灭火救援能力要求。大队督促微型站开展常态化情况熟悉和防火巡查，建立微信群聊和QQ群开展业务交流。落实区域联防和实战演练工作，组织开展联合微型站区域联防实战演练。

【科普教育基地对外开放】 2017年，大队通过科普教育基地对外开放，迎接社会各界感受消防、学习消防，通过中队宿舍、车辆、装备器材等的对外开放，展示快速着装、两盘水带连接、水枪出水、着避火服在火中行走等一系列消防技战术表演，播放消防安全警示视频，使之了解火灾的危害性，进一步学习到防火、灭火、火灾逃生的知识，现场进行灭火体验，参观感受部队警营文化建设，进一步增进警民鱼水情，营造良好的警民共建氛围。

【灭火疏散演练】 2017年，大队通过开展辖区重点场所、重点单位灭火疏散演练，加深专职队员对辖区重点场所、重点单位内部道路、水源分布的“六熟悉”，同时增加队员战斗经验，确保一旦发生火灾，能够做到快速反应，处置有效，全面增强战斗班组在火场上的整体协同作战能力。

【消防宣传】 2017年，大队结合辖区特点，通过微信公众平台每日发布消防安全常识及消防时讯，在重大节日和季节转换期间，利用QQ群和短信平台有针对性地向群众发送消防短信，提醒群众时刻关注消防安全。通过设置消防宣传栏、印发宣传资料和LED播放消防安全知识等方式广泛宣传消防安全常识，特别是在“安全生产月”“119”消防宣传月等活动中，通过发放“全民消防我代言”“电瓶车火灾隐患”等消防宣传海报、消防知识培训等方式，将消防知识真正地“送”到人民群众身边，提升群众消防安全意识。全年累计发放各类宣传资料4万余册，组织消防培训30余次，开展应急演练10次，实战演练120余次，队站开放90余次，发送消防提示短信6000余条次，受教育人数达8000余人。

【消防执法监督管控】 2017年，园区领导带队开展消防安全专项检查20余次，排查单位100余家，发现并督促消除火灾隐患10余处。开展劳动密集型企业专项治理、高层建筑消防安全综合治理、夏季消防安全检查、中小学校消防安全专项治理工作、危险化学品消防安全综合治理等专项行动。全年，大队共办理建设工程设计审核、消防验收、公众聚集场所开检、设计备案、验收备案共33件，其中办理审核3件、验收1件、开业前消防安全检查15件、设计备案9件、验收备案5件。火灾调查1起，共实施监督检查1592家次，发现火灾隐患或违法行为2785次，整改火灾隐患2785处，行政处罚50起，临时查封23起，责令“三停”20家次。

（李　翔）

审　计

【概况】 科创园区审计法制办公室（以下简称审计法制办）于2013年4月9日批复成立，正科级。科创区财政投资评审中心于2017年7月11日批复成立，与区审计法制办合署办公。部门设主任1名、副主任1名、成员6名。

2017年，园区审计、法制、财政投资评审工作在园区党工委、管委会的正确领导下，在上级和园区各部门的大力支持下，紧紧围绕园区中心工作，坚持“依法审计、服务大局、围绕中心、突出重点、求真务实”的工作方针，充分发挥审计监督与评价职能，为区依法行政决策提供依据和建议，全力服务园区中心工作，推进园区建设和发展。2017年，区审计法制办被评为“2017年度内部审计工作先进单位”“2017年度审计发现问题整改工作先进单位”。

【财政投资评审】 2017年，全区完成园区财政投资评审项目50个，送审金额78224.63万元，审定金额76068.75万元，审减金额2155.88万元，审减率2.76%。其中重点工程项目有：科技城创新基地项目、溪谷支路项目、创业大道夜景照明工程项目、高涧槽道路污水管网改造工程项目、家园盛景安置房电梯工程项目等。

【固定资产投资结算审计】 2017年，区审计法制办围绕园区中心工作，狠抓重点项目审计，推动投资审计聚焦审计主业、回归监督本位。年内，完成固定资产投资审计项目102个，送审投资总额2801.33万元，审定工程造价2265.50万元，审减535.83万元，审减率为19.13%。投资审计工作实现效益质量双提升。其中重点工程项目有：科创园区八角社区农贸市场项目、欧盟项目创新中心办公展示空间装饰工程项目等。

【资金拨付】 2017年，全区完成孵化大楼、创新中心等加速器运行费用、园区LED路灯能源管理费用、创新资产管理公司年度零星工程费用、家园盛景安置房项目资金进度款、园区路灯管护费用、园区道路绿化管护费用、西山北路路面保洁管护费用等费用的资金拨付审核工作，共计审核费用项目72个，审核金额8530.05万元。完成科创区兴隆社区居民安置统建房项目项目建设资金、灵创科技有限公司房屋租金等资金拨付审计工作59个，审核金额14255.10万元。

【PPP模式项目建设监管】 2017年，区审计法制办作为区社资办领导小组的成员单位之一，参与配合园区两个PPP项目元通公园、高端产业制造基地涉及项目入库、项目融资的法务审查工作。同时对两个项目的现场工程进度、质量、安全、量价认证等全方位行使监管职能，涉及经济签证事项和设计变更事项严格安全园区工程管理相关制度抓落实，确保项目有序推进。完成区社会资本合作小组关于园区两个PPP项目文件法务审查工作。

【法务工作】 2017年，区审计法制办全面贯彻落实依法行政、依法决策、法治政府建设工作要求，出台《关于成立科创区法治政府建设工作领导小组的通知》（绵科创区管办发〔2017〕77号）和《关于印发〈科创区法治政府建设实施方案（2016—2020年）〉的通知》（绵科创区委发〔2017〕29号）文件，成立园区法治政府领导小组机构，推进依法行政，加快建设法治政府。履行法务审查工作，完成园区各项民商事合同、规范性文件建议修改意见、复审会签工作，牵头做好园区涉诉工作和行政复议工作。做好涉访维稳工作，开展各项法治宣传活动。推进依法治区工作建设，确保园区行政决策合法性。完成《关于签订剑桥科创孵化园中国重型装修工程设计合同的请示》《航天成果转化基地（四川）项目合作协议》等园区各项合同建议修改意见、复审会签共计61项。处理市上园区行政复议案3件，已办结3件。处理黄玉强诉管委会排除妨害民事案件应诉工作，绵阳市中级人民法院判决驳回原告上诉，维持原判。完成《绵阳科创区推动工业经济快速发展若干政策实施办法（试行）》等园区送审规范性文件建议修改意见、复审会签共计9项。配合相关部门处理园区涉访涉诉矛盾化解，协调配合园区常年法律顾问参与园区涉访涉诉案件咨询工作和业务指导工作。开展园区会前学法活动和参与开展法制宣传工作，深度参与“3·15消费者权益日”“4·15国家安全教育日”“12·4宪法宣传日”等法治宣传活动，同时结合党支部活动开展“送法进社区”“支部成员学法”活动，按照部门普法清单印发各类法律法规资料6000余份，邀请园区法律顾问单位参与园区法治宣传各项活动，现场提供法律咨询。按照绵科创区委办发〔2017〕35号文件精神，做好依法治区相关工作并报送检查资料。

【领导干部任期经济责任审计】 2017年4月14日至12月20日，区审计法制办具体负责协调市审计局，全面完成园区党工委原书记柳江、管委会主任李哲任职期间履行经济责任情况、自然资源资产和环境责任情况，科创区2015年度和2016年度财政收支情况的审计工作。其间，经过多次沟通、协调、整理，共计完成75份278页（附件724页）审计取证单的取证工作，并向市审计局报送审计整改报告。科创区被评为2017年度审计发现问题整改工作先进单位。

【八角二期居民安置房项目财务清理】2017年3月中旬起，科创区根据《关于印发〈八角二期居民安置房项目违纪违法问题整改工作实施方案〉的通知》（绵科创区纪发〔2017〕6号）文件要求，区审计法制办历时半年，全面展开八角二期居民安置房项目违法违纪整改工作财务清理工作。通过多次走访、取证、清理，对503户房款收缴情况、应付工程款情况、借款情况等进行全面的清理和核实。完成八角二期安置房项目2009年11月24日至2017年2月28日的财务收支专项审计工作，出具审计报告。同时于2017年8月向区纪工委移交八角二期安置房项目违纪违法问题线索。通过此次审计，彻底清理来八角二期账务混乱情况的历史遗留问题。

【日间照料中心专项资金审计】 2017年，全区为规范和加强园区公共卫生服务专项补助资金和养老服务体系专项资金分配和使用管理，提高补助资金使用效益，区审计法制办按照《关于对园区社会事业管理项目资金进行审计的请示》（绵科创区社发〔2017〕87号）文件要求，会同区社发局、区街道办、区财政局组成检查组，于7月对西山社区卫生服务中心2015—2016年度公共卫生补助资金、2014—2015年八角社区养老服务体系建设补助资金进行专项检查，并出具专项审计报告，对资金的规范管理和使用提出审计建议。 （杨　恒）

国土资源管理

【概况】 2017年，科创区（四川绵阳工业园）管辖面积约14平方千米，其中建成区国有土地约1059.4公顷、未建成区国有土地约245.8公顷、建成区集体土地约84公顷、未建成区集体土地约20公顷。全区重点项目用地保障科技城创新基地项目，该项目于2013年11月完成供地，占地面积约8公顷。绵阳科技城创新中心三期，该项目于2014年11月完成供地，占地面积约6.33公顷。全区上市企业产业园项目，该项目占地面积约1.5万平方米。

【卫片执法监测】 2017年，科创区土地卫片遥感监测图斑19个，面积14.36公顷，其中近1公顷以上图斑6个（辖区内无矿产遥感监测图斑）。经城西国土分局现场实地核查和查阅相关档案资料的方式对下发的土地遥感监测图斑进行逐一核查、逐一判定，并集中业务部门参加会审确认合法性判定是否准确、依据是否充分、违法用地是否整改查处到位等。经核实，涉及全区的19个图斑均为合法图斑。

工商行政管理

【概况】 2001年8月，四川省绵阳市工商行政管理局科技城科教创业园区工商行政管理分局成立，服务辖区有科创区、农科区、经开区以及西科大大学科技园；下设3个工商所：科创园工商所、经开区工商所、农科区工商所。2015年12月省工商以下管理体制调整，由原省垂管移交地方管理，分局名称改为：绵阳市工商行政管理局科创园分局。2016年，根据职能划转，服务辖区改为科创区、西科大大学科技园与仙海风景区。全局有行政编制21名，机关工勤事业编制1名。分局内设办公室、登记股、市场监管股、经济检查大队与消费者权益保护股，下设园艺工商所、科园工商所与仙海工商所。承担辖区市场监督管理、网络交易管理、商标广告管理和行政执法工作，负责辖区各类市场主体的注册登记、信用监督管理、依法组织监督市场竞争行为、实施合同行政监督管理、商标管理、指导广告业发展；依法查处违反注册登记管理法律法规的行为、合同违法、不正当竞争、商业贿赂、违法直销和传销等违法行为；按职责分工监督管理流通领域商品质量，查处假冒伪劣等违法行为；保护消费者合法权益，依法受理和处理消费者咨询、投诉、举报。截至2017年12月，科创区（含西科大大学科技园）有各类市场主体7048户，其中企业4006户、个体3042户。

【商事制度改革】 2017年，科创园工商分局以商事制度改革为主线，推进“放管服”改革工作。科创区管委会印发《绵阳市科创区放宽企业住所（经营场所）登记实施细则》（以下简称《细则》），《细则》实施缓解全区企业住所登记事项中商业用房紧张的矛盾，解决个体工商户从事服务业的经营场所等问题。在市工商局及科创区管委会的支持下，在全区开展集群式注册登记改革试点，印发《绵阳市科创区企业集群注册登记管理暂行规定（试行）》，把集群式登记作为一种新的市场主体准入方式。强化窗口建设，优化服务质量，科创园工商分局启用全新“自助+人工”沙龙式工商登记大厅，提供一系列便民设施，拍摄微电影宣传全程电子化注册登记工作。绵阳电视台新闻报道科创园工商分局全面推行全程电子化注册登记工作。2017年9月25日，全区开始实施“二十证合一”改革。截至年底，全区共核发“一照一码”营业执照5101张，通过全程电子化登记企业数已超过130余户，微信公众号共发布信息235期。

【《绵阳市科创区放宽企业住所（经营场所）登记实施细则》出台】 2017年3月30日，科创区管委会印发实施《绵阳市科创区放宽企业住所（经营场所）登记实施细则》（绵科创区管发〔2017〕22号）。《实施细则》明确企业住所（经营场所）登记应当提交的证明材料，进一步简化住所（经营场所）的相关证明材料，缓解科创区商业用房紧张的矛盾，解决个体工商户从事服务业没有经营场所的问题。

【《绵阳市科创区企业集群注册登记管理暂行规定（试行）》出台】 2017年2月13日，科创区管委会印发实施《绵阳市科创区企业集群注册登记管理暂行规定（试行）》（绵科创区管发〔2017〕13号），《暂行规定》明确了集群式登记的概念、外延和内涵，规定符合集群式注册登记企业的范围、标准以及办理集群式注册登记的相关要求，同时明确了集群式注册登记企业的权利义务。

【企业诚信制度建设】 2017年，全区落实企业信息公示制度，推进企业年报公示、处罚信息公示、经营异常名录管理，全区企业年报公示率99.59%，个体工商户年度公示率99.61%；依托“全国企业信用信息公示系统（四川）”，实现工商部门将本部门产生的全部企业登记、竞争执法、消费维权、商标等各类信息以及行政处罚信息归集至企业名下并公示。规范企业经营异常名录和严重违法失信企业名单管理，全区2017年全年累计列入异常名录企业共计15家，共有4户移出经营异常名录的记录。开展“守合同重信用”“民营企业诚信守法示范”创建活动，全区有国家、省级、市级“守重”企业分别有1家（四川九洲电器集团有限责任公司）、2家（四川九洲电器股份有限公司、四川九洲光电科技股份有限公司）和6家［四川科瑞软件有限责任公司、四川西科种业股份有限公司、绵阳新亚科技有限公司、四川长兴实业（集团）有限公司、四川源鸿建设集团有限公司、四川绵阳众益拍卖有限公司］，申报“诚信守法示范企业”1家（四川昊伶环科技有限公司）。

【“红盾春雷”行动】 2017年，在省工商局实施的“红盾春雷行动2017”统一行动中，区工商分局共出动执法人员376人次，检查经营企业和个体户1126户，立案查处各类违法案件63件，案值99.43万元，处罚没款26.57万元（不含没收货值金额为71.36万元的物资）。此次行动中，工商分局集中开展酒店用品质量专项整治、学校周边学习用品的专项整治，网络交易专项行动，坚决打击和整治不正当竞争行为，着力规范重点行业和重点领域的市场竞争行为。立案查处南方中金环境股份有限公司冒用他人厂名厂址案、绵梓加油站销售不合格汽油案、绵阳科创区佳康烟酒店侵犯注册商标专用权案等典型案件。“红盾春雷行动2017”行动期间接受消费者咨询107人次，受理和处理消费者申诉和举报37件，其中诉专案立案查处13件，为消费者挽回经济损失73万余元。

【虚假广告监管】 2017年6月，全区开展为期1个月的新《中华人民共和国广告法》宣传教育活动。利用分局拍摄的微电影《嘻哈女子工商所》系列影片第4集，在腾讯视频、优酷视频等网络平台对新《中华人民共和国广告法》进行宣传，发放科创区工商宣传册1200份，引导广告企业提高行业自律意识同时引导广大人民群众参与、举报、监督和防范风险意识。开展涉嫌虚假宣传广告专项整治工作，坚持把直接关系到群众健康安全的医疗、药品、食品、投资理财广告发布内容为整治重点，检查广告经营企业31家，个体经营户7家，主流媒体2家及各类户外广告94条。各部门协作配合，全年与食药监、社发、城管、消协及社区等部门对辖区经营户进行虚假广告联合执法检查共计12次。全年出动执法车辆30余辆次，执法人员60余人次。查处虚假违法广告5起，处罚没款9245.28元，发出限期整改通知书12份。

【法治工商建设】 2017年，工商分局开展执法证换证工作，对分局16名执法人员持有的“工商行政管理执法证”进行换证，更换为“四川省行政执法证”。组织执法人员参加由各级工商部门组织的各类培训共计8次，参加由工商总局、市人社局组织的网络培训3次。分局与各单位签订“依法行政责任书”，明确年度依法行政具体目标任务、工作重点、责任主体和完成时限等内容。执行重大行政处罚案件备案制度，全年共备案5件，重大行政处罚案件备案率100%。分局持续推进微电影普法，2017年，分别获得荣获“十大优秀视频宣传作品”“法治微电影十佳作品奖”“金杜鹃奖第五届全国微电影大赛最佳视觉奖”等奖项。分局用法制微电影宣传法律法规的事迹由省工商局推荐到国家工商总局，并评选为“全国十大法治故事”。

【企业年报公示】 2017年，工商分局通过强化组织、宣传引导、服务指导、加强督查等措施，狠抓企业年报公示工作。分局拍摄了年报微电影一部、制发宣传画报50份和年报手册1000余份，联合电信运营商群发年报宣传短信3000条，在分局微信公众号发布年报信息10期，在工商登记大厅、银行商场等LED显示屏宣传年报并在该场所摆放宣传桁架，同时发动系统干部及家属利用微信和QQ群广为宣传年报信息。各工商所分别通过会议、培训、上门走访、电话联系等方式，点对点、面对面、手把手地宣讲年报工作的重要性和年报方法。将年报任务分配到人，实行上门服务、代办服务，在工商自主沙龙、部分银行网点设立代办点，为没有上网条件的小微企业自主年报提供方便条件和服务。截至2017年6月30日，科创区辖区应年报企业3140户，已年报3127户，未年报13户，年报率99.59%；应年报个体2300户，已年报2291户，未年报9户，年报率99.61%。

【网络市场监管】 2017年，区工商分局开展网络市场监管专项行动，在各管辖场所设立网络市场监管宣传专栏，并对上马电商村和绵阳市电商产业园进行了检查走访，共计检查走访企业和平台商共38家，发放宣传资料300份，利用以网管网的方式网上检查网站、网店1229个次，并实地检查网站、网店经营者38个次，责令整改网站6个次，删除违法商品信息6条，开展行政指导4次、行政约谈2次，查处网络违法案件5件，其中查处侵害网络消费者合法权益案件1件、虚假违法互联网广告案件4件。在国庆、中秋两节期间，分局查处“涉黄”网站共计2户，检查涉网企业127家，检查其他企业网页35个，对其中未能有效进行营业执照电子标识链接的网站送达了行政指导意见，共计送达行政指导意见28个。通过“智慧工商”系统，对辖区内的网络经济户口主体数据进一步进行了完善，将原来已在四川网络监管系统中但还未在新的“智慧工商”系统中的24户主体数据通过手动建档予以补录，并通过年报建档的方式在“智慧工商”系统中新建档205户，其中查实被“置为无效”的网站58户。截至2017年12月31日，科创区建档企业自有网站数为229个，已重新申请电子标识的企业网站数达198个。

【消费者维权】 2017年，全区围绕“12315”消费者投诉举报处理、各类专项行动和消费教育引导等重点，提升消费维权工作效能，营造安全、放心消费环境。2017年3月15日，举行“3·15”消费者权益保护宣传活动，向消费者宣传《中华人民共和国消费者权益保护法》《中华人民共和国食品安全法》等法律法规知识，讲解近30余种假冒伪劣商品的鉴别方法，现场发放宣传生活常识及法律法规知识等资料5000余份，受理咨询达150余人次。分局开展重点领域消费维权专项整治。对辖区家用电子电器类商品、服装鞋帽、儿童服装、儿童用品、汽车销售、交通工具类商品、地铁钢、禽流感等进行定期检查，实行定期“110”巡查制度，定期上报结果。截至2017年12月底，全局共检查电子电器店59户，服装鞋帽商家157户，汽车销售行业4户，交通工具类销售点3户，地铁钢经营户1户，禽流感经营户4户，出动执法车辆176人车次。对流通领域商品质量抽检后不合格产品进行专项检查共计6次，出动执法人员40人次，车辆40车次，检查经营主体134户。受理消费者投诉384件（智慧工商153件、“12315”互联网平台231件），成功调解363件，挽回经济损失32.85万元。 （何思蓓　李　丹）

统计工作

【概况】 2017年，全区面对经济下行压力持续加大的情况，始终将抓投资、稳增长作为全区经济工作的首要任务，应对各种不利因素，始终保持专注发展的定力。全年实现地区生产总值增速11%，完成目标任务的100%；完成一般公共预算收入6.01亿元，同口径增长9%，完成目标任务的112.5%。

全社会固定资产投资29.04亿元，同比下降26.5%，完成半年目标任务70.8%。

分产业看，第二产业累计完成投资3.36亿元，同比下降8.9%，其中工业投资占比97.0%；第三产业累计完成投资25.67亿元，同比下降28.3%。从房地产开发看，房地产开发投资16.05亿元，同比下降32.9%。房屋施工面积214.33万平方米，同比增长15.1%；商品房销售面积56.49万平方米，同比增长4.9%。

【统计检测体系】 2017年，全区逐企业、逐项目分析基础数据，确保及时准确收集企业生产情况和项目信息，做到应统尽统，不重不漏。强化经济运行监测，及时准确掌握重点企业数据变化，加强与重点企业沟通。每月、每季度、每年度对统计数据进行系统分析，并评估统计数据质量。

【统计新法规学习贯彻】 2017年，科创区贯彻执行《中华人民共和国统计法》的相关规定，8月，组织统计人员对新出台的《中华人民共和国统计法》《中华人民共和国统计法实施条例》进行认真的解读与学习。全面贯彻落实国家深改组《关于深化统计管理体制改革提高统计数据真实性的意见》和按国家、省、市局出台的统计法治宣传教育第七个五年规划及相关要求，结合区内实际情况，逐步实施。

【统计规范化与培训】 2017年，全区把统计法治教育纳入干部教育培训总体规划，明确统计法治教育培训的内容和要求。在统计各专业会议和专业培训前进行统计法的学习，确保区级各部门领导干部、政府统计工作人员和企业负责人和统计人员、了解统计法，依法统计。同时做好街道、社区统计人员等基层统计人员统计法律法规应知应会培训。

【统计法治化建设】 2017年，全区根据市局颁布的法规工作要点，按照市统计局法规科、工业科、投资科、服务业科的相关要求，针对"四上企业"严格进行实地核查，贯彻实施关于《开展服务业统计数据质量自查》《开展贸易统计数据质量"回头看"》《开展建设领域统计数据质量"回头看"》相关文件要求，开展各专业自查工作。9月，全区组织相关行业主管部门及统计业务人员对联网直报企业的真实性、数据报送方式、数据质量、"四大工程"建设及基层统计基础工作等方面的情况进行了全面核查。检查以17家限额以上商贸企业、23家规模以上服务业企业自我巡查模式。对企业统计基础资料、台账、办公设施条件、统计上报数据进行核对，企业都具备"五有"：有场地、有人员、有制度、有电脑和有台账（包括纸质台账、原始资料凭证），经过现场核实，各项数据的真实准确，无虚假瞒报漏报情况。

（魏子杰）

安全生产管理

【概况】 2017年，科创区安全生产工作在市委、市政府的坚强领导下，在市安监局的正确指导下，在区安委会各成员单位的努力工作下，围绕"强化安全发展观念，提升全民安全素质"的主题，继续贯彻落实《国务院关于进一步加强企业安全生产工作的通知》（以下简称《通知》）、《四川省人民政府关于进一步加强企业安全生产工作的实施意见》（以下简称《实施意见》），切实推进各项安全生产工作，进一步强化全社会的安全"红线"意识和依法治安理念。管委会主要责任人与分管责任人，分管负责人与安委会各个责任单位，安委会各责任单位与各行业重点企事业单位层层签订"安全生产目标管理责任书"，按照安全生产"一岗双责，党政同责""三个必须""政府综合监管，行业主管，企业主体责任"的原则，明确安全综合监管部门及各有关部门的安全监管职责，督促企业深入贯彻落实《通知》和《实施意见》精神，学习宣传和贯彻落实《中华人民共和国安全生产法》，强化企业安全生产主体责任，有效督促各有关部门及企业把安全生产作为头等大事来抓。在元旦、春节、“五一”、国庆等节假日和重要时段，均由园区党政领导带队开展安全检查。年内，坚持每季度组织召开一次会议研究部署安全生产工作，为园区安全生产工作正常有序开展提供可靠的组织保障。

【安全生产宣传教育活动】 2017年，全区职能单位与监管服务重点对象签订“安全生产目标管理责任书”200余份，明确各单位安全生产主体责任。园区印发安全生产工作相关的文件100余个。安委会各成员单位围绕“强化安全发展观念，提升全民安全素质”的主题，结合日常监管工作开展，开展安全生产宣传教育进企业、进学校、进机关、进社区、进家庭、进公共场所“六进”活动。组织“安全生产月”活动，开展法规学习、应急疏散、救援培训等系列活动。据不完全统计，活动期间投入宣传经费近4万元，组织包括《中华人民共和国安全生产法》、医护救援等内容的培训会5次，开展应急演练4次，悬挂宣传横幅60余幅，张贴宣传栏25个，制作活动宣传展板4个，出动宣传车7辆次，在20余个LED屏滚动播出安全宣传语，接受咨询700余人次，发放各类安全宣传资料1.6万余份。组织“《中华人民共和国职业病防治法》宣传周”活动，组织“清凉之夏·安全生产法治电影周”活动与危化品从业单位警示教育活动，组织消防安全火灾防控宣传活动。

【安全生产监管情况】 2017年，全区督促有关部门规范监管检查工作，组织学

“关注消防　平安你我”消防安全知识宣传

科创区 2017 年安全生产月安全生产知识竞赛

习掌握生产安全事故统计归口和联网直报的各项要求，把握“24小时”“7天内”“30日内”3个关键时限，及时报送相关信息。开展一体化综合监管工作，全年园区共出动检查人员40余人次，检查各类生产经营单位20余家次，督促美能等重点用人单位加强职业卫生管理，改善工作场所环境和条件，落实各项职业病防治措施。园区共300余人员参加职业病健康体检，为降低各种职业健康风险起到极大的促进作用。（吕恒峰）

食品药品监督

【概况】 2017年，绵阳科技城科教创业园区食品药品监督管理局（以下简称科创区食药监局）围绕“国家食品安全示范城市”争创目标，贯彻落实“食品药品安全放心市”具体要求。全区共有食品药品监管单位1500家，其中餐饮510家、食品流通240家、食品小作坊24家、食品小经营店406家、食品小摊贩87家、医疗器械经营单位13家、医疗器械生产企业1家、药品零售经营单位62家、药品批发公司2家、化妆品经营单位18家、保健品经营单位137家。

【食品药品监管机构建设】 2013年9月11日，科创区食药监局根据《绵阳市人民政府办公室关于印发〈绵阳市食品药品监督管理局主要职责内设机构和人员编制规定〉的通知》（绵府办发〔2013〕58号）文件精神成立，在科创区社会事业发展局（以下简称区社发局）加挂食品药品监督管理局牌子。年初，区食安委制定《科创区2017年食品安全重点工作安排》和《科创区食品安全委员会工作规则》，明确食安委成员单位的工作职责和任务要求，将食品药品安全工作纳入年度目标考核任务。截至年底，科创区管委会核定食药工作人员6名（不含局分管领导，包括在编人员和聘用人员）。同时，在全区9个社区分别聘请1名食品药品协管员，至年底，科创区共有食药监管工作人员6人、社区食品药品协管员9人。

【食品药品行政审批】 2017年，区食药局再次梳理“食品经营许可证”审批流程，对受理、审查、核查、审批等各个环节的书式资料进行明确规范；根据经营单位规模大小，明确了现场核查需有不同层级领导带队检查，坚持从源头上把好准入关。2017年，全区受理核发“食品经营许可证”364份，变更16份，注销23份，办理食品小作坊、小经营店备案131份。

【食品药品专项整治】 2017年，全区开展春、秋学校食堂，H7N9，食品、保健食品欺诈和虚假宣传，清真食品、化猪油、火炼油、白酒、方便食品、日本核辐射食品、第三方平台网络订餐等食品安全专项整治14项，监督检查经营单位1000余家次，下发监督意见书500余份，督促整改问题100余个。

【食品安全抽检】 2017年，全区共组织大宗食品抽样检测108批次，其中不合格食品8批次，主要问题表现为小作坊酿制白酒酒精度不合格；食品安全快速检测300批次，其中快检反应呈阳性、弱阳性38批次，全部为农药残留和二氧化硫超标。全年区食药局共接各类食品问题投诉举报45件，其中2件移交市稽查支队立案调查，其余均妥善处置并按时答复投诉举报人。

【重大活动食品安全保障】 2017年，全区开展中、高考学校食堂食品安全保障、自主招生考试食品安全保障、四川省旅游发展大会、科博会食品安全保障以及市委党校承接的全省选调生岗前培训班、全市党政主要领导读书班等重大活动食品安全保障17次，全年未发生群体性食品安全事故。

【食品药品安全培训】 2017年，全区组织召开餐饮单位安全培训工作会，与餐饮单位签订“餐饮食品安全承诺书”，督促餐饮单位落实自身主体责任。组织召开全区食品生产、经营企业培训会，全区1户食品生产企业、136户食品经营企业（个体）、4个社区农贸市场的负责人及食品安全专业技术人员、食品安全管理人员参加培训，并与食品生产、经营企业和农贸市场负责人签订“食品生产企业安全责任书”“食品经营企业安全责任书”“农副产品安全责任书”。组织全区药品批发、连锁、单体企业负责人参加药品流通领域专项整治动员，学习药品相关法律法规，并就药品流通领域监管的重点和难点进行探讨，督促药品企业落实自身主体责任。

【食品药品安全宣传活动】 2017年，全区在社发局和街道办事处的引导下，在1所学校、2个社区开辟食品药品安全工作宣传专栏。1所学校将食品药品安全知识纳入班会内容。开展“12315”“12331”投诉举报宣传、“食品安全宣传周”、“6·26”禁毒宣传、“安全生产宣传月”等系列宣传活动。

【特色餐饮街区食品安全监管】 2017年，科创区在辖区元通社区和上马社区分别打造特色餐饮一条街，元通社区餐饮一条街主要以经营特色中餐类餐饮为主；上马社区是绵阳市最具特色的“吃虾一条街”，主要是以经营虾类餐饮为主。为确保群众吃得健康、安全，区食药局紧抓餐饮单位起步阶段的监管，让经营者初进餐饮行业就树立严格的食品安全自律意识，实现监管部门的“他律”和经营者“自律”无缝对接。加大对节假日、旅游旺季、春夏、夏秋换季消费量急增时段专项检查力度。重点检查操作间卫生是否达标、加工流程是否存在交叉污染、消毒清洗是否及时到位，确保群众“舌尖安全”。（冯　霞）

质量技术监督

【概况】 2017年，科创区围绕绵阳市质监局重点工作安排，推广“科技绵阳 品质领航”绵阳城市质量精神，推进质量安全和民生保障各项工作，全区产品质量整体水平持续向好，质量管理与监督、标准化、计量认证、特种设备安全监察、品牌建设工作扎实开展。开展危化品百日攻坚行动、“质检利剑 春风行动”“质检利剑 秋风行动”，开展专项检查，检查企业20余家，出动检查人员40余人次，未发现重点工业产品、消费品、强制认证产品等企业违法生产行为。开展电气火灾综合治理工作，成立电气火灾综合治理领导小组，8家企业按要求开展自查，并报送自查表。开展质量月宣传活动，发放宣传资料300余份，组织管委会干部职工、园区企业参加绵阳市2017年创建全国质量强市示范城市知识竞赛，并获得绵阳市质量强市工作领导小组颁发的“组织奖”。

【标准化工作】 2017年，全区持续推进企业标准自我申明工作，全区在企业标准信息公共服务平台进行公示的企业11家，公示标准53项。企业参与制修订国家、行业标准9个，其中九洲电器参与国标2个、军标6个、永贵科技参与国标1个。

【计量认证监管】 2017年，科创区对辖区内集贸市场、超市、眼镜店、加油（气）站等重点领域强制检定计量器具开展监督检查，加油机专项计量监督检查等专项整治工作，检查集贸市场4个、超市4家、眼镜配镜店5家、加油机12台，集贸市场电子秤、加油站加油机受检率100%，未发现计量器具作弊现象，眼镜配镜店验光仪超期未检1台，制发整改通知书1份，并督促整改完毕。开展认证认可全面质量监管专项整治，检查强制认证产品获证企业5家。

【特种设备安全监察】 2017年，科创区有特种设备1513台，其中电梯1108部，锅炉6台，压力容器24台，液化石油气瓶346个，起重机械16台，场内机动车辆13台。区社发局与特种设备使用单位签订“2017年度特种设备安全使用承诺书”和“2017年度电梯安全使用承诺书”，与电梯维保单位签订“2017年度维保单位24小时安全服务承诺书”。辖区内的9个社区与电梯使用单位签订“2017年度社区

表 5 科创区企业获第十二届四川名牌企业名单一览表

序号	企业名称	产品名称
1	四川九洲光电科技股份有限公司	格瑞普牌 LED 灯
2	四川九洲电器集团有限责任公司	九洲牌网络终端九洲牌机顶盒
3	绵阳新亚科技有限公司	LED 灯
4	四川永贵科技有限公司	电器连接

表 6 科创区企业获绵阳市政府质量奖企业名单一览表

序号	企业名称	获奖时间
1	四川九洲光电科技股份有限公司	2015 年首届绵阳市政府质量奖
2	四川九洲空管科技有限责任公司	2017 年第二届绵阳市政府质量奖

电梯安全管理责任书”，明确社区监管责任和特种设备使用单位主体责任。联合绵阳市委党校物业和电梯维保单位绵阳科莱电梯公司开展电梯困人应急救援预案演练。组织召开电梯安全工作会，进一步落实使用单位主体责任，强化安全意识、责任意识。全年开展特种设备监督检查60余次，其中包括“省十一次党代会”、汛期、“五一”、“十一”、科博会期间各项专项检查，出动检查人员140余人次，检查特种设备80余部，发现安全隐患20起，制发整改通知书20份，整改安全隐患20起，全年无特种设备安全事故发生。

【品牌建设工作】 2017年，全区4家企业5个产品获评十二届四川名牌（产品）。区社发局组织企业参加第二届绵阳政府质量奖评选，九洲空管荣获第二届政府质量奖。

（冯　霞）

卫生监督管理

【概况】 2017年，科创区有各级各类医疗机构22家，其中社区卫生服务站5家、个体诊所12家、学校医务室5家，无医疗床位，卫生技术人员81人。共有各类公共场所179家，其中美发店83家、美容店27家、住宿场所31家、足浴场所16家、超市（200平方米以上）10家、游泳场所11家、影剧院1家。辖区无集中式供水单位，二次供水单位5家，均办理“卫生许可证”。

【医疗服务市场监督】 2017年，全区开展医疗机构日常监督检查，定期开展医疗机构行为专项整治行动，严肃查处医疗机构聘用非卫技人员、超出许可科目开展诊疗活动、违规发布医疗广告等违法行为。医疗机构监督覆盖率达100%，全年下达《卫生监督意见书》130份，共受理投诉8件，办结8件，办结率100%；协助市卫生执法监督支队完成卫生行政处罚案件4件，没收违法所得522.50元，罚款金额8200元，10家医疗机构获得不良执业计分，共计分54分，全年全区无医疗事故发生。

【公共场所卫生监督】 2017年，全区开展住宿、足浴、超市、美发美容、游泳场所卫生专项监督检查工作，共计下达“卫生监督意见书”412份，出动卫生监督员446人次，监督覆盖率100%。联合城北公安分局、工商分局等部门开展打击非法医疗美容专项行动，宣传非法医疗美容的危害知识，提高公众对非法医疗美容带来危害的认识，增强自我保护意识。

【饮用水卫生监督】 2017年，全区开展生活饮用水卫生日常与专项监督检查，对辖区5家二次供水单位及8家现制现售小区物业进行监督检查，共计下达“卫生监督意见书”25份，监督覆盖率100%，并根据实际情况增加监督频次。全年未发生生活饮用水卫生事件。

【传染病防治监督】 2017年，科创区为防止辖区传染病特别是手足口病的流行传播和做好生活饮用水卫生安全工作，组织辖区各学校、托幼机构、医疗机构利用宣传栏、电子显示屏、发放宣传单等形式开展传染病防控知识宣传。全年各社区卫生服务站共计制作宣传栏31期，印制各类健康宣传资料9种，发放宣传资料1.1万份；组织各学校、社区、机关、企事业单位开展健康教育讲座30场；组织召开科创区传染病防控工作会，召集辖区各学校、托幼机构、医疗机构负责人及相关工作人员60余人进行防控知识培训，要求各学校、托幼机构做好“三检”，即晨检、午检、晚检，对因病未到校的学生、幼儿做好病情随访追踪和登记，并落实疫情报告制度等，有效预防和控制传染病的发生和流行，全年无传染病疫情事件发生。 （冯　霞）

民生工程

【概况】 2017年，全区负责实施的省、市民生工程共8大类39个目标项，超额完成目标任务的23项，占目标任务的59%，100%完成目标任务的16项，占目标任务的41%。其中省级民生工程及20件民生大事共7大类25个目标项，超额完成目标任务的16项，占目标任务的64%；完成目标任务100%的9项，占目标任务的36%。市级民生工程项目共8大类14个目标项，超额完成目标任务的7项，占目标任务的50%；完成目标任务100%的7项，占目标任务的50%。2017年，全区省级十项民生工程和20件民生实事财政预算下达及拨付资金168.45万元，拨付率100%，其中上级补助129.29万元，区级投入39.16万元。市级民生工程计划投入区级财政资金1.75亿元，到12月底已到位1.5亿元，达到计划的85.71%。已拨付资金1.17亿元，占预算安排的66.86%。全年在各类媒体宣传152次，其中国家级媒体3次（《中国日报》2次、中新网1次）、省级媒体5次（《四川日报》2次、《四川经济日报》3次）、市级媒体144次（《绵阳日报》51次、《绵阳晚报》12次、绵阳电视台5次、绵阳民生工程网21次、绵阳党政手机报55次）。

【科创区公立小学建设】 2017年，科创区公立小学建设区办的重要民生工程项目。该项目建筑面积为10500平方米，估算总投资约3900万元。完成可研、立项、办理施工许可手续等工作，建筑主体已完工，正在进行装饰工程施工。项目累计完成投资额约3100万元，项目建设工作于年内完成。

【元通公园项目建设】 2017年，元通公园项目作为区内重点民生工程项目，规划总用地面积约 34 万平方米，北面规划为商业用地，南面有大片生态型建设用地，西面和东面主要规划居住用地。绿地面积 24 万平方米，水体面积约 1.5 万平方米，园路及铺装用地面积 6 万余平方米，机动车位 370 个，公园游人容量 4300 余人。项目总投资约 33294 万元，2017 年计划投资 1.6 亿元。项目于 2016 年 11 月开工建设，完成现场临建、临设搭设、清表、现场抄测、竖向设计调整等工作，2017 年累计完成投资约 10450 万元。

【科创区功用性照明设施建设工程】 2017 年，科创区功用性照明设施建设工程项目作为区内重点民生工程，项目总投资约 93.3 万元，项目地址位于科创区兴隆社区 4 号路，道路照明长约 641 米，8 月 31 日通过政府采购方式确定施工单位，已于 10 月 8 日完工，并通过竣工验收。

【创业大道夜景景观照明工程】 2017 年，创业大道夜景景观照明工程作为区内重点民生工程，项目位于科创区创业大道，在大道中间绿化隔离带实施道路全场 2400 米的植物景观照明，已于年底完工，项目完成投资 91 万元。

【民生培训】 2017 年，全区围绕“幸福美丽绵阳”建设的新要求，开展“企业+高校”双向培育模式，实施“4+3”高端成长型产业领军人才资助计划、“千英百团”聚才计划，设立由企业家、技术人才组成的专家信息库，推进院士（专家）站、技能大师工作室建设，常态化开展创业知识和技能培训。承办“人才服务系列活动”“创业成就梦想，服务在你身边”创业培训会系列活动，走进九洲技师学院、西南财经大学天府学院，对 60 名毕业季大学生进行创业培训，以促进有创业意愿的大学生成功创业。2 月，举办“春风行动送岗位，元宵佳节送祝福”专场招聘会 3 场，参加人次 2000 余人，提供岗位 1500 余个，现场发放宣传资料 5000 余份，共 500 余人达成就业意向。 （冯　筠）

社会保障

【概况】 2004 年 2 月 16 日，科创区劳动保障服务中心，是中共绵阳市委编办批准成立的全额财政拨款一类公益事业单位，与街道劳动保障服务所实行两块牌子、一套人马，挂街道劳保所牌子，办公地点在科创区管委会院内一楼。2015 年 7 月，正式对外经办社保业务，社保业务大厅办公地点在中物孵化器院内（园艺街 20 号）。中心核定事业编制 8 人，其中主任 1 人、副主任 1 人，内设 9 个股室、1 个劳保所，有职工 18 人。承担的主要职责是就业、社会保障、劳动关系管理、医疗保险等服务。2017 年，区劳保中心围绕社会保险服务民生工作重心，以全民参保登记、失地农民参保、城镇居民医疗保险和新农合整合、就业创业促进、构建和谐劳动关系为工作重点，推进人社业务标准化、规范化、信息化建设，立足民生保障、筑牢民生底线，不断扩大参保覆盖面、提升保障水平、强化经办服务。截至年底，全区共受理各类投诉136起，涉及金额2381.6万元，劳动者801人，现已化解127起，协调成功率93.4%。其中，涉房涉建领域投诉72起，涉及金额2149.2万元，民工人数681人，现已化解61起，追回工资1754.7万元，协调成功率84.7%。

【劳动保障监察】 2017年，全区3次召集城北公安分局、区住建局、区劳保中心组成联合检查组，并结合劳动保障监察“两网化”的9个社区网格及法律援助力量，合力对园区内17个在建项目涉及的18家建筑企业2000余名工人进行工资支付专项排查检查；共依法移送公安机关查处欠薪案件1起，向社会公布重大劳动保障违法案件1起——“华润中央公园四期李某拒不支付劳动报酬罪案”。采取检查和宣传相结合的方式，深入建筑工地和企业开展劳动保障宣传活动，现场解答疑问500人次，印发《科创区和谐劳动关系宣传手册》宣传资料1万份，制作“科创区劳动维权告示牌”100块，悬挂在区内建筑工地门口醒目位置，畅通投诉渠道，保障维护劳动者合法权益。

【劳动争议仲裁调解】 2017年，科创区创新劳动关系协调新机制，加强实体化机构建设，区劳动争议调解委员会成员扩大到园区18个部门和单位，在9个社区和3个孵化器建立劳动争议调解组织，以网格为主体开展劳动争议调解工作。

【劳动保障大会召开】 2017年3月29日，科创区召开2017年劳动保障工作大会，区党工委副书记雍波、党工委委员、管委会副主任徐虎、党工委委员杨启卫出席会议，调研员张建平主持会议。会议首先由区党工委委员杨启卫传达全市人力资源和社会保障工作会议精神，总结科创区2016年劳动保障工作及安排部署2017年工作。区党工委委员、管委会副主任徐虎宣读2016年度劳动保障工作先进集体和个人表彰决定，并在现场举行授牌颁奖仪式。

【社保清欠工作】 2017年，科创区劳保中心围绕“五险齐抓、同步推进、深化管理、规范程序”的工作思路，按照“扩面、征缴、稽核、服务、管理、协调”的工作要求，采取目标管理、组织推动、部门联动、宣传发动、服务带动和规范程序等有效措施，对绵阳赛恩新能源科技有限公司等38家参保单位上门催缴，共督促用人单位补缴社保费用97.98万元。

【开展“上门认证”服务】 2017年7月7日，科虹社区工作人员周凤来到行动不便、年事已高的退休人员顾大镛老人家里开展“上门认证”亲情化服务，为他办理养老金领取生存认证手续。全年科创区共为21名行动不便的退休人员开展上门认证服务。

【关爱老年人】 2017年，区党工委委员杨启卫、劳保中心主任王剑秋、副主任袁翔慰问辖区90岁以上高龄老人18人次，发放慰问金7200元。划拨重阳节活动专项经费，保障9个社区重阳节活动的正常开展。10月26日，由西园社区居委会主办，科创区劳保中心、绵阳商业银行科创园支行协办的以“九九重阳节浓浓敬老情”为主题的庆祝2017重阳节文艺会演在西园社区群众文化广场隆重举行，“中国红鼓”、歌舞表演、小品、黄梅戏+豫剧联唱、东北二人转等节目精彩上演。西园社区10名老年人获得首届“好公公好婆婆”，区党工委委员杨启卫同社区老年朋友一起观看演出。10月27日，元通社区举办以“敬老”为中心的节日活动，活动包括：“爱心义诊”、免费为老年人测血压、血脂、血糖等检查项目，对存在健康隐患的老年人签约“家庭医生”服务；开展老年人“健康知识”讲座；宴请老人一起品尝丰富的重阳盛宴。10月27日，上马社区组织开展“九九重阳节”爱老敬老活动暨文艺会演，节目包括社区老年舞蹈队的《九九女儿红》《中华全家福》《吉祥安康》、独唱《山歌唱出好兆头》《我们的生活充满阳光》及快板《九九又重阳》等节目。

（张 辉）

社会保险

【概况】 2017年，科创区坚持以扩面征缴、基金管理、社保服务为重点，继续全面实施社会保险“一补、三降、四提高”政策，减轻企业负担，增强企业活力，提高社会保险待遇水平，不断扩大社会保险参保覆盖率。至年底，全区社会保险累计参保10万人次，征缴社会保险费8222万元，支付社会保险待遇4502万元。

【企业职工养老保险】 2017年，全区企业职工养老保险累计参保6006人，征缴养老保险费共计4235万元。领取养老保险待遇人员2097人，按时足额发放企业退休人员养老待遇3137万元，领取资格认证率达100%。办理养老保险关系转移396人（其中转入301人、转出95人）。

【城乡居民养老保险】 2017年，全区城乡居民基本养老保险参保人数614人，缴费人数166人，征缴城乡居民养老保险费16万元；领取城乡居民基本养老保险待遇58人，按时足额发放城乡居民社会养老保险养老金6万元。办理城乡居民社会养老保险待遇领取资格认证58人，领取资格认证率达100%。

【机关事业单位养老保险】 2017年，全区机关事业单位养老保险参保人员205人，征缴机关事业养老保险费358万元、职业年金154万元，按时足额发放机关事业单位养老保险养老待遇35万元。

【退休人员养老金调整】 2017年，科创区依据四川省人力资源和社会保障厅、四川省财政厅《关于2017年调整退休人员基本养老金的通知》（川人社发〔2017〕34号）和绵人社办〔2017〕169号文件精神，全区共有2009人享受2017年退休人员基本养老金调整政策，其中企业退休人员2004人，人均每月增加基础养老金92.28元；机关事业单位退休人员5人，人均每月增加基础养老金186.02元。

【基本医疗保险】 2017年，全区基本医疗保险参保3.07万人，其中城镇职工医疗保险参保0.58万人、城乡居民基本医疗保险参保2.49万人，征缴医疗保险费2522万元。医疗费用结算报销9万人次，统筹支付1058万元，其中城镇职工医疗费用结算报销7万人次，统筹支付122万元；城乡居民医疗费用结算报销2万人次，统筹支付936万元。办理城镇职工医疗保险关系转移133人（转入86人、转出47人）。

【失业保险】 2017年，全区失业保险参保0.54万人，征缴失业保险费174万元。享受失业保险待遇340人，发放失业保险待遇33万元。为335名失业人员缴纳基本医疗保险费13万元；向符合政策规定条件的67家企业发放失业保险稳定岗位补贴65万元。

【工伤保险】 2017年，全区工伤保险参保0.55万人，征缴工伤保险费674万元，其中：新开工建设项目参加工伤保险13个，项目参保率为100%，缴纳工伤保险费605万元。支付工伤保险费25人次共计18万元，其中支付工伤医疗费用报销20人次11万元，支付一次性伤残补助金5人次7万元。

【生育保险】 2017年，全区生育保险参保0.55万人，征缴生育保险费89万元。支付生育保险费135人次137万元，其中：支付生育医疗费33万元，支付生育津贴104万元。

【退休人员社会化管理服务】 2017年，全区共有退休人员2009人，其中企业、个体退休人员2004人，机关事业单位退休人员5人。社区成立老年人腰鼓队、志愿者服务队等，养老金领取资格生存认证全部下放到社区，实现离退休人员不出社区就能办理养老金领取资格认证和社保信息查询，全年累计投入退管工作经费17.43万元，在端午节、中秋节、重阳节、春节举办文艺会演、上门慰问老人、爱心义诊、志愿者理发、健康保健知识讲座等活动，实现“老有所养、老有所医、老有所学、老有所乐、老有所为”的目标。2017年，元通、科园、华奥3个社区被评为“绵阳市退管社会化服务达标社区”。

【定点医药机构资格认定】 2017年，科创区制定认定工作标准流程，精简提炼，制定通俗易懂的彩色简明认定流程图，方便医药机构了解认定过程。加强定点政策宣传，制作相关宣传资料，通过QQ群、微信平台在辖区医药机构中开展宣传工作，让每一家符合政策要求并有意愿为参保人员服务的医药机构都能有机会申请定点。建立综合评审人员库，多部门合作，建立党群部、社发局、食药监局、劳保中心、政协委员、参保者代表等人员组成的综合评审人员库，在每次评审中抽取专家参与评审，做到公平、公正、客观。创新引入医药机构展示环节，在评审环节由医药机构制作PPT进行演示，保证每家医药机构拥有平等展示实力的机会。免费统一制作定点标牌，保证定点标牌的规格形象统一。

【社会保险监管】 2017年，科创区组织稽核人员参加培训和考察，提高稽核监管队伍的业务能力。完善各岗位责任制度，明确各岗位的职责范围，财务收支审批实行分级授权，未经授权不得越岗代办。规范财政专户管理，确保账账、账实相符。与财政衔接社保基金财政专户管理办法，明确财政专户执行的优惠利率和资金划转方式。每月安排出纳人员按时与银行、财政对账，确保每笔社保缴费、待遇发放按时足额到账。杜绝中途占用、挪用社保基金的风险，保障社会保险基金安全完整运行。

【医疗保险监管】 2017年，劳保中心联合区食药监、卫生部门对园区内定点药店和门诊机构开展拉网式检查。园区和社区成立一支医疗巡查队伍，定期或不定期进行监督和检查，逐步规范社保划卡行为。严把入口关，创新性开展综合评审，成立综合评审人员库，对准定点医药机构进行现场综合评审。探索监管新模式，统一制作定点医药机构标牌，并要求定点医药机构公示，发挥社会力量加强监督。对长期医疗护理保险服务实行标准化管理，扩大大病救助范围。通过不定期抽查，社保划卡违规划卡行为得到制止，取得显著成效。2017年，有7家门诊、16家零售药店通过医药机构定点资格认定。开展5次现场检查，处理违规违约定点医药机构4家。

【社会保险经办服务】 2015年7月，区劳保中心社保大厅正式对外经办社保业务，业务内容涵盖养老、医疗、工伤、生育、失业等险种。在社保大厅配备便民服务点、志愿者服务点、自助服务终端机、自助手机充电站等设备。2017年，科创区按照《四川省基层人力资源和社会保障公共服务平台建设标准（试行）》要求，投入工作经费50.95万元，为9个社区人社工作站配备电脑18台、打印机5台、LED高清显示屏30平方米、高清投影仪2台。下放养老金待遇领取生存认证、城乡居民医疗保险参保登记等权限38项，统一窗口布局、统一标识标牌、统一服务指南、统一办事流程、统一服务标准。

【全民参保登记】 2017年，全区启动全民参保登记工作，区劳保中心把全民参保登记作为当前重要民生实事来抓，通过开展业务培训、宣传引导、督导检查等措施，对各类群体参加社会保险情况进行记录、核查和规范管理，确保入户调查过程中村不漏户、户不漏人、人不漏项。收集全民参保登记入户调查资料整理成册存档，确保档案完整。建立以区党工委委员杨启卫为组长，街道办、财政、公安、工商、税务、社发等部门为成员单位的全民参保登记工作领导小组，建立区级工作协调机制。区劳保中心协调区财政局解决全区全民参保登记工作经费问题，足额安排专项经费9万元。制作发放宣传资料、悬挂标语，在LED显示屏、劳动保障QQ群、微信群、社区宣传专栏等多种方式广泛宣传全民参保登记工作。与省内公安部门信息比对、户籍人口省内参保信息、民政等其他政府部门业务系统的信息更新比对。

【征地农民参保】 2017年，全区办理元通、八角、科园、上马4个社区68名被征地农民参加职工养老保险，共征缴保费262万元，园区财政匹配补助资金207万元。（张 辉）

就业服务

【概况】 2017年，科创区以全国创业孵化基地为载体，创业带动就业为出发点，全面落实就业创业扶持政策。全年实现城镇新增就业520人，完成全年目标任务360人的144%；下岗失业人员再就业116人，完成全年目标任务60人的193%；就业困难人员再就业30人，完成全年目标任务10人的300%；城镇登记失业率2.01%，控制在≤4.0%以内；实现创业培训60人，完成全年目标任务30人的200%；青年劳动者就业技能培训304人，完成全年目标任务300人的101%；高校毕业生就业见习基地6个；成功扶持创业83人完成目标任务70人的119%（其中实现高校毕业生创业人数为60人，完成全年目标任务60人的100%）。

【国家级孵化基地】 2017年，劳保中心围绕科技城“人才、金融、技术”三大平台建设，结合自身职责，以人才建设为抓手，以企业服务为主线，从两个方面全力夯实园区“全国创业孵化示范基地”载体建设，科创区荣获“全国创业孵化示范基地”荣誉称号，成功申报省级项目4个（九洲技师学院被认定省级安全网络高技能人才培训基地、兰明路技能大师工作室被认定为省级大师工作室、上马社区被认定为省级充分就业社区、科创孵化器被认定省级大学生创新创业园区），市级项目2个（蜂创孵化器、科创电商创客俱乐部）。

【困难家庭就业援助】 2017年2月，科创区举行“春风行动送岗位，元宵佳节送祝福”专场招聘会3场，“就业援助月”专场招聘会1场，参加人次2000人，提供岗位1500个，共500人达成就业意向（其中就业困难人员27人），发放宣传资料5000份。

【困难人员再就业】 2017年1月，全区收集辖区失地无业农民、下岗失业人员及就业困难人员培训需求351条，制订培训计划，组织培训学校进社区，为就业困难人员进行就业、创业培训，提升就业困难人员的就业创业技能，适应劳动力市场的需求，共培训就业困难人员30名，其中20人实现就业。全年开发公益性岗位184个，发放公益性岗位补贴233万元、公益性岗位社保补贴75万元；发放灵活就业社保补贴12人，补贴资金3.6万元，缓解辖区内困难群众的生存压力。10月23日，上马社区被认定为省级充分就业社区。

【高校毕业生就业创业帮扶】 2017年4月7日，绵阳市人社局、科创区管委会主办的人才服务系列活动在四川九洲技师学院隆重开幕，九洲集团公司党委书记王国春、市委组织部副部长、市人社局局长张斯恩、科创区党工委副书记雍波出席活动，授予四川九洲技师学院

"绵阳市高校毕业生创业者协会九洲技师学院分会""绵阳市高校毕业生创业者协会机械机电分会"牌匾。走进西南财经大学天府学院开展"创业成就梦想，服务在你身边"系列活动，举行科创区2017年"创业成就梦想，服务在你身边"系列活动之进校园暨创业培训会，对60名毕业季大学生进行创业培训。积极组织园区创业讲师参加绵阳市创业培训讲师大赛，唐艳荣获得三等奖。协办第五届中国（绵阳）科技城国际科技博览会大学生创新创业园区（孵化基地）建设交流与创业项目对接活动。2017年，全区共有60名大学生成功创业，发放一次性创业补贴60人，共计60万元。2017年1月，科创孵化器被认定"省级大学生创新创业园区"。

【就业资金使用】 2017年，全区共用于发放公益性岗位人员工资184人233万元；发放公益性岗位人员社保补贴75万元；发放高校毕业生见习补贴2.552万元；发放就业技能培训补贴304人次31.92万元；发放鉴定补贴304人次3.7万元；发放创业培训补贴60人4.8万元。对各类补贴的申报办理建立台账，完善资金财务账簿、凭证对比机制，做到账表相符、账证相符、账实相符。全年共清理公益性岗位工资（2014—2017年）273人次855万余元，公益性岗位人员社保补贴（2016—2017年）21人133.5万元，灵活就业人员社保补贴25人7.5万元，就业培训费用（2014—2017年）28个班1317人次101.5万元，公共服务平台建设费用17万余元。

【春风行动招聘会】 2017年2月11日，区劳保中心与上马社区、八角社区联合举办"闹元宵活动"暨"春风行动"送岗位到社区活动，发布区级招聘信息50条，涉及岗位300个；市级招聘信息138条，涉及岗位2000个，现场接受政策咨询、法律咨询等服务108人次。9月14日，区劳保中心主任王剑秋、副主任袁翔带队到四川帝威能源公司开展"送政策进企业"活动，王剑秋、袁翔分别介绍技能大师工作室建设、稳岗补贴、女职工保护、工伤保险、劳动关系等方面的法规政策，并现场解答公司在经营管理过程中存在的疑惑。

【就业困难人员灵活就业社会保险补贴工作协调会召开】 2017年10月18日，绵阳市就业困难人员灵活就业社会保险补贴工作会议在科创区创新中心二期举行，绵阳市人社局党组成员、副局长吴培华出席并讲话，绵阳市就业局副局长陈祖新主持会议。各县市区、园区就业局相关业务负责人参加会议。各县市区就2016年就业困难人员灵活就业社保补贴执行情况以及2017年就业专项资金使用情况做详细汇报，对2017年度主城区就业困难人员灵活就业社会保险补贴方案进行深入讨论。市人社局就促科、市就业局就指科对各县市区就业失业管理和就业援助调研情况进行通报，并对存在问题的县市区提出整改要求。

【建筑领域"治欠保支"监管】 2017年，科创区为深入落实绵府办发〔2017〕3号文件精神，推进辖区内建设领域"治欠保支”监管工作。5月16日，市劳动监察支队王永峰支队长带队，联合市城建监察支队、科创区住建局、劳保中心、浩鼎律师事务所，继续对科创区“温莎国际社区”“华润中央公园五期”2个重点项目的工程款和农民工工资支付情况进行了专项检查。经查，“温莎国际社区”因工程规模大，用工人数众多，存在较大隐患。联合检查组书面要求：各单位应立即梳理账目，准备资金，制定预案；着手完善农民工实名制管理与农民工工资单列发放制度；必须按要求限期完成整改，及时将整改情况上报有关部门。

【省级充分就业示范社区】 2017年，科创区根据四川省人力资源和社会保障厅《关于确定第四批省级充分就业示范社区的通知》（川人社函〔2017〕1136号）文件精神，上马社区被四川省人社厅评为“省级充分就业示范社区”。把创建充分就业社区作为社区“一进三送”（即进困难人员家门，送就业政策、送岗位信息、送社保补贴）工作理念的核心内容，通过入户摸排、宣传政策、跟踪服务、开发社区就业岗位，提供用工信息，帮助更多的下岗失业人员及时走上新的工作岗位，使社区就业工作实现制度化、社会化、规范化。截至年底，全区有市级充分就业社区1个（元通社区）、省级充分就业社区1个。

【孵化基地和创客俱乐部迎接市级考察】 2017年10月17日，绵阳市就业局副局长陈祖新一行到绵阳市蜂创孵化器管理有限公司、绵阳市科创电子商务服务有限公司申报市级孵化基地和创客俱乐部进行现场考察。孵化基地负责人全面汇报了基本情况、运营特色、亮点工作、运营效果、宣传发动等工作，重点介绍基地建设发展成果和提供给在孵企业的优惠政策及综合服务情况，同时就经营发展中存在的主要问题作汇报。

（张　辉）

民政事务

【概况】 2017年，科创区按照市民政局2017年界线联检的任务安排，配合涪城区民政局完成勘界工作。开展孤儿、困境儿童清理工作，新增困境儿童4名。对辖区范围内的地名及相关属性信息开展了全面的调查、补充、更新、完善工作，基本摸清全区地名变化情况，建立完善地名数据库，为进一步提升科创区地名管理和服务水平。4月至6月，在全区开展第十届居民委员会的换届选举工作，全区9个社区居委会正式投票选举于5月31日前全面完成。安装完成大门牌57块、楼栋牌481块，完成率100%；小门牌1624块，完成率99.8%；单元牌2280块，完成率95.6%；楼层牌13543块，完成率94.5%；户牌17171块，完成率95.1%。

【社会救助】 2017年，科创区有城市低保对象45户71人，发放保障金31.5万元。共开展医疗救助38人次，列支救助金7.99万元。发放临时救助资金2.79万元。

【优抚工作】 2017年，全区按标准及时足额发放各类抚恤补助资金和优待金53.39万元；完成重点优抚对象信息采集工作并建档管理；认真做好评残、提残、残疾证换证等工作；健全优抚对象医疗减免、医疗救助和医疗优惠的医疗保障体系。切实加强无军籍职工管理和服务工作。

【"双拥"工作】 2017年，科创区在春节、建军节期间，区管委会对全区驻军、武警官兵、重点优抚对象进行走访慰问，发放慰问金8万余元，并组织召开全区机关拥军优属座谈会。全年接收自主就业退役士兵19人，需要由人民政府安置的退伍军人共4人，均已安置到位。建立和完善教育、培训制度，引导和组织自主就业的退役士兵在退役1年内参加职业教育和技能培训。

【老龄工作】 2017年，科创区老龄委成立。在"敬老月"、春节期间，开展丰富多彩的敬老月活动，发放慰问金、慰问品共计10万余元。共发放179名80~89岁、17名90~99岁高龄津贴7万余元。新建成兴隆、华奥社区老年人2个日间照料中心。

残疾人事业

【概况】 2017年，科创区共有残疾人254人。其中女性104人、男性150人，一级残疾30人、二级残疾46人、三级残疾65人、四级残疾82人。截至年底，全区新办残疾证13人。完成脑瘫儿童康复训练2人，完成免费白内障手术5例。

【残疾人社会保障】 2017年，全区发放困难残疾人生活补贴26人，共计发放金额21840元，困难残疾人生活补贴发放率104.17%；发放重度护理补贴77人，共计发放金额92565元，重度残疾人护理补贴发放率179%。春节、元旦等节日走访慰问贫困残疾人35人，发放慰问金14400元。完成残疾人家庭金秋助学1人，做好残疾人来信来访工作，及时解决热点、难点问题。

【残疾人教育与就业】 2017年，全区做好残疾人就业促进工作，完成残疾人居家灵活就业24人。完成残疾人创业直补2人，发放金额5000元。做好适龄残疾儿童入学工作，入学率达到100%。

（何泓佑）

创业园街道办事处

【概况】 1985年，涪城区下辖9个区公所，其中园艺乡属城郊区公所管辖，1992年9月，根据省政府民政〔1992〕55号文件精神，在撤区并乡建镇中，以上区公所全部撤销。1992年9月，经省政府批准，撤销普明、园艺两乡并入城郊乡。2001年11月23日经绵阳市政府批准成立园艺街道办事处，2004年8月2日更名为创业园街道办事处，规划总面积为12.89平方千米，位于绵阳城区西北部园艺片区，东接绵阳主城区，西拥绵（阳）广（元）高速公路绵阳出口，南临绵阳高新区，北挨西南科技大学。下辖9个社区，其中村改居社区6个，元通、上马、八角、西园、科园、兴隆；城市社区3个，华奥、阳光、科虹。截至2017年年底，创业园街道总人口139869人，其中户籍人口53836人，户数20578户，常住人口89689人，流动人口50180人。创业园街道党委、办事处驻科创区园艺街35号。截至年底，办事处荣获绵阳市“双拥”共建先进单位、全市信访维稳先进集体基层单位、2011—2015年全市法制选教育先进集体、2017年全市农村小额保险工作先进乡镇；获第四批省级充分就业示范社区、四川省防范邪教宣传教育示范单位等荣誉。

【基础设施建设】 2017年，街道积极推进辖区基础设施建设，着力打造干净、畅通、美丽新街道。完成科园社区10千伏高压线配变电工程报建手续，推进各社区公益性用房建设。其中阳光、科虹社区新办公用房投入使用；完成八角、上马办公用房及上马周边环境整治项目前期工程设计工作；配合区住建局、科投公司解决社区10余起安全隐患。全年争取到绵阳市供电公司改造升级项目资金206.04万元用于八角一期电网改造。

【项目用地保障】 2017年，街道按照园区要求和部署，着力推进项目建设拆迁征地工作，确保园区项目用地。

全年共完成元通公园项目、九洲大道带状公园项目、公安局城北分局二次青苗项目、科创区高端制造基地二次青苗及坟墓搬迁项目、教育园区次支路完善项目、八角三组老居民点拆迁项目、兴隆片区拆迁项目等25个项目的拆迁补偿工作，涉及各类拆迁609户（其中房屋39户，房屋面积18928.24平方米），拆迁补偿资金1478.38万元。

【社区"两委"换届选举完成】 2017年1月，街道召开换届选举工作动员大会，成立以党委书记和办事处主任为组长、党委成员为副组长、科室负责人为成员的社区"两委"换届选举工作领导小组，并经区党工委批准印发《2016年社区党组织换届选举工作实施方案》，加强本次社区党组织换届选举工作的领导和社区居委会换届选举工作的指导。通过悬挂宣传横幅、宣传板报、印发"九个严禁九个一律"宣传资料等形式，广泛动员宣传。街道党委成员对9个社区进行社区换届专题调研2次，从班子运行、思想动态、履职情况、干部储备、调整优化方面对社区"两委"班子成员进行换届研判，按照"四强"标准选好班子、配强队伍。1月8日，完成社区党支部委员选举，2月26日上午，9个社区居委换届选举大会先后顺利召开，并依法选举出社区居委主任9名、居委委员32名。

社区换届后社区"两委"成员名录一览表

表7

社　区	姓　名	职　务
元通	邱兴福	党支部书记
	杨国清	居委会主任
	周永富	两委委员
	张秀华	两委委员
	邱长木	两委委员
	高　亚	居委委员
上马	王怀国	党支部书记
	杨　勇	居委会主任
	谢　蓉	两委委员
	周忠林	两委委员
	熊　平	两委委员
	黄　兰	居委委员

续表 7

社　区	姓　名	职　务
科园	张志平	党支部书记
	蒲永生	居委会主任
	马　清	支委委员
	邱　军	两委委员
	李天智	支委委员
	刘　波	居委委员
	邹维斌	居委委员
	龚雯雯	居委委员
八角	黄建荣	党支部书记
	吴育兴	居委会主任
	王秀芳	支委委员
	赵　芬	支委委员
	陈　勇	两委委员
	熊建军	居委委员
	胥应志	居委委员
	魏　利	居委委员
西园	张世忠	党支部书记
	蒋泽云	居委会主任
	董小平	两委委员
	于胜江	支委委员
	蒋　李	居委委员
兴隆	姚安华	党支部书记
	刘金平	居委会主任
	谢光荣	支委委员
	蒋　婷	居委委员
	谢智辉	居委委员

续表 7

社　区	姓　名	职　务
华奥	赖祥军	党支部书记
	何　藻	居委会主任
	杨小秀	居委委员
	候　娟	居委委员
	苏黎菲	支委委员
	夏　清	居委委员
	杨小明	支委委员
	候　娟	居委委员
阳光	卢　青	党支部书记
	杨　平	居委会主任
	龙　杰	支委委员
	叶会群	居委委员
	邓志琼	居委委员
	赵东梅	居委委员
	曾　倩	居委委员
科虹	张　玮	党支部书记
	廖明蓉	居委会主任
	胥正涛	支委委员
	唐　静	支委委员
	王　霞	居委委员
	孙钰莹	居委委员
	韩玉梅	居委委员

【涪城区人大常委会创业园街道工委成立】 2017 年 8 月 9 日，中共绵阳涪城区委发函（《中共绵阳市涪城区委关于同意设立绵阳市涪城区人大常委会创业园街道工作委员会的函》绵涪委函〔2017〕3 号），同意成立涪城区人大创业园街道工作委员会，结束园区无人大工作机构的历史。陈小燕为首任工委主任。街道人大工委成立后，新建“人大代表之家”，完善人大代表联络站，全年组织人大代表学习调研 3 次。

【网格化服务管理正规化建设】 2017年2月，街道办事处正式开通“绵阳科创园区网格化服务管理”微信公众号，全年共推送工作新闻140余篇，其中80篇稿件被“四川网格化服务管理”微信公众号录用。同时，积极参加省综治办、中国电信四川分公司和网格E通项目组联合开展的“我爱中国、荣耀网格”随手拍活动，晋级并获得入围奖2人次。信息系统平台录入处理事件信息2.7万余条，事件办结率均在95%以上，并会同区级部门协助居民办理居住证、医疗保险、申请低保等证件(明)办理5000余次。

【独立式感烟火灾探测报警器】 2017年，街道为加强街道辖区内消防安全工作，共投资8000余元，在辖区内居民家庭、小场所、小作坊、“三合一”场所以及老年人、少年儿童、残疾人聚集场所，安装独立式感烟火灾探测报警器200个，用以提高以上场所发生火灾时的预警，保障居民群众的生命安全。

【“安全宣传月咨询日”活动】 2017年6月16日，街道围绕“全面落实企业安全生产主体责任”的活动主题，组织园区相关部门分别在上马、八角、科园等社区，开展为期1天的安全知识宣传活动。主要进行咨询及受理举报，解答居

创业园街道办公楼

上马社区“安全宣传月咨询日”活动现场

民提出安全方面的各种问题，开展消防知识培训和演练等活动，向广大居民普及安全知识。活动共现场接受咨询共计2000余人次。

【党员义工志愿服务活动】 2017年，街道组织开展党员义工志愿服务活动。成立党员义工服务中心1个、社区党员义工服务站9个，注册志愿者2206人，开展志愿服务活动43次，参加人数5048人次。同时，着力打造“阳光妈妈学院”“共享书屋”等6个特色志愿服务项目。慰问辖区保洁员、留守儿童、残疾人等共计200余人，举办广场舞大赛、体育比赛、坝坝电影等活动20余场。

【民生保障工作】 2017年，街道发放低保金共计31.52万元，对在册的低保对象进行动态管理。对因大病致困的家庭，按照救助程序进行救助，全年对园区35名住院生病的困难群众进行医疗救助，共计支付医疗救助金7.86万元；对因其他原因造成临时生活困难的25户家庭进行临时生活救助，支付临时救助金2.78万元。通过四川省计生网便民服务平台，街道共办理一孩生育证299个、二孩生育证247个、独生子女父母光荣证12个、外出流动人口婚育证6个、各项节育证明措施4个。发放计划生育家庭特别扶助金共计10.92万元，各社区走访慰问、电话慰问社区失独家庭28次，发放独生子女奖励金10.4万元。

【社区基层党群服务中心基本建成】 2017年，元通社区完成党群服务中心的升级改造。华奥、科园、西园、兴隆、阳光、科虹社区按照党群服务中心规范化建设要求统一设计完工。八角社区办公楼已完成交付并开始设计装修。上马办公楼主体施工已完成。

【"校地共建社区体育活动"启动】 2017年6月23日下午，创业园街道在上马社区文化广场举行"校地共建社区体育活动"启动仪式，西南科技大学体育学科部与创业园街道、上马社区开展社区体育"结对共建"。启动仪式上，西南科技大学体育学科部党总支、教工一支部分别与创业园街道党委、上马社区党支部签订共建社区体育协议书。通过"校地共建社区体育"活动，各签约单位将积极推动高校党员走进社区、了解社区，充分运用专业知识组织指导社区开展小型、多样、就地及群众喜闻乐见的健身活动，从而让广大群众更加规范科学参与健身活动，提高群众健身的参与热情，最终达到让广大群众受益、让广大群众满意的目的。签约仪式后，西南科技大学的老师表演太极拳、健身气功、健美操等。

【党员"双报到"活动】 2017年，街道按照绵阳市开展机关党组织和党员到社区"双报到"要求，组织598名机关党员干部主动到社区报到并开展各类活动。科虹社区党支部组织"双报到"党员参观绵阳国家科技城建设成就展馆；华奥社区党支部组织"双报到"党员、社区党员干部等147人观看电影《建军大业》。阳光社区组织支部党员、"双报告"党员向茂县叠溪镇新磨村灾区献出自己的爱心，6天内共捐款5510元；并联系机关事务局党支部开展"节能减排低碳出行，清洁家园爱护环境"宣传活动。上马社区"双报到"党员开展向社区清洁工人"送清凉"活动。各社区还组织"双报到"党员到居住楼栋发放文明调查问卷、各路口进行文明劝导等志愿活动中来。

【"我们的节日·重阳节"系列活动】 2017年9月9日，创业园街道组织社区开展以"弘扬孝道文化，共建和谐社区"

西南科技大学老师指导居民练习健美操

科虹社区“九九”重阳节敬老服务活动

为主题的重阳节系列活动。元通、阳光、科虹社区邀请医护人员为辖区近200名老年朋友提供义诊服务；上马、八角、科园、西园社区举办文艺会演活动，精彩演出得到现场2000多名观众称赞；兴隆、华奥社区在老年日间照料中心举办重阳节敬老茶话会，辖区100余老人参加活动；元通、西园社区宴请近700名老人举行体育竞技、爱心义剪、发放慰问品等形式多样的庆祝活动。

【“普法进万家”法治宣传活动】 2017年11月20日，创业园人大街道工委陈小燕主任带领街道依法治区工作小组，在元通市场开展“普法进万家”法治宣传活动。活动期间，街道向居民免费发放“普法进万家”宣传手册、《中华人民共和国宪法》、《中华人民共和国人民调解法》、《法律援助条例》以及法治宣传购物袋、签字笔等法治宣传用品。宣传资料形式多样，内容丰富，图文并茂，深受群众喜爱。前来领取宣传资料的居民络绎不绝，咨询的也很多，工作人员耐心解答居民提出的有关房屋产权、婚姻关系等各方面的问题，引导群众尊法、学法、知法、守法、用法。12月7日，创业园街道三楼大会议室开展一场“2017年度党规宪法法律知识”考试，街道全体干部、社区两委干部110余人参加。

（刘海军）

华奥社区

【概况】 2015年6月，华奥社区经管委会批复成立。北靠九州大道，南临剑南路西段，西接九州大道与剑南路西段交汇处，东到园艺东街与子云路北街。社区总人口3.2万人，总规划户数10875户，户籍人口29960人，常住人口26280人，流动人口3680人。辖区共有14个商住小区（长兴星城1期，喜来公社，岭南神韵，凯泰欧城，卓信龙岭，倍特领尚1期、2期，优山美郡，辰兴天御，奥林春天1期、2期、3期，华润中央公园1期、2期、3期、4期）。辖区内大型商业综合体一个（星汇馆）。机关单位与驻科创区单位11家，企业单位400家，小学1所(绵阳市玉泉路小学)，幼儿园3家（安格堡幼儿园、艾乐幼儿园、海天师雨幼儿园）。华奥社区新办公场地位于剑南路西段388号长兴星城一期，占地500平方米。截至年底，社区被授予“绵阳市2017年妇联先进集体”“科创区2017年度食品安全先进单位”“2017年退休管理工作先进集体”。

【社区“两委”机构建设情况】 2017年，社区“两委”班子经民主选举产生，推选社区书记1名，居委会主任1名，“两委”委员5人。

党员情况：有在册党员125人（包含2名预备党员），入党积极分子1人，党员结构为：男性党员68人，占54%，女性党员57人，占46%；35岁以下党员57人，占45.6%；35~60岁党员44人，占35%；60岁以上党员24人，占19.4%。华润中央公园小区党支部于2017年成立，纵深推进党的基层组织建设覆盖力度。

【社会事业保障服务】 2017年，社区完成就业失业登记证年审5个，办理就业失业登记证7个，办理居民医保2115人，小意外险办理200份，本地退休人员生存认证50人，异地退休人员生存认证540人，办理生育证149个；调解纠纷27起（婚姻家庭纠纷、劳动争议纠纷、物业纠纷），调解金额达61922万

华奥社区新办公地

元。对辖区575家商户进行安全检查，排查存在安全隐患的商户179家，整改32家；5月联合科创区消防大队开展“消防知识进社区”活动，累计开展消防活动12次，与物业签订“安全责任书”，与店铺商家签订“消防责任书”350份；加强食品安全管理，巡查547家，开催办通知单65张，签订食品安全承诺书150份，签订潲水协议85家，为辖区商铺从业人员办理健康证186个；春节期间给社区9名80岁以上老人发放慰问金，共计2700元，社区困难家庭发放慰问金400元，慰问重精患者2名。推进居民自治管理，组织召开20次业委会筹备组会议，其中奥林春天一期成立换届筹备组，岭南神韵，优山美郡首届筹备组成立。

【社区志愿服务】 2017年，社区秉承“学习雷锋，服务他人，提升自己”的志愿服务理念，开展“双报到双报告”对接工作，有“双报到”党员人员355人。以社区为中心站点，组建党员义工和志愿者服务两套队伍。整合社区资源，调动市区联系单位、共建单位、社会组织等社会力量参与社区建设，90余个企事业单位的党员参与社区共建。党员义工下设“双报到”党员队、社区党员队2支队伍，志愿者服务队下设绵阳市三医院志愿服务队（共建单位），老年人志愿服务队、律师志愿服务队、太极志愿服务队、舞蹈志愿服务队5支队伍，通过大量的走访调查，社区制定“设岗定责”机制，在辖区广泛开展志愿服务活动，引领社区志愿服务。开展和游仙区魏城镇第二敬老院结对子帮扶活动，组织社区党员对孤寡老人进行慰问，与绵阳市第三人民医院共驻共建，成为“绵阳市第三人民医院定点联系社区”等。

【社区服务管理模式创新】 2017年，华奥社区地处科创区腹地，针对商住小区多、外来人口多、企业单位多的情况，社区“两委”推进网格化建设，推行管理区域网格化。按照“任务相当、方便管理、界定清晰”的要求，建立以社区党支部为核心，社区居民积极参与社区网格化管理模式，规范基础台账。做到底数翔实，数据准确，基础信息台账涵盖重点管控人员、重点场所、流动人口等内容。并借助规章制度推进网格管理。截至年底，社区网格服务站共录入事件4416条，处理社情民意976条，入户登记有效信息11898户。在四川网格化服务管理公众号发表的“网格员和社区工作人员一起走进魏城敬老院”“随手拍”活动中，获第一名的佳绩；制作的华奥社区网格工作纪实片被四川网格化服务管理平台采用，3天浏览量达到585次。

【党建居务文化长廊建设】 2017年，华奥社区因地制宜，打造特色文化，制作有30块宣传展板，长约100米的文化长廊。长廊内容涵盖社区党建重点工作、党务居务公开和为民服务等，通过群众喜闻乐见、通俗易懂的形式，展示社区的党建理念、党建经验和党建成果。特别是展示党员先锋模范、慰问帮扶、为民服务、志愿活动等板块受到居民群众欢迎，吸引辖区居民驻足学习。

【老人日间照料中心】 华奥社区老年人日间照料中心设立训练室、谈心室、多功能室、棋牌室、阅览室5个服务功能室，根据老人需求划分为休息区、娱乐区和训练区，配置训练仪器、休息床位，书籍，为日托老年人提供康复训练、生活照料、文化娱乐、精神慰藉等照料服务，真在在社区内实现“老有所养、老有所依、老有所乐”。 （何 藻）

阳光社区

【概况】 阳光社区位于科创园区中心位置，2015年8月13日批复成立，辖区面积5.81平方千米，总规划户数16417户，实际入住9500户，居住人口24508人。辖区有商住小区22座（包括清华阳光A、B、C、D区，长兴太阳城一、二期，树高卡地亚A、B区，九洲家园，爱风家园南北区，林海山庄，锦湖家园，天和上品，卢卡美郡，富临山庄，温莎国际等）。辖区内大型商业综合体1个（绵阳市乐荟城商业中心）、机关单位与驻科创区单位6家（包括科创区管委会、创业园街道办事处、科创园区派出所、武警消防大队、高炮预备师3团、人民银行绵阳分行），企业单位74家、小学2所（绵阳科创园区科艺小学、绵阳市科创区博雅学校）、大中等院校2所（西南财经大学、天府学院）、6家幼儿园，个体工商户345户。12月，阳光社区树高卡地亚B区新办公场地装修完毕，新办公场地占地360平方米，同期，位于阳光清华D区的综合服务站打造完成。截至年底，社区人力资源和社会保障服务站被科创区劳保中心表扬为“劳动关系工作先进集体”；社区党支部党员龙杰被科创区党工委表扬为“2016—2017年度科创区优秀共产党员”。

【社区“两委”机构建设情况】 阳光社区有基层组织2个（中共阳光社区支部

阳光社区居委会

委员会、阳光社区居民委员会)。2017年，社区支部有党员125名，新增党员62名，转出党员5名。其中男性党员79名，女性党员46名，在册党员大学文化程度以上党员人数占70%，退休党员人数占40%，流动党员人数占5%。培训入党积极分子6人次，纳入入党积极分子培养对象2人，建立社区后备干部人才库，纳入社区后备干部管理7人。2016年12月26日，阳光社区党支部在清华D区名师堂召开党员大会，进行中共阳光社区第1届支部委员会换届选举，选举产生党支部书记卢青，支委委员杨平、龙杰。2017年2月26日，居委会在温莎国际召开社区代表大会，进行社区第1届居民委员会换届选举，选举产生阳光社区居委会主任杨平、居委会委员赵东梅、曾倩、叶会群、邓志琼4人。社区有6名专职工作人员，7名公益性岗位人员，10名专职网格员。

【社会事业保障服务】 2017年，社区有残疾人21人(系统16人、系统外5人)，优抚人员2名，签约家庭医生14人，高龄老人19人，低保户人员1名，组织开展温暖万家行活动及残疾人康复知识讲座。认证退休人员779人(其中市内退休人员140人、异地退休人员639人)，参加城镇居民医疗保险1775余人，居民养老保险6人，小额保险122人，办理就业失业登记证68人，公益性岗位安置失业人员4人。

【社区志愿服务】 2017年，社区弘扬“奉献、友爱、互助、进步”的志愿者精神，招募并注册志愿者183人，新组建志愿服务队伍5支(圆梦舞蹈队、炫彩舞蹈队、爱心义剪志愿者服务队、亚美口腔爱牙宣传队、西财党史馆讲解员服务队)；开展清理家园活动(进小区铲除牛皮癣广告、对不文明行为进行劝导及制止、清理白色垃圾和烟头等)，全年开展保护环境志愿服务活动28次，参与人数达485人。结合社区实际，全年为辖区空巢老人、残疾人、困难群众等居民开展疾病预防等健康知识讲座5次，义诊5次，心理咨询10余次；开展普法教育活动，关爱未成人教育，与阳光妈妈学院志愿者组织在树高、阳光清华、太阳城等小区开展未成年人教育课堂5次，家庭教育课堂6次，参与人数达546人。

【社区服务管理模式创新】 2017年，社区“两委”针对辖区面积大、商铺多、分散广的情况，组织专人建立社区管理台账，利用“互联网+”思维理念，建立3个微信服务群，并协调工商、食药等主管部门人员入群，解决各商户问题。至9月底，商户微信群有300余家商户负责人加入，实现辖区商户的全覆盖。利用QQ、微信、公众平台建立相应宣传联系平台7个，涉及关注加入人数1000余人次，发布社区动态168期，做到每3天更新1次，完成绵州先锋、网格化管理系统、大社区网等互联网平台信息录入1000余条，完善社区网络平台内容。发挥互联网、微信、QQ、网格员等多信息平台合理利用网格，基本实现社区“7×24小时服务模式”，让社区“两委”人员

乐荟城

做到全方面、全时段的服务群众。

【“家风家训”文化长廊建设】 2017年，社区围绕精神文明建设，宣传并践行社会主义核心价值观，在阳光清华商业街周边设立27个社区主义核心价值观宣传展板、家风家训文化长廊，让在家风家训走进每个居民小区，通过墙报、宣传栏、公开栏等形式，开展宣传活动共计27次。在春节、元宵节、清明节、端午节、七夕节、中秋节、重阳节等中华民族传统节日期间开展“我们的节日”系列宣传教育和庆祝活动共计12次。

【华地恒通·乐荟城开业】 “华地恒通·乐荟城”项目是由中国民营企业50强通威集团与四川华地圣远投资有限公司共同打造，该项目位于绵阳市科创园区剑南路西段323号。2013年6月立项，同年年底投入施工建设的科创区首个大型城市商业综合体，物业形态包含商业综合体、写字楼、精装SOHO。2017年1月20日开业，为园艺山30万常住人口提供消费娱乐服务，覆盖周边10万人次的高端消费人群，解决周边上千人次就业问题。乐荟城总建筑面积达81617.63平方米。入驻商家102户，写字楼已入驻43个公司，自开业以来成功引进永辉超市、万达影城、汉堡王、屈臣氏、欧佳牛排、奇迹健身等众多知名品牌，形成三首层“层层临街”的良好商业形态。（韩丽娟）

科虹社区

【概况】 绵阳市科创区创业园街道科虹社区居委会成立于2015年8月，社区占地面积约1平方千米，辖区位于孵化大楼至九洲大道112百货仓库以北；东至锦林俊域与涪城区的城郊乡交界；西至孵化大楼与城郊乡白土村乡道；北至城郊乡交界；社区管辖包括中华坊、启明星寒舍、银都领地、倍特景苑、荣华山庄、虹色景苑等16个居民小区，总规划住户4756户，总人数18685人，流动人口约10232人，常住人口9791人，户籍人口2191人；有15家企事业单位，包括孵化中心、绵阳移动、华西纳米公司、加油站等。2017年，社区分别获得2017年先进基层党组织、2017年度绵阳市"十佳志愿服务项目"、获得2017年度优秀网格化服务管理中心、2017年食品安全先进单位。

【社区"两委"机构建设情况】 2017年，社区有工作人员15名，社区"两委"成员8名，公益性岗位2名，专职网格员5名。女性占总人数的87.5%，大专以上文凭占总人数62.5%。

党员情况：党员总数48名，其中女性党员15人，占党员总数比例31%；35岁以下的党员12名，占党员总数比例25%；36岁至45岁的党员名17人，占党员总数比例35%；46岁至59岁的党员9名，占党员总数比例19%；60岁以上的党员10名，占党员总数比例21%，具有大专以上学历的党员40名，占党员总数的83%。截至年底，社区双报到党员达158人，机关党员占比达65%以上，涉及市政府办、市审计局、市档案局、市发改委等部门，其中包括联系2个在职支部国家地税二分局支部和市中级人民法院第十一支部的党员以及2个区在职部门科服公司和区科知局的党员。双报到党员参与活动5次，与双报到党员建立初步良好的联系沟通。

【社会事业保障服务】 2017年，社区完成64名离退伍老军人统计，4名重点优抚对象信息情况填写工作，并在春节、建军节等节日对社区老复员军人、涉核人员、参战人员、因公牺牲家庭进行走访慰问；完成辖区25名残疾人的统计工作，其中一级残疾3名、二级残疾3名、三级四级残疾各1名，户口在辖区并录入残疾人量服系统的6人。在"六一"和"助残月"分别对6名困难残疾人员（包括3名残疾儿童）的宣传走访慰问活动。做好辖区16名80岁以上高龄老人津贴发放统计工作，让他们体会到党和政府的关怀。为辖区15名老龄人办理老年人优待证。在规定范围内给予老年人一定优惠、照顾，给老年人一种享受和优待。10月12日、30日分别给3名残疾儿童、6名困难群众发放绵阳市惠民帮扶中心惠民购药卡。做好困难学生国家助学金申报工做作，为32名符合申请条件的困难学生办理相关手续，并建立档案资料。认证退休人员190人（其中市内退休人员55人、异地退休人员135人），参加城镇居民医疗保险517余人，居民养老保险14人，办理就业失业登记证17人，公益性岗位安置失业人员4人，办理就业援助1人。

【社区志愿服务】 2017年，科虹社区志愿服务工作弘扬"奉献、友爱、互助、进步"的精神，通过活动、展板、倡议书形式做好志愿服务倡议宣传工作。招募注册社区志愿者256人，做好社区党员和双报到党员志愿者登记、联系工作，全年组织开展各类形式志愿服务活动29

志愿者进社区服务活动

次，其中：“庆国庆暨共享书屋启动仪式”“喜迎十九大，涵养好家风”“科虹读书会活动”“现场书画展示活动”“12·5”国际志愿者日活动等9次特色活动被《绵阳晚报》和中国绵阳新闻网等媒体宣传报道。组织参加街道“我爱志愿者”征文及摄影比赛分别获得一等奖、二等奖；共享书屋项目被评为绵阳市“十佳优秀志愿项目”。

【社区服务管理模式创新】 2017年，社区依托人工湖的环境优势打造社区文化特色，开展系列特色文化活动，提升社区居民践行社会主义核心价值观、坚定文化自信等思想道德素质和科学文化素养，推动“人文科虹”建设。建立共享书屋项目，通过在辖区内广泛宣传，号召辖区居民参与，捐赠书籍、担当书屋自愿管理员、社区领读人，以少数群众实际行动感染带动多数群众和各个家庭，参与共同爱护共享资源，培养良好的学习习惯，营造人文科虹良好的文化氛围。与广电网络公司探讨智慧小区建设，完成基础数据对接。社区与科发衔接暂用观花府邸一楼作社区便民服务大厅，对二楼服务台进行整改、隔墙安装等，12月底完成装修并入驻正常办公。按街道规范化要求12月24日完成新办公楼党群服务中心的标识、标牌、制度上墙，并设有综合服务、计生、劳保、民政4个窗口。

【社区共享书屋】 社区共享书屋位于人工湖广场内，利用广场内休闲空间，安装设置3个，全天24小时免费开放。共享书屋是科虹社区以“书香飘科虹，智慧伴一生”为主题打造的共享阅读项目。该项目自2017年7月倡议实施以来，得到社区800余户家庭的积极参与和双报到党员的大力支持，共募集图书1500余册，涉及社会科学、政治法律、

共享书屋阅读群众

军事科学、历史地理、文化教育等门类，经社区统一整理筛选后放置在“共享书屋”内，居民可以通过扫描二维码获得书屋密码领取阅读图书。社区围绕共享书屋开展多次形式多样的读书会，组织社区志愿者在人工湖开展诗歌朗读会、老年居民阅读会、企业读书会、亲子读书会等活动，得到居民的一致好评并在《绵阳晚报》持续报道。

（杜　娟）

元通社区

【概况】　元通社区地处科创园区东南部，居民区北靠阳光清华，南临83620部队，西接温莎国际社区，东临看守所。总占地面积2.1平方千米，居委会成立于2003年，下设4个居民小组（第一居民小组、第二居民小组、第三居民小组、第四居民小组）。2017年12月社区共有户籍数1270户，3919人；流动人口6664人。社区把发展社区集体经济作为增强基层党组织服务能力的重要举措，探索社区集体经济多元化发展模式，推动社区集体经济不断壮大。2013—2016年，元通社区陆续修建社区农贸市场、大型超市、餐饮一条街等大型集体经济建设项目，基本形成城市社区商业圈。截至2017年年底，社区集体经济总收入高达270余万元。

【社区“两委”机构建设情况】　元通社区有基层组织2个（中共元通社区支部委员会和元通社区居民委员会）。2017年，社区支部有党员137名，新增党员4名，转出党员2名。其中男性党员105名，女性党员34名，在册党员大学文化程度以上党员人数占31%，退休党员人数占6%，流动党员人数占。培训入党积极分子2人次，纳入入党积极分子培养对象1人，建立社区后备干部人才库，纳入社区后备干部管理4人。1月6日，元通社区党支部在社区三楼会议室召开党员大会，进行元通社区支部委员会换届选举，会议由街道党委书记杨波主持，社区党支部 106 名党员参加会议。选举产生党支部书记邱兴福，支委委员杨国清、邱长木、张秀华、周永富当。元通社区有 23 名专职工作人员（4 名居民小组组长和 4 名党小组长，28 名公益性岗位人员，4 名专职网格员）。

【元通社区文化广场】 2013 年，社区为丰富社区群众的文化生活，元通社区“两委”协商决定，投资 292.73 万元在社区第二居民小组与第三居民小组交界处修建社区文化广场。4 月社区文化广场动工，2014 年 3 月完成竣工，建成面积3000 平方米，拥有健身娱乐设施 25 套（篮球场、老年活动中心、社区阅读室等）。社区文化广场建立后，社区党支部每年多次举办形式多样、内容丰富、深受居民群众欢迎的文艺活动和志愿活动。丰富社区居民群众的文化娱乐生活的同时，也加强党员干部与群众之间的紧密联系。

【元通社区农贸市场】 2012 年，元通社区第二居民小组的农贸市场建成使用，占地面积 2500 平方米，有各类摊位 68 个（其中肉类 12 个、蔬菜 20 个、水果 4 个、干杂 32 个）。截至 2017 年年底，农贸市场年销售量 1500 万元，年利润收入 300 万元。市场解决社区群众买菜难的问题，解决百余人就业，也增加社区集体经济收入。

【元通社区川百惠超市】 2012 年，位于元通社区第二居民小组居民区内的川百

元通社区党群服务中心

元通社区川百惠购物中心

惠超市完成建设并投入使用，占地面积1200平方米，主要经营货物有三大类，分别有家电类、日用百货类和烟酒食品类，超市建成使用较好的解决社区日常生活用品购买问题，解决就业16人。截至2017年年底，超市年总营业额1800万元，年利润收入215万元。

【元通社区百货商业街】 2016年，元通社区投资29万元，在元通社区第二居民小组内建成元通社区百货商业街并投入使用。百货商业街占地面积1200平方米，拥有商户15户，主要经营服装、化妆品、日用百货和休闲娱乐室，主要商铺有：鞋天下、鑫悦日化和缘鑫茶楼等。元通社区百货商业街解决就业人员15人。截至2017年年底，年总营业额150万元，年利润收入达30万元。

【元通社区餐饮一条街】 元通社区餐饮一条街于2016年10月18日建成营业，投资480万元，占地面积3300平方米，目前有7家商户，主要经营火锅、KTV和茶楼，其代表商铺有小郡肝串串、手掌柜牛肉、柜声KTV、巴适拜羊肉汤锅，解决就业人员80人。截至2017年年底，餐饮一条街年营业额600万元，年利润收入85万元。

【社区事业保障服务】 2017年，社区改造便民服务台，建成标准办公用房，形成集财务、计生、调解、综治、安全、群团、劳动保障等服务窗口于一体的便民综合党群服务中心，开展代办服务，方便群众办事。为解决社区群众看书问题，社区升级社区图书室，使用80平方米办公用房建设社区配套设施完整的图书室，图书室有电脑 6 台，各类书籍、影像制品 3212 册，免费对全社区居民开放。

【社区志愿服务活动】 2017 年，社区志愿服务队依托传统节日，组织社区干部开展志愿者服务活动，对社区的孤、残、困、弱人员进行多元化慰问帮扶，开展各种志愿者服务活动 58 次，慰问帮扶资金达 8 万余元。联合西山卫生院、608 医院、元通社区卫生服务站开展老年人免费体检志愿者服务活动，每年组织 5 次 60 岁以上老年人参加免费体检共计 1289 人。组织开展科普、消防、安全、扫黑、禁毒、环保等志愿者服务活动共计 58 次，发放宣传资料 8000 份、宣传横幅 120 幅，协助法治机关放映 2 场坝坝电影。组织开展各种大型文艺活动 5 次，丰富居民业余生活的同时，提升社区居民的文化素质水平。（郭　昕）

上马社区

【概况】 上马社区属于政府拆迁安置建设的居民区，分两期建设，首期建设 1998 年，属于政府划地居民自主建设；二期建设 2002 年，是政府统一规划居民自建。2003 年，上马社区成立，属科创区创业园街道管辖社区，位于绵阳城区西部，科创区腹心地带，九洲大道、剑南西路、创业大道、园艺街交会处，是科创区经济、文化中心社区，区域面积 0.24 平方千米。社区辖 4 个居民小组，有常住户 642 户（住房合计 505 栋），建筑面积 17 万平方米，常住人口 1815 人，暂住人口 3650 人。2017 年，上马社区居委会被四川省人力资源和社会保障厅表彰为四川省第四批省级充分就业示范社区，上马社区党支部被中共绵阳科创区

上马社区“两委”办公楼

工委表扬为先进基层党组织。

【社区基地设施建设】 2017年，上马社区推进辖区基础设施建设，共推进项目建设2个。着力打造整洁、畅通、美丽新社区。其中，上马社区公共事业用房招标价7423566元（以审计为准），规划总用地面积为4027.9平方米，净用地面积为2546平方米，拟建设总建筑面积为2679.82平方米。上马社区周边零星国有土地综合整治项目，共投入整治资金逾80万元，整治面积逾3.6万平方米（附着物清理赔付、场地平整、连砂碾压、防洪堡坎、排水沟等），有效美化上马的居住环境、规范周边餐饮商户的经营和管理。

【社区便民服务】 2013年2月，上马社区便民服务室成立。服务室设立有社会保险咨询办理、医疗保险、志愿者服务、法律咨询等服务窗口6个，方便社区居民，实现“让居民少走一公里”的承诺。2017年，社保服务窗口在养老保险异地生存认证112人，并对在社区居暂住的行动不便的老人进行上门认证3人；医疗保险共计参保1276人，社区居民参保率达到90%，做到应保尽保。

【就业与再就业】 2017年，社区通过完善失业群众台账、加强职业技能培训、做好企业与失业群众的双向对接推荐及多渠道开发岗位等方式，对辖区内符合就业失业登记条件的人员100%进行登记。截至年底，帮助社区280余名就业困难群众再次走上工作岗位（确保零就业家庭认定后1个月内至少帮助1人实现就业），无失业半年以上人员，辖区内有劳动能力和就业愿望的劳动者的就业率达98.9%，登记失业人员和就业困难人员的就业率均达到99%，群众满意度高，无投诉。10月23日，上马社区被四川省人力资源和社会保障厅评为“第四批省级充分就业示范社区”。

【志愿者服务活动】 2017年，社区有注册志愿者189人（其中党员志愿者78人），社区每月定期开展8次以关爱他人、关爱社会、关爱自然为主题的志愿服务活动；每周星期六与西南财大志愿者开展1次志愿服务活动全年共36次；每月定期与校地共建单位开展1次全民健身志愿服务活动；党员志愿者以“我们的节日”为契机，开展慰问困难家庭、残疾人、留守儿童、空巢老人5次，清洁家园4次，秸秆禁烧环保宣传3次。2017年，社区共开展志愿服务活动共115次。

【首届“闹元宵·迎新春”文艺晚会】 2017年2月11日，社区在文化广场举办首届“闹元宵·迎新春”文艺晚会。演出共计8个节目，逾1000名演员及群众参与。节目分为舞蹈、合唱、独唱、杂技4大类，均由社区、群团组织、辖区企业群众自编自演。其中《青花瓷》《潇洒人生》《拜新年》深受群众喜欢。

社区首届“闹元宵·迎新春”文艺晚会

【“校地共建社区体育活动”启动仪式】 2017年6月23日下午，社区在文化广场举行“校地共建社区体育活动”启动仪式。西科大学体育学科部教工一支部、学生支部与上马社区党支部签订为期2年的共建协议，西科大学体育学科部充分运用专业知识组织指导社区开展小型、多样、就地及群众喜闻乐见的健身活动，从而让广大群众更加规范科学参与健身活动，提高群众健身的参与热情，最终达到让广大群众受益、让广大群众满意的目的。

【上马餐饮一条街】 上马餐饮一条街位于园艺山财元路段及上马东街、西街、南街等路段，餐饮街于2012年开业，逐渐聚集发展，截至2017年年底，共有五类餐饮（其中龙虾餐饮24家、中餐美食12家、烧烤爆炒11家、火锅餐饮8家、特色烤肉3家），形成了以龙虾餐饮为主题，其他餐饮美食为补充的特色餐饮街。经概算，上马餐饮一条街年营业额逾6000余万元，年利润逾1000万元，解决就业174人。（蒲键钟）

八角社区

【概况】 2001年10月，八角社区居委会成立，原是涪城区城郊乡八角村，科创区成立后经统征统转后转型为城市社区。社区位于科创区西南部（东至园艺街、南至高新区、西至兴隆社区、北至九洲大道、西园社区）。管理9个居民小组，辖区面积5.2平方千米。2015年，社区所辖商住小区划归新成立城市社区后，2017年有户籍总人口4218人，1428户，流动人口4125人。社区有年满60岁以上老人650余人，有特困、低保、残疾人约135人。八角社区设书记1名，主任1名，“两委”干部6

人，工作人员10人，设9个党小组，直管129名党员。

【社区基础设施建设】 社区为发展壮大社区集体经济，是切实解决社区事务，改善民生的大事。2013年，八角社区农贸市场建成，占地2800平方米，年收入租金40万元。2015年，八角文化广场建成，占地3000平方米，包括化妆间1个、舞台1个、儿童游乐设施1处、健身设施8套；文化广场的建成，是辖区居民休闲娱乐的好去处，也是社区举办各种文体活动，志愿宣传培训的平台。2016年，老年活动中心正式投入使用，约350平方米，拥有茶座、电视、书籍报刊等文化娱乐设施，免费对辖区老年朋友开放。2017年5月，在富临围墙边修建污水管网70米；2017年6月为解决一期居民区林述仁房屋低洼积水问题，修建排水管道50米，解决污水排放和积水问题。

【社区便民服务】 2017年，社区强化服务意识，提高服务水平。全年累计出生54人，共办理生育证明54份；累计死亡26人，办理退休人员领取死亡待遇金26人，居民购买医疗保险3108人，累计购买失地农民养老保险2698人；120人流动人口办理网上异地认证，辖区81位高龄老人办理高龄补贴，残疾人办理补贴29人，办理城市居民最低生活保障20户39人，优抚人员购买医疗保险23人，发放优抚金。

【志愿活动】 2017年，社区继续探索建立志愿服务活动长效机制，建立志愿服

社区居民办理医疗保险

社区重阳节文艺活动

务点1处。通过广泛宣传，吸引招纳新志愿者30人；开展“我们的节日”主题志愿活动7次，吸引2000余名群众参加；组织开展环境整治志愿活动5次；慰问高龄老人，敬老院老人等志愿活动3次；通过和相关单位对接，开展专项志愿服务活动。社区先后和食药局、工商所、派出所、司法所和卫生站等单位开展15次专业志愿服务活动，吸引600余名居民参加，发放资料2000余份。为200余名居民提供专业的知识和现场咨询。

【社区文化活动】 2017年10月28日，社区在文化广场隆重举行“好公婆”“敬老模范”表彰大会和文艺会演。街道和社区两委干部以及千余名群众共同参加活动。社区对4位“好公婆”和1位爱老敬老典型进行表彰，进一步引导辖区群众弘扬尊老爱老的社会风气。此次活动的开展极大地调动辖区文艺爱好者的积极性，也丰富广大老年人的文化生活。 （唐小波）

西园社区

【概况】 2003年5月，创业园街道西园社区成立，社区于2010年全征全转，为村改居社区，社区位于绵阳市教育园区内，与城郊乡西园村、城郊乡白土村交界，西园社区辖区面积1.5平方千米，下辖2个居民小组，户籍人口1046人，常住人口6409人，社区内有南山双语、绵阳外国语实验学校、绵阳中学实验学校、绵阳南山中学实验学校4所名校，教育范围从小学到高中，相邻城郊乡有四川名校中医药专科学校，学校师生

西园社区卫生服务站

35765 人，辖区内有学府风情安置小区 1 个，五方校园广场、五和苹果社区 2 个商住小区、绵阳市西园公租房小区 1 个，辖区企事业单位 150 余家，社区残疾人 14 人；退伍军人 38 人；空巢老人 2 人；留守儿童2 人。在2017 年社区总经济收入为 1150 万元，居民人均收入为 13800 元。

【西园社区综合楼建成】 2017 年 3 月，西园社区综合楼建成交付社区使用，西园社区综合楼位于教育南路 401 号学府风情小区内，综合楼为地面四层地下一层钢筋混凝土结构，分一号楼、二号楼两栋，建筑面积为 5211 平方米，综合楼一号楼主要作为社区卫生服务站、老年人日间照料中心、社区党支部、居委会办公场地使用；综合楼二号楼作为居民统建房安置每人 2 平方米门面房使用，4 月出租给教投公司名下春晖幼教组建西园社区幼儿园使用，8 月西园社区幼儿园完成装修，9 月正式开始招生开班；2 月，西园社区在综合楼二楼建成西园社区老年人日间照料中心，老年人日间照料中心占地 550 平方米，设有老年人娱乐场所，阅读场所、休息室、棋牌室等，有单独休息床铺 3 个。

【西园社区卫生服务站建成开业】 2017 年 12 月，西园社区卫生服务站建成开业，占地面积 190 平方米，有注册医师 3 名，工作人员 7 名，可提供西医全科、中医全科治疗。截至 12 月 31 日，社区提供公共卫生管理服务 16 人次。

【社区便民服务】 2017 年，社区有残疾人 26 人（有残疾证者 14 人、无残疾证者 12 人），优抚人员 5 名（涉核及现役军人），低保户人员5名（3人是残疾人员），高龄老人16人，组织开展温暖万家行活动及残疾人康复知识讲座4次。认证退休人员252人（其中市内退休人员191人、异地退休人员61人），参加城镇居民医疗保险325余人，小额保险100人，办理就业失业登记证10人，公益性岗位安置失业人员2人。

【志愿者活动】　2017年，社区弘扬“奉献、友爱、互助、进步”的志愿者精神，招募并注册志愿者116人，新增志愿者59人，组建志愿服务队伍4支（文明交通志愿服务队、党员志愿服务队、关爱自然志愿服务队、邻里守望志愿服务队）；全年开展关爱自然环境志愿服务活动12次,参与人数达176人；在辖区学校开学、放假、高考、自主招生时开展文明交通志愿服务活动，开展文明交通志愿服务95次，志愿服务2850人次，服务时长11400小时，志愿服务二星级人员30人，党员志愿服务队每月集中开展一次志愿服务活动，开展党员志愿服务12次，邻里守望志愿服务队全年开展邻里守望活动20次，上门关爱空巢老人、残疾人、留守儿童涉及人数120人次，2017年在“三八”节、重阳节等重大节日举办文艺会演活动4次。

【学府风情小区依托教育服务教育】　西园社区学府风情小区是绵阳市第一批统规统建房试点单位，位于教育园区核心地段，与绵阳中学实验学校、绵阳南山中学实验学校、外国语实验学校相邻。2013年8月15日抓阄分房，共16栋房

西园社区党群服务中心

西园社区学府风情小区

屋，43个单元846套房屋，小区为6层小高层建筑。采光性能好，配套设施齐全。有休息娱乐的阳光房、老年活动室；小区环境优雅安全。有专职保洁员、门卫，治安人员24小时巡逻，小区内有完善的监控系统，全方位、全天候监控；小区民风淳朴。2017年，学府风情小区出租房屋收入766万余元，小区依托教育，服务教育，打造教育服务相关产业，增加居民第三产业收入。　（邹　强）

科园社区

【概况】 2004年科园社区成立，居民区北靠长虹虹色景苑，南临中华坊，西接银都领地和华西纳米，东临西山南路，地域面积0.213平方千米，科园社区办公驻地位于科园路226号4栋。社区共有4个居民小组，2017年年底，科园社区总人口8546人、户籍数784户、户籍人口1795人、常住人口1408人、流动人口5343人。人口出生率8‰、人口自然增长率5‰。社区共有3个党小组，至年底，科园社区党支部共有中共党员82人、中共预备党员2人、积极分子11人。

【科园社区微型消防站建成】 2017年1月1日，科园社区微型消防站建成并投入使用。微型消防站配有消防巡逻专用电动三轮车，水枪、强光照明灯、ABC型干粉灭火器等灭火器材，消防斧、铁链等破拆器材，以及消防头盔、灭火防护服等个人防护装备。社区微型消防站配有站长1名、驾驶员1名、消防员3民，建立24小时值守制度，消防员分班编组值守，微型消防站消防员均经过专业的消防技能培训，一旦发现火灾，确保在5分钟内快速到达现场实施扑救，做到“小火可灭、大火可控”，切实筑起社区消防安全“第一墙”。

【科园社区第十届换届选举】 2017年1月7日，科园社区按照宣传、培训、组织“三到位”的原则，召开科园社区第十届党支部换届选举大会，共选举产生党支部书记1名，党支部委员4名。2月26日，科园社区按照《城市居民委员会组织法》的规定，坚持公开、公平、公正的民主原则，依法进行科园社区居民委员会换届选举，共选举产生居民委员会主任1人、委员4人。

【科园社区日间照料中心建成】 2017年10月14日，科园社区日间照料中心完工竣工验收，建成康复训练室、医疗保健室等4个功能服务室，建成面积约200平方米，室外活动中心面积约为800平方米。社区日间照料中心配备棋牌、书籍、血压仪等医疗、休息、娱乐、餐饮设备，配有公益性岗位人员提供专人专职服务。邀请西山卫生院医生与四川中医药高等专科学校学生每年开展5次老年病免费诊治服务。以医疗保健、文化服务为载体，为老年人提供理疗康复、歌舞培训、专题讲座等服务，满足养老多样化需求。

科园社区“两委”办公楼

日间照料中心免费体检

【科园社区荣获全省“防范邪教宣传教育示范社区”】 2017年，科园社区在开展“防范邪教宣传教育”活动中，坚持以“崇尚科学、关爱社会、珍惜生命、反对邪教”为宗旨，以提升社区反邪教工作整体水平为目标，不断强化工作机制，认真落实工作措施，提升社区防范和处理邪教问题的能力，增强辖区居民抵制邪教的意识，营造出和谐稳定的社会政治环境。11月28日，科园社区被四川省反邪教协会评选为“防范邪教宣传教育示范社区”。

【科园社区妇联组织正式成立】 2017年，社区按照科创区妇联统一安排，通过前期宣传动员、代表资格审核、候选人提名酝酿等工作，12月17日，科园社区召开妇女代表大会，选举科园社区妇女联合会第一届执行委员会委员。大会共选举产生科园社区妇女联合会第一届执行委员会委员13名，其中主席1名、专职副主席1名、兼职副主席1名。

【科园社区志愿服务活动】 2017年，科园社区志愿者队伍包括救灾救助队伍、生活应急救援队、灾害应急抢险队、环保志愿者队伍、文艺宣传队共5支队伍。2017年，科园社区志愿者队伍累计开展各类志愿服务活动96次，活动内容包括宣传、应急、科普、安全、环保、敬老、助残等项目，累计出动志愿者1140人次，累计服务时间304小时。

【科园社区党员联系户活动】 2017年，社区党员联系户活动是发挥党员先锋模范作用的体现，开展“五亮”活动（五亮：亮身份、亮特长、亮承诺、亮服务、亮业绩），密切党同人民群众的血肉联系，拓展党员联系群众的途径，丰富党员服务群众的内容，畅通群众表达意愿的渠道，努力解决群众工作、生活中的实际问题，听取群众对社区各方面工作的意见和建议，全年共收集意见建议62条，实施整改54条，群众满意率100%。

【全国法治示范社区创建】 2017年，科园社区致力于民主法治社区创建活动，科园社区为构建民主法治、诚信友爱、安定有序的和谐社区。制度建设方面，建立健全社区管理各项制度，把社区大小事项用规约形式固定下来。民主自治方面，重大决策必须经过拟订方案、征求意见、会议讨论、代表通过、组织实施五道程序。民主监督方面，充分调动居民参与管理的积极性，坚持执行评议会制度。平安创建方面，完成“雪亮工程”和“综治中心”建设，提升社区平安建设技防水平，强化治安队伍建设，落实社区平安建设人防保障。宣传教育方面，搭建教育平台，开展形式多样的法治教育，利用身边人先进典型教育引导居民树立正确的法治观念。发挥党员先锋模范作用方面，通过党员联系户、微承诺等活动，促使党员转作风，群众得实惠。2017年11月7日，在科创区司

科园社区妇女联合会选举大会

法所的推荐下，社区完成“全国法治示范社区”的申报工作。（左仁杰）

兴隆社区

【概况】 兴隆社区位于科创园区西部，东接科创园区八角社区，南接高新技术开发区，西接涪城区城乡大包梁村，北接涪城区城郊乡大包梁村。辖区面积1平方千米，2009年9月18日绵阳市涪城区政府批准成立兴隆社区居委会，辖2个居民小组。兴隆社区党支部、居委会办公服务房于2017年12月20日投入使用，位于兴隆社区统建房10号楼2楼。兴隆社区总户数271户，户籍总人口711人，常住人口716人，流动人口125人，幼儿园1所（兴珑幼儿园）、企业单位13家、个体工商户8户。

【拆迁安置工作】 2010年，兴隆社区开始整体大拆迁工作，涉及拆迁户278户，至2017年年底完全拆迁277户，仅有1户未拆除。兴隆社区统规统建安置房于2011年由绵阳科创园投资控股有限公司开始筹备，2013年10月1日正式开工建设，2017年4月28日建成分配到户。安置面积61800平方米，安置人员703人。

【基础设施项目建设】 2017年，社区按照园区、街道要求和部署，着力推进项目建设工作。在建项目5号路、6号路、高端技术产业基地3项工程。社区打造办公阵地，新装修800平方米办公用房，装修费用共计52万元,完善办公设备配置。

兴隆社区办公服务大厅

【兴隆社区妇女联合会成立】 2017年12月24日，社区根据《中华全国妇女联合会章程》，创业园区街道办妇女联合会的工作安排，兴隆社区召开妇女大会，大会选举产生兴隆社区第一届妇联执行委员会主席：谢智辉，副主席：蒋婷、钟邹，执行委员会成员共11人。

【网格化服务管理正规化建设】 2017年12月，社区网格化管理服务站设置专业的网格员1名，参加一日双巡、周一例会、周五晨会、流动人口管理、入户调查核实、企业调查核实、矛盾调解、关注社区重点人员等多项治安综治管理工作，每月录入信息化手机终端40条以上，严格准确完成网格化各项信息管理工作。

【劳动保障服务工作】 2017年，兴隆社区户籍人口711人，其中男349人、女362人，50岁以上女退休人员及60岁以上男退休人员106人，有认证退休人员106人，异地认证7人，参加城镇居民医疗保险708人，居民养老保险479人，小额保险114人，公益性岗位安置失业人员5人。介绍毕业大学生就业2人。劳资纠纷调解10例，开展农民工工时费支付情况检查5次，开展非法用工检查5次，经检查兴隆辖区企业无一例非法用工案例。

【社区志愿服务多样化】 2017年，社区弘扬“奉献、友爱、互助、进步”的志愿者精神，招募并注册志愿者183人，新组建志愿服务队伍2支（教育服务队、公益服务队）；开展清理家园活动、学雷

义诊志愿服务活动

兴隆社区法治宣传活动

锋志愿服务活动、帮贫助困、关爱特殊人群志愿服务活动、党员义工活动，全年开展志愿服务活动 15 次,参与人数达 260 人。结合社区实际，全年为辖区空巢老人、残疾人、困难群众等居民开展疾病预防等健康知识讲座 2 次，义诊 4 次。

【社区服务管理模式创新】 2017 年，社区“两委”针对辖区的情况，组织专人建立社区管理台账，利用“互联网+”思维理念，建立 1 个微信服务群，并协调工商、食药等主管部门人员入群，实现在线解决商户问题。利用 QQ 微信、公众平台建立相应宣传联系平台 4 个，涉及关注加入人数 200 人次，做到随时更新，完成绵州先锋、网格化管理系统、大社区网等互联网平台信息录入 1000 余条，完善社区网络平台内容。

【安全宣传活动开展】 2017 年，兴隆社区围绕“全面落实企业安全生产主体责任”的活动主题，兴隆社区由安全部门牵头进企业做安全检查与安全生产知识宣讲，在社区开展安全用电、安全用气、安全出行、防火防盗、未成年人暑期安全知识宣传。全年共计开展安全生产宣传活动 12 次，发放安全知识资料 1000 份。

【民生保障工作】 2017 年，兴隆社区有持证残疾人 15 人，优抚人员 3 名，80 岁以上高龄老人 7 人（其中 90 岁以上 2 人），低保户 7 户 10 人，三峡移民 3 户。 严格执行园区救助政策，对因大病致困的家庭，按照救助程序进行救助。2017 年，社区组织开展温暖万家行活动及残疾人康复知识讲座共计 3 次，重阳慰问 117 人，困难救助 22 人救助金额 2.2 万元。

2017年，通过四川省计生网便民服务平台，共办理一孩生育证1个、二孩生育证3个，发放计划生育家庭特别扶助金共计7800元，走访慰问、电话慰问失独家庭12次，发放独生子女奖励金7860万元。

【“我们的节日·重阳节”系列活动】 2017年10月28日，社区开展以“弘扬孝道文化，共建和谐社区”为主题的重阳节系列活动。社区邀请医护人员为辖区106名老年朋友提供义诊服务；在老年日间照料中心举办重阳节敬老茶话会，100名老年人参加此次活动；发放重阳节慰问金100元/人，共计发放10600元。

【法治宣传活动】 2017年，兴隆社区开展法治宣传活动。在法治宣传活动中，通过悬挂横幅，摆放展板，发放宣传资料，提供法律咨询等形式展开普法宣传。发放宣传手册及《中华人民共和国宪法》《中华人民共和国人民调解法》《中华人民共和国婚姻法》《中华人民共和国法律援助条例》《中华人民共和国未成年人保护法》《中华人民共和国劳动法》，引导群众遵法、学法、知法、守法、用法。全年开展法治宣传活动4次，发放宣传资料400份。2017年，兴隆社区信访调解工作小组成员参加区、街道信访培训学习1次，在重大节日、会议期间，针对重点事件、重点人员进行掌控，发现苗头及时处理、化解并上报。准时参加各种维稳、巡逻值班。全年兴隆社区开展人民工作，成立以居会主任任人民调解调解委员会主任，共计调解成员4人。全年共计调解征地拆迁、安置、物业管理、家庭邻里矛盾、劳资、环境污染、道路交通98例。

【食品药品管理工作】 2017年，食品药品管理工作在兴隆社区加大管理力度，全年参加7次上级食药局组织的宣传活动及学习会议；组织宣传及安全检查活动6次，发放各种宣传资料60余份，张贴相关横幅6幅、宣传海报20余张。辖区内共计经营单位为3户，其中超市2户，餐饮1户，食品安全现场监督检查和指导、办证，健康体检率达80%；签订“食品安全承诺书”3份，全年度共上报宴席申报审批资料6份。 （蒋　婷）

统计资料

2017 年绵阳科技城科教创业园区综合发展水平情况表

表 8

序号	指标名称	单位	2017 年	2016 年	同比%
1	地区生产总值（GDP）	万元	670685	595078	11.0
2	其中：第二产业	万元	136155	133802	6.6
3	其中：工业	万元	131259	128169	7.9
4	第三产业	万元	534530	461276	12.2
5	规模以上工业总产值	万元	278204	255395	8.9
6	“四上”企业主营业务收入	万元	5163116	4757362	8.5
7	其中：规模以上工业企业	万元	2445299	2366952	3.3
8	有资质的建筑企业	万元	60526	31644	91.3
9	限额以上批零住餐企业	万元	2140150	1845820	15.9
10	房地产开发经营业企业	万元	212461	239171	–11.2
11	规模以上服务业企业	万元	304680	273775	11.3
12	“四上”企业利润总额	万元	109585	173387	–36.8

续表 8

序号	指标名称	单位	2017 年	2016 年	同比%
13	其中：规模以上工业企业	万元	44541	80992	8.9
14	有资质的建筑企业	万元	1533	20252	-92.4
15	限额以上批零住餐企业	万元	11868	9938	19.4
16	房地产开发经营业企业	万元	13568	22750	-40.4
17	规模以上服务业企业	万元	38075	39455	-3.5
18	财政收入	万元	126978	109738	15.7
19	其中：公共财政预算收入	万元	60127	57443	4.7
20	税收收入	万元	40867	37431	9.2
21	政府性负债总额	万元	72374	67425	7.3
22	其中：短期负债额	万元	35960	33000	9.0
23	中长期负债额	万元	36414	34425	5.8
24	当年固定资产投资（不含农户）	万元	290370	395033	-26.5
25	其中：基础设施投资	万元	17772	37802	-53.0
26	出口总额	万元	107827	148965	-27.6
27	其中：高新技术产品	万元	59477	77897	-23.6
28	进口总额	万元	227912	221959	2.7
29	其中：高新技术产品	万元	86911	67374	29.0
30	新增外商及港澳台商投资企业数	个			
31	合同外资金额	万美元			
32	实际利用外资金额	万美元	186	304	-38.8
33	历年累计实际利用外资金额	万美元			
34	期末实有内资企业注册资本	万元			
35	期末实有企业数	个	4006	3214	24.6
36	其中：“四上”企业	个	90	72	25.0
37	其中：规模以上工业企业	个	15	14	7.1
38	有资质的建筑企业	个	13	9	44.4
39	限额以上批零住餐企业	个	15	14	7.1
40	房地产开发经营业企业	个	15	13	15.4

续表 8

序号	指标名称	单位	2017 年	2016 年	同比%
41	规模以上服务业企业	个	24	23	4.3
42	年末全区从业人员	人	45000	48380	-7.0
43	安全生产事故死亡人数	人	4	0	0
44	社会保险参保企业数	个	492	308	59.7
45	期末实际管辖面积	平方公里	8.1	8.1	0.0
46	期末已开发用地面积	平方公里	6.83	6.48	5.4
47	全区能耗总量	吨标煤	1776.6	1763.25	0.8
48	全区取新鲜水总量	立方米	92167	127697	-27.8

2017 年绵阳科创区固定资产投资统计表

表 9

指标名称	计量单位	2017 年	±增减%
全社会固定资产投资总额	万元	290370	-26.5
其中：民间投资	万元	94092	-36.6
工业投资	万元	32641	-11.6
技改投资	万元	75958	-3.6
房地产投资	万元	160469	-32.9
本年新增固定资产	万元	159730	-52.8
商品房销售面积	万平方米	564911	4.9
其中：住宅	万平方米	472904	-5.6
商品房销售额	万元	329077	13.5
其中：住宅	万元	270072	4.2

2017 年绵阳科创区规模以上工业企业统计表

表 10

序号	单位名称	主要业务活动
1	四川恒泰环境技术有限责任公司	环保工程及产品
2	绵阳新亚科技有限公司	电子元件及组件制造
3	绵阳美能材料科技有限公司	中空纤维超滤膜及膜组件研发生产、分离技术的研发应用
4	绵阳立德电子股份有限公司	多极射频消融仪
5	四川九州电子科技股份有限公司	卫星电视广播地面接收设备生产
6	四川迪佳通电子有限公司	数字电视产品

续表 10

序号	单位名称	主要业务活动
7	四川福润得数码科技有限责任公司	调谐器制造
8	四川九洲光电科技股份有限公司	城市及道路照明工程的设计制造
9	绵阳宝威科技有限公司	设备装配
10	四川奇石缘科技股份有限公司	仪器仪表研发、制造、销售
11	四川帝威能源技术有限公司	新能源电动汽车控制系统
12	绵阳流能粉体设备有限公司	粉碎设备生产销售安装及粉碎处理服务
13	四川汇邦环保科技有限公司	污水处理设计及再生利用
14	绵阳市京果电子科技有限公司	电子元器件研发生产
15	四川光发科技有限公司	光电子产品

2017 年绵阳科创区房地产企业统计表

表 11

序号	单位名称	主要业务活动
1	绵阳锦林置业有限公司	房地产开发经营
2	中国电建地产集团绵阳长兴有限公司	房地产开发
3	四川田森房地产开发有限公司	房地产开发
4	华润置地绵阳有限公司	房地产开发
5	绵阳树高房地产开发有限公司	房地产开发经营
6	绵阳倍特建设开发有限公司	房地产开发经营
7	四川省绵阳南山教育投资有限公司	房地产开发、经营
8	九洲千城置业有限责任公司	房地产开发
9	绵阳铜锣湾商业投资有限公司	房地产开发经营
10	绵阳西园房地产开发有限公司	房地产开发
11	绵阳五和置业有限公司	房地产开发经营
12	四川辰兴房地产发展有限公司	房地产开发
13	绵阳兴源环亚房地产开发有限公司	房地产开发
14	绵阳华地圣源投资有限公司	房地产开发经营
15	四川长兴实业（集团）有限公司	房地产开发

2017年绵阳科创区规模以上服务业企业统计表

表12

序号	单位名称	主要业务活动
1	四川浪潮信息科技有限公司	计算机软、硬件
2	四川省华创无限科技有限公司	凉山州脱贫攻坚指挥系统项目
3	四川邦辰信息科技有限公司	软件开发
4	绵阳福天下电子商务有限公司	计算机信息服务
5	绵阳广电传媒有限责任公司	国内广告的制作发布会展服务
6	绵阳市万安达公路运输有限责任公司	公路运输
7	四川九洲千城物业服务有限公司	物业管理
8	中国移动通信集团四川有限公司绵阳分公司	移动通信服务
9	绵阳科技城发展投资（集团）有限公司	城市基础设施建设及投资
10	四川科瑞软件有限责任公司	软件开发及技术服务
11	绵阳新时代物业服务有限公司	物业管理
12	绵阳博引传媒发展有限公司	国内广告设计、制作、代理、发布
13	绵阳凯越软件有限公司	计算机软件开发
14	四川九洲北斗导航与位置服务有限公司	空间地理信息处理业务
15	绵阳市长兴物业有限公司	物业服务
16	绵阳翼欣科技有限公司	计算机软硬件设计
17	四川科讯网络科技有限公司	软件开发
18	四川长虹智慧健康科技有限公司	卫生医疗智能化系统开发及销售
19	四川互慧软件有限公司	医院信息管理系统
20	绵阳市武道数码科技有限公司	动漫软件开发
21	绵阳科技城大数据技术有限公司	数据分析与服务
22	四川优炫软件有限公司	软件开发
23	绵阳长城宽带网络服务有限公司	宽带网络技术服务
24	四川长虹点点帮科技有限公司	智能门禁系统
25	绵阳科创园投资控股有限公司	投资与资产管理
26	四川齐齐乐网络科技有限公司	网络游戏开发、软件技术开发
27	绵阳嘉禹环保科技有限公司	环境卫生管理
28	四川才子软件信息网络有限公司	软件开发

2017 年绵阳科创区限额以上批发零售、住宿餐饮企业统计表

表 13

序号	单位名称	主要业务活动
1	中国石油天然气股份有限公司四川绵阳销售分公司	汽油
2	中国石油化工股份有限公司四川绵阳石油分公司	成品油零售
3	四川三阳汽车有限公司	汽车销售
4	四川长虹佳华信息产品有限责任公司	电脑整机产品
5	四川佳瑞药业有限公司	药品、医疗器械批发
6	绵阳怡联世通供应链管理有限公司	家庭清洁用品批发
7	绵阳路易汽车销售服务有限公司	汽车零售
8	四川云豪电子商务有限公司	电子商务批发零售
9	四川汇泽吉邦电子商务有限公司	电子商务运营化肥批发
10	四川银河科发国际贸易有限责任公司	非金属矿及制品批发
11	四川君豪电子商务有限公司	电子商务
12	长美科技有限公司	生鲜产品电商业务
13	绵阳金辉汽车销售服务有限公司	汽车销售
14	绵阳九洲北斗新时空能源有限公司	汽油、柴油批发
15	四川菁鼎电子商务有限公司	家用电器批发零售
16	绵阳半山亦景酒店管理有限公司	住宿服务
17	绵阳蜀云轩君悦酒店管理有限责任公司	餐饮
18	绵阳市川东餐饮管理有限责任公司	正餐服务
19	绵阳市酿云山坊餐饮有限公司	餐饮投资管理服务

2017年绵阳科创区规模以上工程类企业统计表

表14

序号	单位名称	主要业务活动
1	四川长兴建设工程有限公司	房屋建筑
2	绵阳市靓固建设工程有限公司	彩色生态透水整体路面施工
3	四川九洲视讯科技有限责任公司	视频监控系统
4	四川渝吉建筑工程有限公司	建筑安装
5	绵阳鸿源建筑安装有限公司	房屋工程建筑
6	四川金池水电工程有限公司	电力设施承装业务
7	绵阳市宏和建筑工程有限公司	房地产开发
8	绵阳科投建筑工程有限公司	建筑工程施工
9	四川拓普斯照明工程有限公司	城市景观亮化工程
10	四川龙圣地基工程有限责任公司	地基与基础工程
11	绵阳启明星嘉晨实业有限公司	供电设备安装检修调试
12	绵阳西科建筑装饰工程有限公司	建筑装饰工程施工
13	四川广通联通信网络有限公司	架线和管道工程建筑
14	绵阳市全立建筑劳务有限责任公司	砌砖作业

（范　琦）

2017年科创区主要机构及领导人名录

【区党工委、管委会】
周 钰 区党工委书记
李 哲 区党工委副书记、管委会主任
雍 波 区党工委副书记
徐 虎 区党工委委员、管委会副主任
王昌举 区党工委委员、管委会副主任
杨启卫 区党工委委员
邓 勇 区党工委委员、纪工委书记
李 炜 区党工委委员、管委会副主任
任涌波 区党工委委员（2017年7月后）、区城北公安分局局长
张建平 区调研员

【区机构】
综合办公室
赵 东 主 任
白永淑 副主任
洪 承 副主任
范 帆 副主任
韩 丹 副主任（2017年2月后）

党群工作部
杨仁平 部 长
赵 强 副部长（2017年3月后）
李 凡 副部长（2017年2月后）

监察局
薛海云 局 长

机关党委
曾乔兮 书 记

财政局
王润强 局 长
陈 俊 副局长（2017年7月前）

经济发展局
朱宇雄 局 长
杨琼英 副局长
汪震宇 副局长（2017年2月后）

科学技术和知识产权局
李晓斌 局 长（2017年2月后）
朱宇雄 局 长（2017年2月前）
杨洪周 副局长

住房和城乡建设局
陈 刚 局长
赵 锐 副局长
蒲 毅 副局长（2017年2月后）
黄 春 总工程师

社会事业发展局
高 健 局 长
黄先忠 副局长
陈彤彤 副局长（2017年2月后）

投资促进局
陈劲松 局 长
李 佳 副局长（2017年2月前）
曾 信 副局长（2017年2月后）
任镜璇 副局长（2017年6月后）
田 超 副局长（2017年6月后）

容　东　副局长（2017年6月前）

审计法制办
郑小燕　主　任
陈小燕　副主任（2017年9月前）

【人民团体】

工会工委
雍　波　主　任
黄春慧　副主任

妇女联合会（原妇女工作委员会）
宋　巍　主持妇工委工作（2017年3月前）
杨琼英　妇工委主任（2017年3月后）、妇联主席（2017年12月后）
龙　凤　妇联兼职副主席（2017年12月后）
覃　莉　妇联兼职副主席（2017年12月后）
邱明霞　妇联兼职副主席（2017年12月后）
李　鑫　妇联兼职副主席（2017年12月后）

共青团绵阳科技城科教创业园区工作委员会
范　帆　书　记（2017年7月前）
赵玉涛　书　记（2017年7月后）
李　鑫　团工委副书记（2017年9月前）
羊红梅　团工委副书记（2017年9月后）

【区直属事业单位】

创业服务中心
周　全　主　任
李　佳　副主任（2017年2月后）
付　倩　副主任（2017年3月后）

劳动保障服务中心
王剑秋　主　任（2017年2月后）

袁　翔　副主任（2017年3月后）

城管分局
刘张兵　局　长
徐　刚　副局长
黄家涛　副局长（2017年2月后）
郭　鹏　城乡环境综合治理领导小组办公室主任（2017年3月后）

社会管理办公室
宋　斌　主　任（2017年2月后）

【街道】

创业园街道办事处
杨　波　创业园街道党委书记
严　猛　创业园街道党委副书记、办事处主任
陈小燕　创业园街道党委委员、创业园街道人大工委主任（2017年9月后）
杨静霞　创业园街道党委副书记（2017年3月后）
陈桂全　创业园街道党委委员、办事处副主任（2017年3月后）
龙　凤　创业园街道党委委员、办事处副主任
闫　勇　创业园街道党委委员、纪委书记、人武部部长
李　珂　创业园街道党委委员、组织员（2017年3月后）
邱兴福　创业园街道党委委员、元通社区党支部书记

【区直属企业】

绵阳科创园投资控股有限公司
赖　辉　董事长（2017年2月后）

邱　会　副总经理（2017年3月前）
刘华贤　总经理（2017年3月后）、副总经理（2017年3月前）
朱　旭　监事会主席（2017年11月后）、副总经理（2017年11月前）
母春江　副总经理（2017年12月后）
陈云帆　副总经理（2017年12月后）
蒋　强　副总经理

绵阳科技城科技服务有限责任公司
陈　俊　董事长（2017年7月后）
胡琼蕾　履行副总经理职责（2017年3月后）

创新资产经营管理有限公司
李代信　董事长
邱　会　总经理（2017年3月后）
杨小明　副总经理（2017年3月后）

【驻区单位】
城北公安分局
任涌波　局　长
李明峰　政　委
杨代辉　副局长
任乾来　副局长
唐利娟　指挥中心主任

区司法所
龙京晶　所　长

地税直属二分局
熊　军　局　长
刘　晖　副局长
滕　华　副局长

区国税直属分局
贾伦华　局　长
袁　韬　分管局长

交警四大队二中队
龙　欣　中队长

巡特警六大队三中队
李　庆　六大队教导员
刘晓勇　三中队中队长

国土局城西分局
王利军　局　长

规划局城西分局
何　娟　局　长

【学校】
博雅小学
杜存谦　校　长
陈　威　副校长（2017年7月前）
唐　慧　副校长（2017年7月后）
谢玉春　副校长（2017年7月后）

玉泉路小学
启动组建筹备工作

【社区】
上马社区
王怀国　书　记
杨　勇　主　任（2017年2月后）

科园社区
张志平　书　记
蒲永生　主　任（2017年2月后）

元通社区

邱兴福　书　记

杨国清　主　任（2017年2月后）

八角社区

黄建荣　书　记

吴育新　主　任（2017年2月后）

西园社区

张世忠　书　记

蒋泽云　主　任（2017年2月后）

兴隆社区

姚安华　书　记

刘金平　主　任（2017年2月后）

阳光社区

卢　青　书　记

杨　平　主　任（2017年2月后）

华奥社区

赖祥军　书　记

何　藻　主　任（2017年2月后）

科虹社区

张　玮　书　记

廖明蓉　主　任（2017年2月后）

（李　茜）

大事记

（2001—2016年）

2001年

5月9日，中共绵阳市委、绵阳市人民政府《关于建立绵阳科技城科教创业园区的决定》（绵委发〔2001〕13号）文件批准建立绵阳科技城科教创业园区。

5月11日，四川省委常委、国企工委书记冯崇泰到园区调研规划建设情况。

5月19日，绵阳市委副书记宋全安到园区调研。

6月27日，绵阳市人民政府副市长赵勇到园区调研。

8月13日，管委会与中国农业银行绵阳市分行签订《银行合作协议书》、与成都倍特发展集团股份有限公司签订《基础设施建设合作协议》

8月15日，绵阳科技城科教创业园区、西南科技大学国家大学科技园建设开工暨授牌仪式在绵阳市迎宾大道举行。

8月29日，绵阳市统战部检查组一行20人到园区检查工作。

9月5日，绵阳市委书记杨海清、副市长赵勇一行到园区检查、指导工作。

11月12日，绵阳市委副书记、市长黄学玖，市政府副市长赵勇到园区调研。

11月30日，绵阳市委副书记、市长黄学玖到园区调研。

2002年

1月27日，四川省省长张中伟到园区调研。

1月31日，绵阳市人大代表到园区调研工作。

2月3日，绵阳市政协代表到园区调研工作。

2月18日，绵阳市人民政府市长黄学玖到园区调研工作。

3月27日，园区孵化大楼及西区道路开工奠基。

4月16日，四川省省委常委、国企工委书记冯崇泰调研园区企业情况。

5月30日，四川省省委常委、国企工委书记冯崇泰、绵阳市市长黄学玖陪同深圳雷地公司到园区调研。

6月25日，四川省省长张中伟，省委副书记、常务副省长蒋巨峰到园区调研工作。

6月28日，园区与四川九洲电器集团、成都发达实业有限公司、四川久远投资控股集团有限公司、中科城环保股份有限公司、四川华立房地产开发有限责任公司、绵阳科创园区灵创科技有限责任公司签订正式合作协议。

7月1日，绵阳市人民政府市长黄学

玖、市建委主任张贵乾等市级有关部门领导调研园区起步区。

7月2日，绵阳市委副书记宋全安到园区调研。

7月19日，绵阳市人民政府副市长郑和平到园区现场办公。

7月，国防科工委副主任张洪飚到园区指导园区建设工作。

9月2日，国防科工委、科技部联合发文批复同意设立绵阳国家军转民科技园。

9月，国务院发展研究中心局局长邓寿鹏带领中国高科技产业化研究会一行到园区调研。

9月，西北工业大学校长一行到园区调研。

10月10日，绵阳市市长黄学玖到园区调研。

10月26日，中共中央政治局常委、国务院副总理李岚清在有关部委、省委、市委领导陪同下调研园区建设情况。

10月26日，科技部部长徐冠华、国防科工委秘书长孙来燕等为绵阳国家军转民科技园授牌。

11月，国防科工委一行80余人到园区参观考察。

11月，省国土资源厅、建设厅的领导到园区检查指导工作。

2003年

1月22日，四川省人民政府常务副省长蒋巨峰在绵阳市人民政府市长黄学玖、副市长蒋仁富的陪同下到园区调研工作。

3月4日，绵阳市委书记杨海清、市委副书记蒋仁富、宋全安、副市长赵勇、巫英坚到园区调研。

3月27日，国防科工委副主任张洪彪到园区调研。

4月2日，园区与深圳清华国际技术转移中心签订合作经营孵化器合作协议。

5月12日，绵阳市委、绵阳市人民政府批复同意绵阳国家军转民科技园设在园区。

6月17日，西北工业大学与绵阳国家军转民科技园签订校地合作协议。

6月23日，绵阳市政府市长黄学久，副市长巫英坚到园区调研。

6月24日，绵阳市委老领导一行230多人到园区参观指导工作。

6月29日，绵阳市委组织部一行80多人到园区参观指导工作。

8月2日，科技部、教育部国家大学科技园验收专家组对西南科技大学国家大学科技园筹建情况进行验收。

9月19日上午，四川省省长张中伟一行到园区调研指导工作。

10月8日，西南财经大学电子商务学院落成。学院占地40公顷，投资1.5亿元，建设历时1年。

10月23日，园区被科技部、教育部正式授牌为“西南科技大学国家大学科技园”。

11月12日，国防科工委副秘书长高志强一行到园区调研军转民工作情况。

11月21日，世界银行代表团对科教创业园区基础设施建设项目申请世行贷款开展项目鉴别工作。

2004年

2月5日，绵阳市委副书记、市长黄学玖带领科博会筹备组成员到科创区孵化大楼检查科博会筹备情况。

3月15日，绵阳市人民政府副市长吴建国一行到园区调研工作。

3月16日，园区孵化中心大楼竣工典礼。

3月18日，园区孵化中心大楼正式投入使用。

3月24日下午，绵阳市常务副市长蒋仁富带领有关部门和单位负责人在科创区对九洲科瑞软件园建设进行现场办公。

4月9日下午，四川省委副书记、省长张中伟一行在绵阳市委书记黄学玖的陪同下到科创区调研。

4月26日，中国·绵阳科技城科技博览会暨军转民高科技成果交易会在科教创业园区孵化中心大楼举行。

5月14日，科技部部长徐冠华一行到科教创业园区调研。

5月，陈炼任科创区党工委书记、管委会主任。

8月9日，绵阳市委书记、市人大常委会主任黄学玖，市委副书记马华，市委常委、市委秘书长陈友学等市领导到科创区调研。

2005年

4月15日，何茂华任科创区党工委书记、管委会主任。

4月24日，九洲国际软件园开工奠基仪式。

6月28日，长虹“虹色景苑”开工奠基仪式。

6月29日，园区召开庆“七一”暨第二次创业动员大会。

7月4日，园区在江油李白纪念馆召开党工委扩大会议。

7月5日，园区召开第二批保持共产党员先进性教育活动动员大会。

7月8日，园区与中国兵器工业第58所合作签字仪式举行。

7月12日，电子科技大学管文虎教授到园区讲党课。

9月14日，刘文榜任科创区党工委书记、管委会主任。

10月27—28日，园区召开党工委中心组学习会议。

11月25日，市委调研组一行到园区调研。市委决定园区定位建设职业教育产业园和城市新区。

2006年

7月14日，席世洪负责科创区工作，刘文榜调任梓潼。

8月8日，九洲1000万台数字机顶盒生产基地暨西部二次空管雷达系统产业化基地正式开工。

10月17日，绵阳市政协科教文卫体委领导、委员莅临园区调研职教园建设、规划情况。市政府副市长李昌平、市政协副主席蹇洪秀带队，出席会议。

10月24日，苏州国际教育园教育考察团赴园区考察学习。

2007年

1月7日，2006年度园区机关公务员、事业人员和聘用人员考核工作测评大会。

1月18日，绵阳市涪城区人大代表选举大会第107选区第1投票站在园区学术报告厅举行。

3月22日，高新区党工委副书记、管委会副主任邹若力继任园区党工委书记、管委会主任。后正式任命园区党工委书记、管委会主任。

6月28日，园区召开庆祝中国共产党建党86周年纪念会。

7月5日，绵阳市政府副秘书长张明桂一行到园区考察九年制义务教育工作。

9月30日，孵化大楼作为绵阳科技城管委会办公地点，为支持绵阳科技城建设，园区机关搬至临时板房办公。党工委书记、管委会主任邹若力兼任筹备科技城管委会经济发展局局长。

2008年

1月31日，区党工委书记、管委会主任邹若力兼任科技城管委会经济发展局局长。

5月12日，发生“5·12”汶川特大地震，科创区党工委、管委会领导班子立即组织，带领全区干部职工积极投入紧张的抗震救灾工作中。

2009年

9月，柳江被市委任命为科创区党工委副书记，管委会主任。

2010年

1月22日，震后孵化大楼经维修后，科创区搬至孵化大楼C区三楼、四楼办公。

4月21日，科创区积极贯彻落实创建文明城市暨城乡环境综合治理广播电视大会精神。

5月12日，科创区认真贯彻落实灾后重建工作会议精神。

5月28日，绵阳市委副书记、市长曾万明到科创区调研工作，主持召开统规统建工作现场办公会。

7月19日，科创区召开“除陋习树新风”集中治理“三乱”动员大会。

8月16日，绵阳市人大常委会副主任王瑜一行到科创区检查指导在建项目工作。

8月1日，科创区三个灾后重建项目即“科创区灾后桥梁加固工程”“科创区金洞子沟污水管网工程”“绵阳城区远勇路污水管网工程”同时开工。

10月20日，新加坡公共事务对外合作局局长谢忠文一行到科创区考察。

11月3日，绵阳市委常委、市纪委书记楚明到科创区检查工作。

11月11日，浙江永贵电联器基地落户科创区。

11月17日，科创区基层党组织换届选举工作动员大会在学术报告厅召开。

2011年

1月4日，科创区党工委副书记、管委

会主任柳江主持召开全体干部职工会议。

1月6日，科创区党工委副书记、管委会主任柳江主持召开园区维稳工作会议。

1月10日，科创区党工委副书记、管委会主任柳江主持召开创建全国文明城市暨城乡环境综合治理工作会议。

1月11日，科创区在学校报告厅召开2010年度干部测评述职大会。

1月28日，科创区在绵州酒店山海厅召开迎春座谈会。

2月23日，绵阳市委书记吴靖平到科创区调研指导工作。

4月11日，科创区党工委副书记、管委会主任柳江主持召开创建全国文明城市暨城乡环境综合治理工作会议。

5月10日，在学术报告厅召开科创区2011年组织、纪检、综治、信访暨宣传思想工作大会。

6月28日，科创区在学术报告厅召开纪念中国共产党成立90周年大会暨《中华经典诵读》决赛活动。

7月29日，绵阳市政协副主席艾尚林一行到科创区调研创建全国文明城市工作。

8月15日，科创区建区10周年总结会议在绵州酒店会议室召开。

9月21日，绵阳市人大常委会主任蒋仁富一行到科创区调研工作。

10月9日，科创区党工委副书记、管委会主任柳江在学术报告厅主持召开科创区开展以“关键在于落实”为主题的干部作风整顿活动动员大会。

10月11日，绵阳市委常委、科技城党工委副书记、管委会常务副主任、市国资委党委书记颜超一行到科创区调研工作。

10月28日，绵阳市委常委、市总工会主席罗晓东一行到科创区调研工作。

11月10日，绵阳市市长曾万明赴科创区调研项目建设工作。

11月11日，绵阳市委、市政府到红岩电站和园艺片区现场办公。

11月11日，区党工委副书记、管委会主任柳江带队迎接原中央政策研究室副主任郑科扬、市人大常委会副主任雷百灵一行到四川九洲电器集团有限责任公司、四川九九瑞迪数字成像技术有限责任公司调研。

11月23日，绵阳市档案局陈波局长一行到科创区检查指导档案工作，科创区机关档案规范化管理以综合评分99分顺利通过机关档案规范化管理“省一级”达标工作验收。

12月22日，全市专项点评考核，绵阳市人民政府副市长林新一行到科创区检查指导工作。

12月30日，市委六届二次全会分团点评考核，绵阳市委副书记张锦明一行到科创区检查指导工作。

2012年

2月9日上午，绵阳市人民政府副市长唐风泉一行，调研园区灵创电子信息孵化器、中物院孵化器及创新孵化中心等创新孵化载体建设，了解园区孵化载体建设情况及孵化企业的发展状况。

3月，科创区被四川省人力资源和社会保障厅、四川省档案馆评为2011年度四川省档案工作先进集体。

4月17日，科创区在绵阳市铁牛广场参加中央文明委主办、中国志愿服务基金承办、绵阳文明委和绵阳市志愿服务总队协办的“学雷锋，关爱他人、关爱社会、关爱自然”志愿服务活动启动。

4月21日，绵阳市市长林书成一行到科创区调研工作。

6月12日，“清风·莲韵”科创区廉政文化“八进”文艺会演活动在孵化大楼东门（喷泉广场）举行。

12月9日，四川省重大科技成果转化工程专项对接会暨绵阳国家科技城创新中心第一期启动仪式在科创区孵化大楼隆重举行。

12月31日，绵阳国家科技城创新中心二期项目开工奠基仪式在科创区园艺次中心隆重举行。

2013年

1月7日，科创区党工委书记柳江召开现场工作会研究有关事项。

1月11日，科创区党工委召开2012年度县级党员领导干部民主生活会。

1月25日，绵阳市人民政府副市长经大忠带领在绵阳高校、有关中职学校负责人参观科技城创新中心并座谈。

2月6日，科创区党工委管委会在孵化大楼举行2013年科创区迎新春文艺会演。

2月26日，绵阳市人民政府副市长李亚莲到科创区调研。

4月10日，绵阳市政协副主席文久喜到科创区调研投融资平台建设与运行情况。

4月19日，全国人大常委、法律委员会副主任委员、九三学社中央副主席丛斌一行到科创区调研，绵阳市副市长、九三学社绵阳市委主委王瑜陪同。

4月23日，绵阳科技城“新三板”论坛暨西部证券“新三板”挂牌公司俱乐部2013年年会在科创区孵化大楼召开。

4月26日，科创区党工委管委会召开2013年经济工作会议。

5月8日，内蒙古到绵阳挂职干部钱小鹏到科创区任管委会助理。

5月13日，科创区党工委管委会召开实现伟大中国梦、建设美丽繁荣和谐四川主题教育活动动员大会。

5月29日，北京中关村科技园管委会副主任王如若一行到科创区考察。

5月31日，科创区党工委管委会召开实现伟大中国梦、建设美丽繁荣和谐四川主题教育活动专题辅导会。

6月5日，四川省委常委、省委组织部部长范锐平一行到科技城创新中心考察。

6月7日，国务院国资委党委委员、副主任黄丹华一行到科技城创新中心调研，绵阳市委书记罗强、市委常委、市国资委党委书记李亚莲、市人大常委会副主任、市委秘书长王黎等陪同。

6月8日，IBM、业务分析软件大中华区总经理缪可延、文思海辉执行副总裁刘君博一行到科创区商讨共建绵阳大数据竞争力分析中心。

6月18日，科创区管委会与IBM公司、文思海辉、长虹集团在富乐山酒店签订合作协议。

6月20日，绵阳市委常委、科技城党

工委副书记、管委会常务副主任颜超到科创区检查科技型中小企业发展工作。

6月25日，市人大常委会到科创区调研“十二五”规划纲要实施情况暨2013年上半年“计划”执行情况。

7月12日，绵阳市委常委、市总工会主席罗晓东到“挂包帮”联系点科创区元通社区走访慰问。

7月17日，在绵省十二届人大代表第二调研小组到科创区调研科技成果转化服务平台建设。

7月19日，科创区召开2013年科技企业座谈会。

8月1日，中关村党工委委员李翔一行到科创区考察。

8月16日，深圳市绵阳商会常务副会长杨建军一行到科创区考察。

8月23日，IBM公司大中华区政府与公共事业部总经理房京一行到科创区考察。

9月3日，绵阳市委书记罗强陪同泸州市党政代表团到科创区考察。

9月4日，中央群众路线教育实践活动第七督导组一行到科技城创新中心调研，绵阳市委书记罗强，市委常委、组织部部长付康，市委常委、纪委书记杨娟，市委常委、总工会主席罗晓东等陪同。

9月4日，驻绵省政协委员到科创区调研工作。

9月5日，四川省委常委、纪委书记王怀臣一行到科技城创新中心调研。绵阳市委书记罗强，市委常委、纪委书记杨娟，市人大常委会副主任、市委秘书长王黎等陪同。

9月13日，中国空间技术研究院党委书记李开民一行到科技城创新中心调研。绵阳市委书记罗强，市委常委、科技城党工委副书记、管委会常务副主任颜超陪同。

9月14日，国家发改委西部司一行到科创区考察调研。

9月15日，中央办公厅调研组一行到科技城创新中心调研，绵阳市委常委、科技城党工委副书记、管委会常务副主任颜超陪同。

9月15日，绵阳互联网创业者大会在科创区举行。

9月27日，第十二届华商大会一行到科技城创新中心调研，绵阳市委常委、科技城党工委副书记、管委会常务副主任颜超陪同。

9月28日，科创区党工委、管委会开展“祖国好、家乡美”迎国庆集中志愿服务活动。

10月8日，全国政协常委、提案委员会副主任、九三学社中央副主席赖明一行到科技城创新中心调研，绵阳市副市长、九三学社绵阳市委主委王瑜陪同。

10月9日，绵阳市政协副主席李京平一行到科创区检查法治城市创建工作。

11月5日，绵阳市委副书记张锦明到科创区调研。

11月6日，民盟中央副主席龙庄伟一行到科技城创新中心调研，绵阳市政协副主席、民盟绵阳市委主委艾尚林陪同。

11月6日，绵阳市政府党组副书记林新到科创区督查项目建设工作。

11月20日，2013年创富中国科技园区中国行绵阳站活动在科创区孵化大楼学术报告厅举行。

11月21日，科创区党工委召开2013年中心组学习会。

12月16日，绵阳市人民政府副市长经大忠陪同俄罗斯奥布宁斯克市代表团到科创区考察。

12月18日，绵阳市人民政府党组书记林新带领市委目标考核组到科创区进行点评考核，进行2013年度县级干部考核测评。

12月19日，绵阳“千兆接入示范网”新闻发布会在孵化大楼学术报告厅成功举行。

12月23日，市委宣讲团到科创区进行党的十八届三中全会精神宣讲。

12月25日，在绵阳的全国人大代表、省人大代表到科创区开展集中调研。

12月28日，2013年千兆网产业技术报告会在科创区孵化大楼举行。绵阳市委书记罗强，市委副书记吴群刚，市委常委、科技城党工委副书记、管委会常务副主任颜超，市人民政府副市长谢晓东、郑蕾出席。

12月31日，科创区召开2013年度述职测评大会。

12月31日，绵阳市科技型中小企业创业人员代表座谈会在科技城创新中心一期“1716”创业咖啡厅举行，绵阳市委书记罗强，市委副书记、市长林书成，市委副书记张锦明、吴群刚，市委常委、市委组织部部长付康，市委常委、科技城党工委副书记、管委会常务副主任颜超，副市长唐风泉，市委秘书长董晓彬，市政府秘书长夏明出席。

2014年

1月21日，举办2014年科技型中小企业发展工作现场推进会。市委常委、科技城党工委副书记、管委会常务副主任颜超，副书记吴群刚，绵阳市人民政府副市长唐风泉，市政府秘书长夏明，市委副秘书长何翼宇，市政府副秘书长杨凯雷出席。

2月24日，绵阳科技城发展会商会议参会领导到科创区参观调研。

2月26日，德阳市科技创新创业工作考察组到科创区考察调研。

3月11日，四川省委第六督导组第一组长、省政协副主席高烽一行到科创区调研。

3月19日，四川省委副书记柯尊平一行到科创区考察调研。

3月20日，四川省委副书记柯尊平一行到科创区考察调研。

3月21日，四川省政协副主席陈放一行到科创区考察调研。

4月14日，四川省委督查组一行到科创区督查。

4月28日，四川省委书记王东明一行到科创区调研。

5月26日，广安市党政代表团一行到科创区调研。

6月11日，中国科学院党组成员、京区党委书记何岩一行到科创区调研。

7月4日，绵阳市市长林书成一行到科创区调研。

7月23日，德阳市党政代表团一行到科创区考察学习。

9月2日，绵阳市市长林书成一行调研科创区科技型中小企业孵化器。

9月29日，第三届中国创新创业大赛军转民大赛总决赛在科创区举行。

10月20日，深圳市三航工业技术研究院微型仿生无人飞行器实验室负责人练彬一行到科创区考察调研。

11月27日，绵阳市常委、江油市委书记李江一行到科创区检查。

12月3日，国家安监总局副局长杨元元一行到科创区考察调研。

12月12日，科创区与高校、企业集中授牌签约仪式在科技城创新中心一期学术报告厅举行，绵阳市委书记罗强，绵阳市人民政府副市长郑蕾，绵阳市委秘书长董晓彬，北京交通大学教授、博士生导师张宏科，北京邮电大学教授杨义先，新加坡芯联芯微电子有限公司董事长袁晓君出席。

2015年

1月23日，举行首届“中国科技城·绵阳”科创杯《坦克世界》国际嘉年华电子竞技对抗赛。绵阳市委常委、科技城党工委副书记、管委会常务副主任、大赛组委会主任颜超，绵阳市人民政府副市长经大忠，四川省新闻出版广电局局长赵勇，空中网WGN中心总经理程宇出席。

3月6日，绵阳市委书记罗强一行到科创区调研。

4月1日，以色列驻华大使马腾一行到创新中心一期考察。

4月9日，德国前国防部长沙尔平及中联部八局领导到科创区考察。

4月15日，团中央书记处书记傅振邦同志到科创区考察。

5月14日，国务院发展研究中心到科创区调研绵阳科技城建设。

5月30日，中央政治局委员、中央书记处书记，中央宣传部部长刘奇葆到科创区考察孵化器建设工作。

6月26日，四川省委组织部常务副部长黄建华一行到科创区调研。

6月26日，绵阳市代市长刘超到科创区调研科技城建设重点项目。

8月2—8日，“创青春”全国大学生创业实训营活动。

8月18日，省委常委、常务副省长王宁一行到科创区考察。

9月17日，科技部副部长曹健林一行到科创区考察。

10月12日，西昌市委书记李俊一行到科创区考察。

11月18日，中央保密办副主任、国家保密局副局长梁建生一行到科创区考察。

12月10日，省政府第二督查组到科创区调研大众创业万众创新工作。

12月14日，美国驻成都总领事谷立言一行到科创区参观创新中心一期，科技城建设成就展馆。

2016年

2月20日，省委副书记、省长尹力一行到科创区调研。

3月16日，中科院党组成员、副秘书长何岩一行到科创区调研。

4月12日，四川省政协副主席赵振铣一行到科创区调研，绵阳市政协副主席李京平陪同。

4月13日，省委组织部副部长、省委党建办主任、省委编办主任雷世界一行到科创区参观，绵阳市委副书记付康陪同。

5月11日，国家发改委西部司一行到科创区调研，绵阳市人民政府副市长郑蕾陪同。

8月28—31日，由共青团中央、教育部、人力资源和社会保障部、中国科协、全国学联、四川省人民政府主办，共青团四川省委、绵阳市人民政府承办，科创区协办的2016年“创青春”全国大学生创业大赛MBA专项赛和电子商务专项赛在四川省绵阳市举行终审决赛，参赛代表200余人到科创区参观。

9月12日，科创区重大招商引资项目集中签约活动在创新中心一号楼2楼大厅顺利举行，绵阳市委常委、市总工会主席李亚莲，绵阳市委常委、科技城党工委副书记、管委会常务副主任颜超，绵阳市人民政府副市长韩圣健，绵阳市人民政府副市长罗蒙陪同。

9月21日，国务院第三次大督查，对创新中心2号楼企业孵化及创新创业情况进行督查。

12月19日，“英国剑桥科创孵化园·中国绵阳科技城中心”揭牌，绵阳市人民政府副市长元方等出席。（邱明霞）

索 引

索引说明

一、本索引是《绵阳科技城科教创业园区年鉴》2018年卷的主题词、内容分析索引。分主题词分析索引、图表索引两部分。本书中凡具有独立检索意义的完整资料，都可通过本索引进行检索。概述、概况不做为检索内容。

二、索引按照汉字拼音字母（同音字按单音调）顺序排列。类目、分目作为索引词条，字体加粗显示，其余用宋体排印。表格、图片（示意图）在其后分别注明“表”“图”。

三、索引词条的数字表示内容所在的页码，数字后的字母（a、b）表示栏别(即版面的左右栏)。

四、索引中内容有交叉的词条，为方便读者检索，在本索引中重复出现的相同词条，词条只出现一次，相应页码依次在词条后显示。

主题词索引

A

B

C

D

E

F

G

H

J

K

L

M

N

O

P

Q

R

S

T

W

X

Y

Z

图表索引